COMO FALAR COM UM NEGACIONISTA DA CIÊNCIA

Universidade Estadual de Campinas

Reitor
Antonio José de Almeida Meirelles

Coordenadora Geral da Universidade
Maria Luiza Moretti

Conselho Editorial

Presidente
Edwiges Maria Morato

Carlos Raul Etulain – Cicero Romão Resende de Araujo
Frederico Augusto Garcia Fernandes – Iara Beleli
Marco Aurélio Cremasco – Maria Tereza Duarte Paes
Pedro Cunha de Holanda – Sávio Machado Cavalcante
Verónica Andrea González-López

Coleção Meio de Cultura

Comissão Editorial
Peter Schulz (Coordenação)
Bruno de Pierro – Germana Barata – Marcelo Yamashita
Maria de Macedo Soares Guimarães
Pedro Cunha de Holanda (Representante do Conselho)

COMO FALAR COM UM NEGACIONISTA DA CIÊNCIA

CONVERSAS COM TERRAPLANISTAS E OUTROS QUE DESAFIAM A RAZÃO

LEE MCINTYRE

TRADUÇÃO
CYNTHIA COSTA

EDITORA UNICAMP

FICHA CATALOGRÁFICA ELABORADA PELO
SISTEMA DE BIBLIOTECAS DA UNICAMP
DIVISÃO DE TRATAMENTO DA INFORMAÇÃO
Bibliotecária: Maria Lúcia Nery Dutra de Castro – CRB-8ª / 1724

M189c   McIntyre, Lee
      Como falar com um negacionista da ciência : conversas com terrapla-
nistas e outros que desafiam a razão / Lee McIntyre ; tradutora: Cynthia
Costa. – Campinas, SP : Editora da Unicamp, 2024.

      Título original: *How to talk to a science denier*

      1. Ciência – Negação. 2. Teorias da conspiração. 3. Pseudociência.
4. COVID-19 – Pandemia – Aspectos políticos. I. Costa, Cynthia.
II. Título.

                               CDD – 502
                                    – 364.134
                                    – 001.9
                                    – 303.485

ISBN 978-85-268-1631-2

Copyright © by Lee McIntyre
Copyright © 2021 by MIT Press
Copyright © 2024 by Editora da Unicamp

Opiniões, hipóteses e conclusões ou recomendações expressas
neste livro são de responsabilidade do autor e não
necessariamente refletem a visão da Editora da Unicamp.

Direitos reservados e protegidos pela lei 9.610 de 19.2.1998.
É proibida a reprodução total ou parcial sem autorização,
por escrito, dos detentores dos direitos.

Foi feito o depósito legal.

Direitos reservados a

Editora da Unicamp
Rua Sérgio Buarque de Holanda, 421 – 3º andar
Campus Unicamp
CEP 13083-859 – Campinas – SP – Brasil
Tel./Fax: (19) 3521-7718 / 7728
www.editoraunicamp.com.br – vendas@editora.unicamp.br

meio de cultura

A coleção traz textos que, em linguagem acessível a todos, apresentam os caminhos e descaminhos da ciência e da tecnologia. Neles encontramos histórias de sucessos e fracassos, contradições e embates, enigmas e polêmicas da ciência e da tecnologia na sociedade – uma bússola para explorar a cultura científica até as fronteiras do saber. Nosso cotidiano é permeado de ciência e tecnologia, e a coleção Meio de Cultura procura despertar o encanto pelo conhecimento, pela curiosidade, pela beleza e pelos mistérios do universo e da humanidade.

Para Mohamad Ezzeddine Allaf, MD
Um curador

AGRADECIMENTOS

Como sempre, é meu privilégio publicar este livro pela MIT Press. Gostaria de agradecer a toda a equipe por tudo que tem feito por mim ao longo dos anos. Sou especialmente grato ao meu editor, Phil Laughlin, por seus conselhos e orientações sempre confiáveis; à minha editora de produção, Judith Feldmann; e à minha revisora, Rachel Fudge, que me salvou de mim mesmo em várias ocasiões.

Pelas contribuições para o conteúdo deste livro, eu gostaria de agradecer aos meus amigos e colegas profissionais – pelo incentivo à discussão e pelo exemplo de pesquisa de cada um – Quassim Cassam, Asheley Landrum, Stephan Lewandowsky, Michael Patrick Lynch, Richard Price, Derek Roff, Michael Shermer e Bruce Sherwood. Embora tenhamos conversado apenas brevemente, gostaria de expressar um agradecimento especial a Cornelia Betsch e a seu colega Philipp Schmid pelo trabalho inovador, que apresenta provas empíricas de que "vale" a pena insistir contra os negadores da ciência.

Na preparação deste livro, conduzi uma série de entrevistas com muitas pessoas que posso citar apenas por pseudônimo. Agradeço a todas elas. Também gostaria de agradecer às pessoas que posso nomear, entre as quais estão Linda Fox, Alex Mead e David e Erin Ninehouser. Quanto ao apoio moral na condução deste projeto, o melhor que fiz foi confiar no incentivo e nos conselhos de meus amigos Robyn Rosenfeld e Sam Shapson. Sou excepcionalmente grato a Aaron Mertz, do Aspen Institute, por seu compromisso de iluminar ainda mais os riscos da negação da ciência. Por me proporcionar um lar intelectual no Centro de Filosofia e História da Ciência da Universidade de Boston, nos últimos 20 anos, envio os meus mais profundos agradecimentos a Alisa Bokulich.

Como de costume, meus parceiros filósofos Andy Norman e Jon Haber fizeram ótimos apontamentos nos vários rascunhos deste texto final e deram-me muito sobre o que pensar em nossas conversas, conforme o livro tomava forma. Meu amigo Louis Kuchnir merece um agradecimento especial por me visitar em Denver, em novembro de 2018, quando eu estava participando da Conferência da Terra Plana, e me manter são. Agradecimentos especiais também à minha amiga Laurie Prendergast por preparar o Índice remissivo.

Agradeço também à minha esposa, Josephine, por tudo o que proporcionou: uma ilha de calma e incentivo enquanto eu escrevia este livro, naquele que foi facilmente o pior ano da minha vida. Filosofia, lógica, razão e ciência compõem o trabalho mais importante da minha vida. Mas nada disso se compara ao amor.

Um homem com uma convicção é um
homem difícil de mudar. Diga a ele que você
não concorda, e ele se afastará. Mostre-lhe fatos ou
gráficos, e ele questionará suas fontes. Recorra à
lógica, e ele não conseguirá entender seu argumento.
Leon Festinger, *When Prophecy Fails*, 1956

É mais fácil enganar as pessoas do
que convencê-las de que foram enganadas.
Mark Twain (atribuição)

SUMÁRIO

INTRODUÇÃO 15

1. O QUE APRENDI NA CONFERÊNCIA DA TERRA PLANA.... 25

2. O QUE É O NEGACIONISMO DA CIÊNCIA? 75

3. COMO FAZER ALGUÉM MUDAR DE IDEIA? 115

4. ENCONTROS IMEDIATOS COM AS MUDANÇAS
   CLIMÁTICAS 151

5. LUZ NO FIM DA MINA DE CARVÃO 185

6. ORGANISMOS GENETICAMENTE MODIFICADOS: EXISTE
   UM NEGACIONISMO DA CIÊNCIA DE ESQUERDA? 213

7. CONSTRUINDO CONFIANÇA 243

8. CORONAVÍRUS E O QUE ESTÁ POR VIR 281

EPÍLOGO 313

NOTAS 319

REFERÊNCIAS BIBLIOGRÁFICAS 377

ÍNDICE REMISSIVO 385

INTRODUÇÃO

Admito que hesitei antes de pendurar o crachá entregue por uma jovem sorridente, de jaleco branco, junto à mesa da recepção na Conferência Internacional da Terra Plana de 2018 [Feic, 2018, na sigla em inglês]. Temi ser reconhecido. Será que aquela pessoa ali está tirando fotos? Mas, pensando bem, por que alguém me fotografaria? Eu passara os últimos 15 anos estudando o negacionismo da ciência em meu escritório. Munido da minha camisa de flanela e do crachá, seria mais fácil me misturar ao público. Era o "manto da invisibilidade" de que eu precisava como filósofo da ciência disfarçado, ao menos durante as primeiras 24 horas.

Depois desse período, eu estaria pronto para agir...

De repente, senti uma mão no meu ombro e virei-me, dando de cara com um homem de camiseta preta, sorrindo com uma mão estendida. Sua camiseta dizia: "A NASA MENTE".

"Ei, seja bem-vindo, Lee", ele cumprimentou. "Diga, como veio parar na Terra Plana?"

Introdução

Havia anos que eu percebia – pelo menos nos Estados Unidos – que a verdade estava sob ataque. Nossos concidadãos não pareciam mais ouvir os fatos. Os sentimentos passaram a superar as evidências, e a ideologia foi tomando conta de tudo. Em um livro anterior, explorei a questão de estarmos vivendo agora na era da "pós-verdade", em que os fatos e até mesmo a própria realidade estão em jogo... E quais são as possíveis consequências disso.[1] O que descobri foi que as raízes do "negacionismo da realidade" de hoje remetem diretamente ao problema do "negacionismo da ciência" que tem se espalhado por esse país desde a década de 1950, quando a indústria do tabaco contratou especialistas em relações públicas para ajudá-la a descobrir como combater as pesquisas científicas que afirmavam que o tabagismo estava relacionado ao câncer de pulmão.[2] Esse estratagema forneceu um modelo de como realizar uma campanha bem-sucedida de desinformação contra qualquer tópico desejado: evolução, vacinas, mudança climática... Como resultado, agora vivemos em uma sociedade em que duas pessoas podem olhar para a mesma fotografia de um evento e chegar a conclusões opostas sobre quantas pessoas estavam presentes.[3]

A confusão política em Washington permanecerá conosco por um bom tempo. Mas as consequências para a ciência já são uma emergência. Um relatório recente do Painel Intergovernamental sobre Mudança do Clima [IPCC, na sigla em inglês] da Organização das Nações Unidas (ONU) adverte que chegamos a um ponto perigoso.[4] Os efeitos do aquecimento global estão se desenrolando mais rapidamente do que o esperado, e muitos países já fracassaram em suas metas traçadas no Acordo de Paris. A calota polar pode desaparecer até 2030; os recifes de corais, até 2040; o nível do mar em

Nova York e Boston pode subir até 1,5 metro antes do final do século.[5] Há alguns anos, o secretário-geral da ONU, António Guterres, alertou que, "se não mudarmos de rumo até 2020, corremos o risco de perder o ponto em que ainda poderemos evitar mudanças climáticas descontroladas".[6] Enquanto isso, durante a escrita deste texto, o chefe de Estado da Casa Branca continua a promover a fantasia de que os cientistas do clima têm uma "agenda política" e de que, mesmo que as mudanças climáticas estejam acontecendo, é provável que não sejam "produzidas pelo homem" e poderiam "muito bem retroceder".[7] Infelizmente, milhões de pessoas concordam com ele.

Como podemos abordá-las? Como podemos fazer com que as pessoas mudem de ideia com base em fatos? Já se cogitou que isso talvez não seja possível. Na verdade, alguns já argumentaram que tentar pode levar a um efeito contrário (o chamado *backfire*), ou seja, pioraríamos o problema fazendo com que os adeptos mais ferrenhos fortalecessem suas crenças equivocadas.[8] Essa ideia levou a várias manchetes provocativas, como "Este artigo não vai fazer você mudar de ideia" (*Atlantic*) e "Por que os fatos não nos fazem mudar de ideia" (*New Yorker*).[9] Mas há um problema com essa mentalidade: nos últimos anos, novas pesquisas têm mostrado que o efeito *backfire* original não pode ser replicado.[10] Sim, as pessoas são teimosas e resistem à ideia de mudar suas crenças com base em fatos, mas, no que diz respeito à maioria das mudanças, é "possível". E, se não tentarmos, as coisas só vão piorar.

Em um dos acontecimentos recentes mais animadores, em junho de 2019, um estudo revolucionário foi publicado na revista *Nature Human Behaviour*, fornecendo a primeira evidência empírica de que você "pode" lutar contra os negacionistas da ciência.[11] Em um elegante experimento

Introdução

realizado *online*, dois pesquisadores alemães – Philipp Schmid e Cornelia Betsch – mostram que a pior coisa a se fazer é "não" lutar contra a desinformação, porque é assim que ela se consolida. O estudo considerou duas estratégias possíveis. A primeira é a refutação de conteúdo, quando um especialista apresenta aos negacionistas os fatos da ciência. Realizada da maneira certa, pode ser muito eficaz. Mas há uma segunda estratégia menos conhecida chamada refutação técnica, que se baseia na ideia de que existem cinco erros comuns de raciocínio cometidos por "todos" os negacionistas da ciência. Aí vem a parte chocante: ambas as estratégias são igualmente eficazes, e não há nenhum efeito aditivo, o que significa que "qualquer um" pode lutar contra os negacionistas da ciência! Você não precisa ser um cientista para fazer isso. Uma vez que conheça os erros por trás dos argumentos – confiança em teorias da conspiração, evidências seletivas, confiança em falsos especialistas, insistência de que a ciência precisa ser perfeita e raciocínio ilógico –, você tem em mãos o decodificador secreto que fornecerá uma estratégia universal para lutar contra "todas" as formas de negacionismo da ciência.[12]

Infelizmente, há algo crucial que Schmid e Betsch deixaram de fora. Existem essencialmente três níveis possíveis de envolvimento com os negacionistas da ciência: inoculação, intervenção e crença na inversão. Schmid e Betsch lidaram apenas com os dois primeiros.[13] Em um comentário favorável publicado na mesma edição da *Nature Human Behaviour*, Sander van der Linden explica que a metodologia de Schmid e Betsch poderia ser útil para pré-identificar as técnicas falsas que os negacionistas da ciência adotam, de modo a promover um "pré-desbanque", e assim mitigar o potencial efeito da desinformação. Segundo Schmid e Betsch demonstram, mesmo quando os participantes tiverem sido recentemente expostos a desinformação científica, é eficaz intervir imediatamente e explicar o raciocínio problemático, antes que as crenças equivocadas tenham tempo de se consolidar. Tanto o pré-desbanque quanto o desbanque são ferramentas potencialmente poderosas, favorecidas pelas descobertas dos cientistas. O que os pesquisadores "não" fizeram, no entanto, foi "medir se era possível derrubar as crenças dos negacionistas radicais", sobretudo daqueles que já foram expostos a anos de desinformação científica. Schmid e Betsch (e Van der Linden) lidam brilhantemente com o "público" dos negacionistas da ciência, mas o que fazer com aqueles que já eram negacionistas da ciência comprometidos com a causa antes de participarem do estudo?

Aqui, infelizmente, a literatura empírica deixa-nos à deriva. Relatos anedóticos sugerem que a melhor maneira de convencer alguém a mudar de ideia é por meio do contato cara a cara, mas o estudo de Schmid e Betsch foi realizado *online*. Não faz sentido que, para convencer pessoas a mudarem de ideia, talvez seja melhor construir alguma confiança primeiro? A maioria das crenças é formada dentro de um contexto social (e não baseada apenas em fatos), então o contexto social não deve ter um impacto também na mudança?

No importante ensaio "How to Convince Someone When Facts Fail" ["Como convencer alguém quando os fatos falham"], o cético profissional e historiador da ciência Michael Shermer recomenda a seguinte estratégia:

> Com base na minha experiência, (1) manter as emoções de lado, (2) questionar, não atacar (nada de *ad hominem* ou *ad Hitlerum*), (3) ouvir atentamente e tentar articular a outra posição com precisão, (4) demonstrar respeito, (5) reconhecer que você é menos

Introdução

importante do que a razão que leva a pessoa a ter aquela opinião, e (6) tentar mostrar como mudar fatos não significa necessariamente mudar visões de mundo[14]

As histórias de negacionistas da ciência que alteraram suas crenças sempre mostram a influência positiva de alguém em quem confiavam. Alguém que construiu um relacionamento pessoal com eles e levou suas dúvidas a sério, para só então compartilhar as evidências contrárias. Fatos, por si sós, não foram suficientes. Em dois relatos recentes sobre a superação do sentimento antivacina, pessoas antes convictas (ou hesitantes com relação à vacinação) contam como suas perspectivas foram alteradas por aqueles que se sentaram com elas, ouviram todas as suas perguntas e explicaram as respostas com muita paciência e muito respeito. Durante o surto de sarampo de 2019 em Clark County, no estado de Washington, o governo estadual enviou agentes públicos de saúde para "se reunirem com pais em pequenos grupos ou individualmente, às vezes por horas de cada vez, para responder às suas perguntas". Como resultado, uma mulher relatou ter

> [...] mudado de ideia, decidindo dar aos seus filhos as injeções depois que um médico, em uma oficina sobre vacinação, respondeu às suas perguntas por mais de duas horas, a certa altura desenhando diagramas em um quadro branco, para explicar como a vacina funciona do ponto de vista da interação celular. Ele foi ponderado, factual e "ainda assim muito caloroso", disse ela.[15]

Em outro relato, uma moradora da Carolina do Sul relatou sua mudança de opinião com relação às vacinas em um espaço editorial aberto do jornal *Washington Post*, intitulado "I Used

Como falar com um negacionista da ciência

to Be Opposed to Vaccines. This Is How I Changed My Mind." ["Eu costumava ser contra as vacinas. Foi assim que mudei de ideia."]:

> Minhas razões para ser contra as vacinas eram fruto, principalmente, da falta de entendimento de seus componentes e de como funcionavam. As pessoas que tentaram me convencer a não me vacinar falavam sobre os muitos compostos presentes nas vacinas, como sais de alumínio, polisorbato 80 e formaldeído, mas não explicavam sua função. O que mudou minha opinião? Encontrar um grupo de pessoas fortemente a favor das vacinas e dispostas a discutir o tema comigo. Elas foram capazes de corrigir toda a desinformação que eu tinha e responder às minhas preocupações com base em pesquisas confiáveis e outras informações úteis.[16]

Com relação às mudanças climáticas, há uma literatura anedótica semelhante, inclusive o relato notável de um político republicano inflexível, Jim Bridenstine, nomeado pelo presidente Trump como administrador-chefe da Administração Nacional de Aeronáutica e Espaço [Nasa, na sigla em inglês], que mudou de ideia sobre o aquecimento global após algumas semanas em seu novo cargo. Em 2013, Bridenstine fizera um discurso na Câmara dos Representantes, no qual afirmara que "as temperaturas globais pararam de subir dez anos atrás". Ele agora diz:

> Eu acredito plenamente e sei que o clima está mudando. Também sei que nós, seres humanos, estamos contribuindo para isso de forma crítica. O dióxido de carbono é um gás do efeito estufa. Estamos liberando-o na atmosfera em volumes jamais vistos, e esse gás do efeito estufa está aquecendo o planeta. Isso está acontecendo com toda certeza, e somos responsáveis por isso.

Introdução

O que o fez mudar de ideia? Por um lado, ele diz que "leu muito". Mas essa leitura ocorreu no contexto da Nasa, onde estava cercado de novos colegas – onde ele "ouviu muitos especialistas" e logo concluiu que "não havia razão para duvidar da ciência" quanto às mudanças climáticas.[17]

Respeito, confiança, acolhimento, envolvimento. Essas são as linhas que costuram esses relatos em primeira pessoa. Schmid e Betsch oferecem-nos evidências experimentais importantes sobre as melhores estratégias para lidar com os negacionistas da ciência. Mas para quem e dentro de que contexto social? Schmid e Betsch realizaram um estudo histórico, mas que deixa em aberto aquela que talvez seja a questão mais intrigante no debate do negacionismo da ciência: podemos fazer até mesmo negacionistas radicais mudarem de ideia? E, se sim, como?

Durante anos, tenho estudado a questão do negacionismo da ciência e tentado descobrir a melhor forma de superá-lo. Eu adotava a refutação de conteúdo e a refutação técnica muito antes de Schmid e Betsch sugerirem-nas. Mas o problema é que, no mundo real, no cara a cara, com frequência não estamos diante do "público" de negacionistas da ciência, mas dos próprios negacionistas mais obstinados. Já não se trata mais de inocular neles ideias contra a desinformação, nem de intervir antes que se apeguem a ela. As crenças de negacionistas são formadas ao longo de anos marinando em uma ideologia mal-informada, e muitas vezes a própria identidade deles está em jogo. Será que é possível mudar a mente deles?

No meu último livro, *The Scientific Attitude: Defending Science from Denial, Fraud, and Pseudoscience* [A atitude científica: defendendo a ciência do negacionismo, da fraude e da pseudociência], publicado em 2019, desenvolvi uma teoria sobre o que há de específico na ciência e delineei uma estratégia para que esse argumento seja usado para defender a ciência de seus críticos. Na minha opinião, a especificidade da ciência não reside em sua lógica nem em seu método, mas em seus valores e práticas – que são relevantes em um dado contexto social. Em suma, os cientistas são honestos uns com os outros, verificando constantemente o trabalho de seus colegas com base em evidências e mudando de opinião à medida que novas evidências surgem. Mas será que o público em geral entende isso? E, mesmo que entenda, como é que colocamos essa compreensão em prática?

Durante a turnê para promover meu livro anterior, *Post-Truth* [Pós-verdade] – e em antecipação ao lançamento do livro seguinte (que estava sendo revisado na época) –, eu recebia perguntas do público sobre como lutar contra o negacionismo. O que podemos dizer para que os negacionistas da verdade mudem suas crenças? Meu conselho era que se envolvessem. Falassem com as pessoas, uma a uma, sobre a atitude científica e a importância de ser racional. Não permitissem que as pessoas se afastassem das evidências em nome de visões profundamente mal-informadas sobre como a ciência funciona.

Então, questionei por que eu mesmo não estava fazendo isso.

Valia a pena tentar. Mesmo que eu não conseguisse convencer os negacionistas mais radicais a desistirem de suas crenças, poderia pelo menos ter algum efeito sobre aqueles que são influenciados por eles. E, se eu pudesse canalizar as habilidades de raciocínio persuasivas que aprendi como filósofo, talvez também conseguisse abrir uma brecha na alegação dos negacionistas da ciência de que "eles" é que são os verdadeiros cientistas. De que eles são céticos, não negacionistas. Mesmo

Introdução

que eu não pudesse convencê-los com provas, poderia apontar por que suas habilidades de raciocínio não estavam à altura da sustentação científica. Foi quando imaginei escrever este livro.

Assim, em novembro de 2018, eu me vi no salão de festas do Crowne Plaza Hotel em Denver, no estado do Colorado, cercado por 600 militantes aos gritos, batendo palmas na Feic. Parecia estranho que eu estivesse ali sozinho na minha crença de que Aristarco e Copérnico tinham resolvido a questão de a Terra ser ou não um globo há muito tempo. Mas, depois de todos aqueles anos estudando o negacionismo da ciência da minha mesa, eu estava finalmente ali, no ventre da besta, cercado pelos mais injuriados negacionistas da ciência do planeta (desculpe... do mundo). Por que eu comecei com a Terra Plana? Porque eu queria escolher o pior dos piores. Para confrontar o tipo de negacionista que é menosprezado até por outros negacionistas.

Pensei que, se pudesse estudar o caso mais elementar de negacionismo da ciência, talvez aprendesse a falar com outros – como com os opositores das mudanças climáticas, por exemplo –, cujas visões podem parecer mais moderadas e matizadas. No fundo da minha mente, eu também pensei que talvez as estratégias de raciocínio para todos os negacionistas da ciência poderiam ser as mesmas, e que quaisquer truques argumentativos que usasse com os terraplanistas poderiam funcionar com negacionistas das mudanças climáticas também.

Mal sabia o que estava reservado para mim...

CAPÍTULO 1

O que aprendi na Conferência da Terra Plana

É inacreditável, mas é verdade que a Teoria da Terra Plana voltou à moda. Embora a ciência básica para demonstrar a curvatura da Terra tenha mais de 2 mil anos – e esteja disponível para qualquer estudante de física do ensino médio –, agora existem vários grupos dedicados à Terra Plana em diversas cidades. Suas opiniões são até mesmo incitadas por celebridades, como o *rapper* B.o.B[1] e jogadores da NBA como Kyrie Irving[2] e Wilson Chandler. Podemos até participar de uma Conferência da Terra Plana, como fiz indo à Feic de 2018, em Denver.

Primeiramente, a pergunta que não quer calar: essas pessoas de fato acreditam nisso? Sim. Acreditar na Terra Plana não é algo que alguém faria sem levar a questão a sério, pois os terraplanistas costumam ser perseguidos por seus pontos de vista. Muitos relatam perderem seus empregos, serem expulsos de suas igrejas e ostracizados em suas famílias. Não é surpreendente que muitos escolham manter suas crenças privadas. Dito isso, é quase impossível enumerar quantos terraplanistas existem hoje.[3] Talvez isso explique a atmosfera celebrativa que testemunhei na Feic de 2018, em que completos estranhos se cumprimentavam como velhos amigos.

Em uma das primeiras apresentações na abertura da conferência, um palestrante entoou, de forma memorável, o mantra "não tenho vergonha", recebido com aplausos acalorados. Alguns na plateia tinham lágrimas nos olhos enquanto repetiam a frase para si mesmos. Ao que parecia, eles também não se sentiam envergonhados. Ser insultado, ridicularizado e demitido por suas opiniões não deve ser uma experiência agradável. Penso nisso toda vez que ouço alguém chamar terraplanistas de troladores* ou piadistas, que devem ter embarcado nessa onda por diversão. Quem suportaria tudo isso por diversão? Talvez eu seja simplesmente crédulo demais, mas, durante a Feic de 2018, não conheci uma só pessoa que não parecesse estar profundamente comprometida com suas crenças. Na verdade, é provável que seja por isso que o encontro parecia tão significativo para os seus participantes. Exceto por mim e alguns jornalistas que estavam lá para cobrir o evento, a Feic parecia uma reunião de desajustados que finalmente tinham encontrado os seus semelhantes.

Olhando ao redor no grande salão, o que mais me impressionou foi que, caso eu já não soubesse do que se tratava o evento, não seria capaz de dizer nada sobre ele. Todo mundo parecia tão "normal". Nenhum semblante conspiratório. Homens e mulheres, jovens e idosos, diversidade social e racial.[4] Vi um monte de camisetas pretas (algumas com dizeres engraçados), mas nada mais que indicasse que se tratava de

---

* Forma abrasileirada para *trolls*, gíria da internet para designar quem zomba, engana, persegue ou dissemina ódio em comentários e fóruns de discussão virtuais. O termo voltará a ser usado em outros capítulos. (N. da T.)

uma multidão marginalizada. Se não fosse pelas três enormes telas de multimídia posicionadas lá na frente, poderia pensar que estava esperando pela abertura de um *show* do Metallica. De camisa xadrez e calça jeans, eu me encaixava bem ali.

Sentei-me virado para a frente, ao lado de um casal da minha faixa etária que disse ser de Paradise, na Califórnia. Fazia apenas alguns meses que incêndios mortais tinham atingido aquela região, então perguntei se eles estavam bem. O homem falou: "Bem, nossa casa pegou fogo. Não podemos ir para casa. E ainda não tivemos notícia da mãe da minha esposa. Ela é idosa e tem demência, então pode estar perdida". Aquilo me chocou. Eu olhei discretamente para a esposa, mas ela não demonstrou nenhuma reação. Em meio a uma situação como aquela, eles tinham carregado o carro e dirigido para Denver para uma Conferência da Terra Plana? Expressei minha empatia, e continuamos a falar sobre os incêndios florestais. O homem então disse que achava que o governo estava plantando acelerantes nos incêndios; ele tinha visto as *chemtrails** em primeira mão. A mulher acrescentou: "Eu só acho que tem algo de suspeito nesses incêndios, pois começaram isolados e depois se alastraram". Atrás de nós, sentavam-se uma mãe e seu filho de 6 ou 7 anos, com um caderno espiral que dizia "pesquisa bíblica". Aí, o espetáculo começou.

Após uma apresentação musical animada, o discurso de abertura foi feito por Robbie Davidson, o organizador do evento, que falou sobre como costumava ser um "globalista", mas depois se convertera à Terra Plana justamente enquanto tentava refutá-la. Ele não era contra a ciência, explicou, apenas

---

* As *chemtrails*, ou trilhas químicas, são parte de teorias da conspiração daqueles que acreditam que aviões e outros veículos de transporte espalham agentes químicos ou biológicos com propósitos escusos. (N. da T.)

contra o "cientificismo". Mas "a verdade vos libertará!". Ao ouvir isso, o casal de Paradise ficou em pé e gritou "louvai a Jesus", enquanto o restante da multidão irrompia em aplausos. Eu continuei ali sentado, tomando notas. Ao se sentar novamente, o casal olhou para mim. Robbie continuou salientando – pensei que, em grande parte, para não fazer feio na mídia – que aquele encontro "não" tinha nenhuma afiliação com a Flat Earth Society [Sociedade da Terra Plana]. Ele passou então a ridicularizar o outro grupo por acreditar que a Terra era um "disco voador" pairando no espaço.[5] Implorou a qualquer cético na multidão que, caso fosse ridicularizar o seu grupo, fizesse-o com uma compreensão daquilo em que eles realmente acreditam. E que ficasse para toda a conferência. E fizesse a própria pesquisa. A ciência vinha controlando nossas crenças cosmológicas por séculos, disse ele, "mas a fundação está desmoronando!". E a multidão ovacionou mais uma vez.

Na programação, não havia apenas palestras. Além do *rapper* que tinha aquecido a plateia, houve um vídeo do Flat Earth Man [Homem da Terra Plana], uma pretensa estrela do *rock* que todos na multidão já pareciam conhecer. Seu vídeo *Space is Fake* [Espaço é falso], por sinal bem-feito, foi recebido com alegria. Continha todo tipo de imagem desastrosamente photoshopeada, que, pelo jeito, era mostrada para reforçar a mensagem de que, como ele podia falsificar fotos, nada impediria o governo de fazer o mesmo. A Nasa era o alvo da maioria das piadas. Ali aprendi que praticamente todo terraplanista acredita que "todas" as fotos da Terra tiradas do espaço são falsas, que nunca aterrissamos na Lua e que todos os funcionários da Nasa – juntamente com outros milhões de pessoas – fazem parte da "conspiração" para encobrir a verdade de Deus de que a Terra é plana. Aqueles que ainda não tinham se convertido à Terra Plana ou faziam parte do esquema de encobrimento, ou não passavam de ovelhinhas manipuladas. Para reforçar o argumento, o vídeo mostrava que, se você contar a posição das letras no alfabeto do nome inteiro da Nasa, chegaria a 666.

Depois do vídeo, pedi ao homem de Paradise para explicar quem estava por trás de tudo aquilo. Ele sabia que eu era um novato, então talvez minha capa de invisibilidade ainda estivesse funcionando.[6] Ele disse: "O inimigo". Pressionei-o mais, e ele falou: "O Diabo". Explicou que o Diabo ajuda aqueles que estão no poder e que isso engloba todos os líderes mundiais, todos os chefes de Estado, astronautas, cientistas, professores, pilotos de companhias aéreas etc. E muitos outros que são recompensados pelo Diabo para manter o segredo sobre a Terra Plana.[7] Ele então concluiu: "Tudo isso nos faz retornar à *Bíblia*". Não poderia ter havido um dilúvio no tempo de Noé se a Terra fosse redonda, ele opinou.[8]

Nas 48 horas seguintes, ouvi coisas semelhantes da boca de muitas outras pessoas, em uma combinação de física sem pés nem cabeça com fundamentalismo cristão.[9] O que me impressionou, porém, foi que, embora a maioria dos participantes parecesse ter uma profunda visão religiosa, eles não diziam basear a crença na Terra Plana na fé. Afirmavam que suas crenças eram baseadas em "evidências", tanto em favor da Terra Plana quanto contra a hipótese "globalista". Incentivavam, inclusive, os participantes a fazer suas próprias experiências.[10] Na verdade, a razão de ser da conferência, Robbie disse, era apresentar material para fins "educacionais". "Não acreditem nas coisas só por causa da autoridade" era um refrão comum. Vários palestrantes até encorajavam a multidão a não acreditar no que "eles" estavam dizendo, mas a usar aquilo como um ponto de partida para fazer a própria pesquisa.

Aparentemente, é assim que terraplanistas são convertidos. Mais de uma vez, ouvi alguém dizer que costumava acreditar que a Terra era esférica – pessoa para a qual a palavra indelicada (que fomos encorajados a não usar) era "globoba" [*globetard*] – e que tinha tentado refutar a Terra Plana, "mas não conseguiu", e assim concluiu que esta devia ser a verdade. "Tenha cuidado, costumávamos ser como você", alertou um palestrante. No processo de tentar provar que a Terra Plana era uma fraude – em geral depois de assistir a uma série de vídeos do YouTube –, muitos tinham se convencido de que aquilo devia ser verdade. De fato, o método dos terraplanistas parecia funcionar da seguinte forma: se você não pode provar que a Terra é um globo, então você só pode acreditar que é plana.[11] E não parecia incomodá-los nem um pouco que a maioria de sua "pesquisa" consistisse em assistir a vídeos na internet. De acordo com Asheley Landrum, uma psicóloga da Texas Tech que estudou terraplanistas, o YouTube é a porta de entrada para quase "todos" os novos recrutas da Terra Plana.[12]

Terraplanistas têm uma profunda desconfiança da autoridade, combinada a uma grande crença na experiência sensorial vivida em primeira mão. E a crença deles é supostamente baseada em "provas". Nessa epistemologia, questionar uma crença é suficiente para concluir que ela deve ser falsa. Mas e quanto às suas próprias crenças? Em um grupo tão cético quanto o dos terraplanistas, é curioso que eles não apliquem qualquer escrutínio real às "suas" crenças. Se alguém lhes pede prova de que a Terra é plana, eles em geral voltam o fardo da prova para quem pergunta. A escolha é binária. Se você não puder provar que a Terra é redonda – o que está sujeito a suspeitas paranoicas que acusam de tendenciosa ou fraudulenta qualquer evidência que você ofereça –, então ela só pode ser plana.

Também é curioso que, em um sistema de crenças que se diz baseado em evidências e experimentos, a maioria dos terraplanistas descreva sua conversão como uma revelação. Um dia eles acordaram e perceberam que havia uma conspiração mundial conduzida por pessoas que estavam mentindo para eles. Dispostos a questionar a mentira, encontraram a Terra Plana no fundo da toca do coelho. "Confie em seus olhos" torna-se seu mantra. "A água está nivelada." "O espaço é falso." "Um governo que poderia mentir para você sobre o 11 de Setembro e a ida à Lua é o mesmo que mentiria para você sobre a Terra Plana." Todos os terraplanistas descrevem sua conversão como uma experiência quase mística: um dia, "tomaram a pílula vermelha" (sim, eles adoram o filme *Matrix*) e perceberam uma verdade que o resto de nós não enxerga porque foi deseducado e doutrinado: a Terra é plana.

O que isso significa? Em que eles realmente acreditam? Não só que a Terra é plana, mas que o continente da Antártida não é realmente um continente, mas uma parede de gelo que se estende ao longo do perímetro da Terra (que é o que impede a água de cair); e tudo isso é coberto por um domo transparente, fora do qual o Sol, a Lua, os planetas e as estrelas (que são todos muito próximos) brilham. Claro, isso significa que todas as viagens espaciais são falsificadas (como poderiam ter cruzado o domo?). E isso significa também que a Terra não realiza nem translação nem rotação (pois, se fizesse esses movimentos, como não os sentiríamos?).

Essas afirmações imediatamente levantam uma série de questões:

Como ficam então a gravidade, as constelações, os fusos horários, os eclipses? E o que diabos estaria "sob" a Terra Plana? Os terraplanistas amam esse tipo de pergunta e têm resposta para cada uma delas, embora às vezes varie de pessoa para pessoa, que é o que a conferência procurava cobrir.[13]

Quem manteria tal segredo? O governo, a Nasa, os pilotos das companhias aéreas, entre outros.

Quem os envolveu nisso? "O inimigo" (o Diabo), que os recompensa poderosamente por encobrir a verdade de Deus.

Por que outros não percebem essa verdade? Porque foram enganados.

Qual é a vantagem de acreditar na Terra Plana? Porque é a verdade! E é consistente com a *Bíblia*.

E quanto às provas científicas da Terra em formato de globo? Todas são falhas, e foi isso que o resto da conferência abordou.

Passar dois dias participando de seminários com títulos como "Caça-globalistas", "Terra Plana e o método científico", "Ativismo da Terra Plana", "Nasa e outras mentiras espaciais", "(No mínimo) 14 maneiras pelas quais a *Bíblia* revela a Terra Plana" e "Como falar com sua família e seus amigos sobre a Terra Plana" é mais ou menos como passar dois dias em um sanatório. Os argumentos eram absurdos, mas intrincados, e não facilmente derrubáveis, sobretudo se considerarmos a insistência dos terraplanistas na prova sensorial imediata, experimentada em primeira mão. E o reforço social que os participantes pareciam sentir por estarem finalmente entre os seus era palpável. Psicólogos há muito tempo sabem que há um aspecto social na crença; a Feic de 2018 foi como um experimento de laboratório do raciocínio tribal.

Como falar com um negacionista da ciência

A próxima apresentação foi feita por um dos superastros da Terra Plana, Rob Skiba, cuja palestra era considerada como uma das principais falas "científicas" do evento. Eu mal podia esperar. No início, Skiba esclareceu que não tinha credenciais acadêmicas. Mas "estava vestindo" um jaleco branco, o que lhe dava toda a credibilidade de que ele precisava. Ele então começou a palestra, na qual apresentou *slides* com dez pontos sobre as "evidências" para a Terra Plana (que consistia, sobretudo, em "evidências" contra a Terra ser redonda). O Pêndulo de Foucault? Falso! Se fosse real, por que seria necessário um motor de acionamento para manter o pêndulo em movimento? (A física fala do atrito.) Fotos do espaço? Disse que todas foram ilustradas ou pintadas pela Nasa (na era pré- -Photoshop). Durante a palestra, também descobri que Skiba tinha uma teoria alternativa para a gravidade (que, mesmo que tentasse, eu não conseguiria reproduzir aqui), pensava que a Terra Plana era suportada por pilares que haviam sido colocados lá por Deus (apoiados sobre o quê, ele não disse) e que não entendia como a água poderia aderir a "uma bola giratória". Basta tentar girar uma bola de praia, jogar um copo d'água sobre ela e ver o que acontece! Oh, céus! Ele "acreditava", isso sim, em um vídeo, que nos mostrou, de uma mulher idosa empurrando um bloco pedregoso de 9 toneladas com uma só mão. Se aquilo era possível, ele disse, já devem ter descoberto a antigravidade. E, se já era possível fazer tal coisa, nada os impediria de falsificar o pouso na Lua em um galpão vazio.

A essa altura, minha cabeça já estava girando; nada daquilo fazia sentido. Mas, então, ele mudou para um conteúdo da física de que eu vagamente me lembrava: o Efeito Coriolis. Skiba queria saber por que, quando você dispara uma bala de leste para oeste, é preciso fazer um ajuste, mas não de norte

O que aprendi na Conferência da Terra Plana

para sul. O suposto movimento de rotação da Terra não teria um impacto? E, se não, isso significa que a Terra não gira? Nada disso tinha a ver com o que eu me lembrava do Efeito Coriolis (e confesso que não me recordei dos detalhes técnicos a ponto de localizar em que a descrição dele dos fenômenos estava em desacordo com a realidade), mas o que notei foi que Skiba não entendia de referencial inercial. Pensava que, se jogasse uma bola de beisebol no ar dentro de um trem em velocidade constante, ela pousaria atrás dele, não na luva em sua mão. Era isso que ele queria dizer sobre a bala disparada?

Eu ainda estava refletindo sobre esse enigma (e desejando me lembrar de mais explicações da física) quando a palestra passou para algo que me remeteu muito claramente à astronomia aprendida na faculdade. Skiba exibiu uma fotografia do horizonte da cidade de Chicago tirada a quase 97 km de distância da superfície do lago Michigan.[14] Aquilo me chamou atenção porque me lembrei de uma palestra sobre um fenômeno conhecido como *hull-down* [casco para baixo]: devido à curvatura da Terra, é o casco do navio que desaparece primeiro no horizonte. Já fazia muito tempo desde o meu primeiro ano na faculdade, mas eu verifiquei o cálculo fornecido na tela e estava certo: a mais de 90 km de distância, o topo da Sears Tower já deveria ter mergulhado no horizonte. Na verdade, nem é preciso ir tão longe... Apenas 70 km já bastariam! Mas ali estava uma foto da paisagem plena e cintilante de Chicago a mais de 90 km de distância. Prova? Bem, em um grupo de céticos, nunca ocorrera a ninguém que talvez a imagem fosse falsificada? Tínhamos acabado de ouvir que praticamente todas as imagens da Nasa eram falsas, então por que aquela não poderia ser também?

Como falar com um negacionista da ciência

Mais tarde, após a apresentação, eu cruzei com Skiba em um dos estandes da feirinha de bugigangas temáticas da Terra Plana à venda no salão adjacente.[15] Havia mapas da Terra Plana e camisetas, bonés e bijuterias. Eu comprei um CD de música da Terra Plana – surpreendentemente cativante e bem-feito – e alguns adesivos, além de um colar para minha esposa. De início, Skiba deve ter pensado que eu era um fã quando me aproximei dele, disse que acabara de ver sua apresentação e que tinha algumas perguntas.

A foto, no fim das contas, não era uma falsificação. Era uma imagem real que exigia uma explicação. Durante sua apresentação, Skiba havia descartado a explicação científica correta para a fotografia; trata-se do chamado efeito de miragem superior. Isso ocorre quando há uma manta de ar frio (por exemplo, na superfície da água) logo abaixo de uma massa de ar mais quente. À medida que a luz viaja através dessas camadas, ela se dobra, como se passasse por uma lente, e o observador consegue então ver uma imagem pairando no ar onde não deveria estar.[16] Não há nada de misterioso sobre isso. Quem dirige sobre o asfalto quente e avista "poças" na superfície da estrada (que desaparecem quando a gente se aproxima) já testemunhou o efeito de miragem inferior, que ocorre quando a superfície da estrada é "mais quente" do que o ar acima dela. Nesse caso, a imagem está "abaixo" de onde se espera; com o efeito de miragem superior, a imagem aparece "acima" de sua posição real. É uma ilusão, mas não é nada "falsa". É uma imagem real que se pode fotografar. Nas condições certas, pode-se até mesmo fazer um vídeo das luzes piscando de uma cidade sobre a curvatura do horizonte da Terra. É um efeito bem bacana, aliás. Quando perguntei a Skiba sobre o efeito de miragem superior, ele o descartou.

"Abordei isso na palestra", disse ele. "É inventado."

"Você não abordou isso na palestra", eu protestei. "Apenas falou que não acreditava nele."

"Bem, eu não acredito", disse ele.

Conversamos um pouco mais sobre a foto, e ele explicou que não estava apenas tomando aquilo como verdade. Ele próprio tinha navegado o lago Michigan 74 km de distância adentro e recriado o efeito. Afirmou que vira com os próprios olhos. A essa altura, uma multidão de admiradores havia se reunido para fazer suas perguntas a Skiba, e o "cientista" estava ficando um pouco impaciente. Ele provavelmente já tinha percebido que eu não era um terraplanista, mas não poderia se afastar sem fazer feio diante dos fãs.

E eu tinha outra pergunta.

"Então, por que você não chegou a 160 km de distância, por exemplo?", perguntei.

"O quê?"

"160 km. Se tivesse chegado a essa distância, não só a cidade teria desaparecido, como também a miragem superior. Se não desaparecesse, aí estaria a sua prova."

Ele balançou a cabeça: "Não conseguimos fazer com que o capitão do barco fosse tão longe".

Agora foi a minha vez de debochar: "O quê? Você dedicou a sua vida toda a esse trabalho, e não foi até o fim? Você estava com a prova definitiva ao seu alcance, e não conseguiu estender um pouco mais a distância?".

Ele virou a cabeça e começou a falar com outra pessoa.

Olhando para trás, talvez eu não o culpe. Eu estava bem irritado. Pronto para briga. É difícil manter a calma quando as próprias crenças estão sendo desafiadas. Talvez eu mesmo seja a prova disso.

Como falar com um negacionista da ciência

***

Ao longo das 48 horas seguintes, tive várias outras conversas menos acaloradas sobre as "evidências" da Terra Plana. Dada a crença de que a Terra é plana, de que o continente da Antártida como o conhecemos não existe, de que há um domo gigante sobre a Terra e de que a Terra não se move, deveria ter havido ampla oportunidade de pôr em xeque a hipótese dos terraplanistas. No entanto, em dois dias falando sobre o Pêndulo de Foucault, as sombras durante um eclipse, a Estação Espacial Internacional, o fato de a água estar sujeita à atração gravitacional e outras questões de astronomia aprendidas na faculdade, nem uma vez eu pareci conseguir perturbar uma só crença dos terraplanistas.

A tentação de chegar a algum experimento definitivo ou a uma descoberta científica que acabasse de vez com a ideia da Terra Plana é avassaladora em um evento como esse. Eu queria tanto desbancá-los, que mal podia me conter. Mas, se o objetivo é fazer um terraplanista admitir que está errado, provavelmente não será possível, ao menos não dessa forma. A evidência de que a Terra é um globo tem sido sustentada desde Pitágoras (que argumentou que, se a Lua era redonda, a Terra devia ser também) e Aristóteles (que disse que, se andássemos de norte para sul, veríamos estrelas diferentes). E desde Eratóstenes (que calculou a circunferência da Terra medindo a sombra do Sol com dois pedaços de pau muito distantes um do outro).[17] Essas evidências já existem há 2.300 anos, e os terraplanistas sabem disso, mas permanecem irredutíveis. Encontram uma desculpa para tudo.[18] Então, se nem dois milênios de física os convencem, por que seriam convencidos por mim?

Eu precisava reiniciar o plano.

Não sou físico, e não tinha ido à Feic de 2018 para falar com eles sobre evidências científicas a favor ou contra a Terra Plana. Sou filósofo e tinha ido falar sobre como eles estavam "raciocinando". Em se tratando de terraplanistas, o mais frustrante é que, mesmo que você encontre uma falha em um de seus argumentos ou experimentos, eles apenas olham para você e dizem "sim, mas e...", e avançam para o próximo ponto. Eles têm centenas de "pontos" e, a menos que você esteja disposto a jogar *whack-a-mole** e ir rebatendo um ponto por vez, não admitirão derrota. Para terraplanistas, não há "experimento conclusivo". Se eles lhe disserem que "sabem" que a Terra é plana por causa de "x", e você mostrar a eles que "x" não é verdade, eles apenas passarão por cima e avançarão para a próxima "evidência".

Isso não é, decididamente, o que os cientistas fazem. Em meu livro anterior, *The Scientific Attitude*, eu havia argumentado que a principal característica que separa a ciência da não ciência é que os cientistas estão dispostos a mudar sua hipótese se ela não for compatível com a evidência encontrada.[19] Isso é reforçado não apenas pelo compromisso de cada cientista, mas também pelos padrões comuns da ciência como um todo, em que os trabalhos são lidos por pares igualmente especialistas e passam pelo mais alto nível de escrutínio. Será que é isso o que os terraplanistas fazem?

Para ser justo, alguns disseram que estariam dispostos a mudar de ideia diante da evidência certa. Na Feic de 2018, tive o prazer de conhecer o "Mad" ("Louco") Mike Hughes,

---

* *Whack-a-mole* é um popular jogo de fliperama, em que o jogador precisa bater rapidamente em toupeiras que saem de modo aleatório de suas tocas. Coloquialmente, faz-se referência ao jogo quando se tem de lidar com uma tarefa repetitiva e inútil. (N. da T.)

famoso por embarcar em um foguete caseiro para tentar avistar a curvatura da Terra. Ele não chegou muito longe. Em sua primeira tentativa, subiu apenas 600 metros, mais baixo do que o arranha-céu Burj Khalifa de Dubai, que tem 828 metros de altura. Em vez de construir um foguete, ele poderia ter subido de elevador. E, sem um campo de visão de 60 graus ou mais amplo, a curvatura da Terra não é visível; só se pode avistá-la a pelo menos 12 km de altura. Nenhum avistamento daquela altura seria suficiente para resolver a questão da curvatura da Terra. Mesmo que Hughes subisse até 9 km, ele teria que se contentar com a visão que teria da maior parte das aeronaves comerciais.[20]

Quando conheci Hughes, parado ao lado de seu foguete na Feic de 2018, eu admirei sua mentalidade experimental. Sua compreensão era distorcida, mas ele se mostrava corajoso diante do desafio. Cerca de um ano após a conferência, em dezembro de 2019, Hughes anunciou que iria fazer mais um lançamento até a Linha de Kármán, a 96 km do nível do mar! Daquele ponto seria possível ver a curvatura, e eu fiquei animado ao ouvir sobre o experimento. Pouco antes de seu lançamento anterior (em 2018), Hughes dissera: "Espero ver um disco plano lá de cima... Eu não tenho uma agenda. Se a Terra for redonda, uma bola, eu vou descer e dizer: 'Ei, pessoal, eu errei. É uma bola, ok?'".[21] Infelizmente, ele nunca teve a chance de fazer isso. Em 22 de fevereiro de 2020, o foguete de Hughes teve uma pane logo após a decolagem, caiu, e ele morreu. Mas, digam o que quiserem sobre Hughes, eu não vou criticá-lo. Ele abraçou um espírito aventureiro e um compromisso de colocar suas crenças à prova, e prometeu abandoná-las se não se provassem verdadeiras, e essa é a base da atitude científica. Mas o mesmo

O que aprendi na Conferência da Terra Plana

pode ser dito sobre seus companheiros terraplanistas com os pés plantados sobre a Terra?

Em um delicioso documentário chamado *A Terra é plana*, uma equipe de filmagem segue um grupo de terraplanistas (a maioria dos quais provavelmente filiada à Feic) que pontificam suas opiniões e, às vezes, tentam testá-las. No início, o filme pode parecer uma celebração do terraplanismo, mas, uma vez que os personagens são estabelecidos, a diversão começa. Em uma cena, uma dupla de terraplanistas gasta 20 mil dólares em um giroscópio a *laser* para tentar provar uma de suas crenças principais: de que a Terra não se move. Exceto que, quando ligam seu equipamento, medem um desvio de 15 graus por hora. Diz um deles: "Uau, isso é um problema. Obviamente, não estávamos dispostos a aceitar isso, então começamos a procurar maneiras de refutar a ideia de que o equipamento estava registrando o movimento da Terra". Não conseguiram. Então, justamente naquela conferência de que eu participei em Denver, eles foram gravados dizendo: "Nós não queríamos espalhar aquilo, sabe? Pagamos 20 mil pelo raio do giroscópio. Se saíssemos agora falando da nossa descoberta, seria ruim. Bem ruim. Isso que acabei de falar para você é confidencial".[22] Pode-se imaginar um cientista de verdade dizendo tal coisa?[23]

Por mais terrível que aquele experimento tenha sido, no final do filme há outro possivelmente pior. Um grupo de terraplanistas tenta medir se um feixe de luz recai na mesma altura sobre três hastes iguais bem espaçadas. Com base em sua teoria, se o feixe de luz atingisse a mesma altura em todas as hastes, isso provaria que não há curvatura na Terra. A bem da verdade, esse não é um mau experimento, pois é similar ao famoso experimento do nível de Bedford do século XIX, que Alfred Russel Wallace (famoso por colaborar com a teoria da evolução) criou para ganhar prêmios em dinheiro graças à sua "prova" da curvatura da Terra.[24] Então, o que descobriram os terraplanistas? Na tomada final do filme, nós os vemos confusos porque não conseguem fazer com que o feixe de luz passe pelo buraco "certo" de seu aparato. Eles então erguem a haste. E a luz passa. Rolam os créditos.

Qual foi o resultado de todo esse desastre experimental? A Feic de 2019 aconteceu conforme programado. Como eu disse, para os terraplanistas não existe experimento conclusivo. Apesar de insistirem que se importam com evidências e de se declararem como mais científicos do que os próprios cientistas, a verdade é que eles não entendem a base do raciocínio científico. Sua ignorância não é apenas sobre fatos científicos, mas sobre como os cientistas pensam. Então, como "pensam" os terraplanistas? Qual é a base (e a fragilidade) de sua estratégia de raciocínio?

Por um lado, sua insistência na obtenção de provas é fundamentada em um total desentendimento de como a ciência funciona. Com qualquer hipótese empírica, é sempre possível que alguma evidência futura possa vir a refutá-la. É por isso que gráficos científicos em geral são apresentados com barras de erros; há sempre alguma incerteza no raciocínio científico. Isso não significa, no entanto, que as teorias científicas sejam fracas – ou que até que todos os dados estejam acessíveis, qualquer hipótese alternativa seja tão boa quanto a hipótese científica. Na ciência, "nunca" é possível abarcar todos os dados! Mas isso não significa que uma teoria ou hipótese científica bem corroborada seja indigna de crença. Na ciência, é ridículo exigir provas cabais.[25]

O que os cientistas com frequência se dispõem a encontrar é "uma refutação". Se a sua hipótese diz que "x" deve ser verdadeiro, e "x" não é verdadeiro, então isso significa que sua hipótese está errada![26] Por exemplo, no caso apresentado em *A Terra é plana*, se um terraplanista não prevê nenhum desvio, mas encontra um desvio, isso significa que sua hipótese foi refutada. É claro que até cientistas precisam garantir que seu equipamento esteja funcionando corretamente e ter certeza de que não há uma razão imprevista para o fenômeno testemunhado no experimento. Mas, depois de certo ponto, parece ridículo continuar arrumando desculpas. Dado o compromisso dos terraplanistas com o poder da prova, fico surpreso com sua atitude arrogante em relação aos experimentos que "refutam" sua hipótese.

Outra fraqueza no raciocínio da Terra Plana tem a ver com a falta de entendimento sobre como uma evidência apoia uma hipótese. Quando uma crença é justificada, significa que ela é justificada com base em suas evidências. Quanto mais evidências a apoiam, mais verossímil é a hipótese. Claro, isso fica aquém de uma prova definitiva. Mas será que isso significa que "nenhuma" quantidade de evidências pode construir credibilidade para uma crença, até que chegue o dia em que ela é absolutamente provada? Se assim fosse, nós seríamos justificados em acreditar apenas nas verdades da matemática e da lógica dedutiva; tanto a física "quanto" a Terra Plana seriam jogadas pela janela. No entanto, falar com um terraplanista é vê--lo gritar "ahá!", com os olhos brilhando, sempre que pressente seu fracasso em oferecer uma prova definitiva, como se isso de alguma forma tornasse a hipótese dele mais verossímil. Mas não é assim que a ciência funciona. Dizer que a minha hipótese não é comprovada não torna a sua mais provável – senão, o que diríamos da Terra triangular, trapezoidal ou em formato de rosquinha?[27] E, claro, o *backtracking** e o revisionismo, com base na rejeição *ad hoc* e em suspeitas infundadas, apenas para evitar que a própria hipótese seja refutada, só prejudicam sua credibilidade. Não é assim que os cientistas raciocinam. Não se pode continuar modificando o que se está disposto a aceitar como evidência apenas para proteger uma hipótese. No entanto, terraplanistas rotineiramente empregam um duplo padrão de evidência. Praticamente qualquer coisa em que um terraplanista "queira" acreditar é permitida quase sem passar por escrutínio nenhum, enquanto qualquer coisa em que ele "não queira" acreditar precisa ser comprovada.[28] Mas por quê?

Não posso enfatizar o suficiente quão profundamente a Terra Plana está enraizada no raciocínio conspiracionista. Alguns já até descreveram a Terra Plana como a maior conspiração de todas.[29] Na Feic de 2018, aqui e ali ouvi pessoas falarem sobre outras teorias da conspiração em que acreditavam: *chemtrails*, controle governamental do clima, água fluoretada como um meio de controle mental, os massacres escolares de Sandy Hook e Parkland como engodos, o 11 de Setembro como uma manobra interna do governo e assim por diante.[30] Um palestrante até disse: "Todos aqui podem lhe dar a lista das 20 teorias da conspiração mais disseminadas". E, na verdade, alguns confessaram que, por serem propensos a teorias da conspiração, "isso é o que provavelmente os atraiu de início para a Terra Plana". Mas a coisa surpreendente é que eles não parecem nada envergonhados disso. Um explicou-se, dizendo: "Terraplanistas são mais 'sensíveis' às teorias da conspiração do que outras pessoas". Mas se deve acreditar que

---

* O *backtracking* é uma técnica algorítmica que busca encontrar soluções para um dado problema recursivamente, eliminando as possíveis soluções que se mostram falhas. Aqui, o termo é apropriado de forma figurada. (N. da T.)

"todos" os líderes mundiais estão em conluio para acobertar que o mundo é plano? Alguém acha que Donald Trump e Boris Johnson poderiam manter um segredo assim? Aparentemente, sim. Vez ou outra, terraplanistas vinham diretamente até mim e diziam-me que a crença nas teorias da conspiração estava na base de seu raciocínio.[31] (Na verdade, em um dos seminários sobre como recrutar novos militantes para a Terra Plana, um dos palestrantes falou: "Se você encontrar alguém que diz que não acredita em teorias da conspiração, vá embora".)

O papel específico que as teorias da conspiração desempenham no raciocínio negacionista será abordado em maiores detalhes no capítulo 2. Por ora, deixe-me simplesmente dizer que o raciocínio baseado em conspirações é – ou deveria ser – um anátema para a prática científica. Por quê? Porque permite que você aceite "a confirmação e o fracasso" como garantia para sua teoria. Se sua teoria é apoiada pela evidência, tudo bem. Mas, se não for, é porque alguma pessoa maliciosa está escondendo a verdade. E o fato de que "não há evidência" é simplesmente um teste do quão bons são os conspiradores, o que também confirma sua hipótese.

Um papel igualmente importante no pensamento da Terra Plana é desempenhado pelo viés de confirmação. A Terra Plana é um ótimo exemplo do raciocínio motivado. Terraplanistas escolherão a dedo evidências ou interpretarão ao seu bel-prazer qualquer evidência que apoie suas crenças; ao mesmo tempo, rejeitarão de forma tendenciosa ao extremo qualquer evidência que não as apoie. Como um dos cinco erros mais comuns a todo raciocínio negacionista da ciência, o problema das evidências seletivas também será tratado no capítulo 2. Deixe-me apenas salientar de antemão que a mentalidade de praticamente todos os terraplanistas que conheci na Feic de 2018 era perseguir qualquer coisa que pudesse fazer suas opiniões parecerem mais críveis e ignorar ou descartar qualquer coisa que não o fizesse. Lembra-se da reação aos experimentos falsificadores em *A Terra é plana*? A ideia de realizar um experimento conclusivo, e depois viver com base nesse resultado, é um anátema para eles. Eles não estão nem perto de serem cientistas. São verdadeiros crentes – evangelistas da Terra Plana.

Naturalmente, eu já tinha minhas suspeitas sobre "como" os terraplanistas (e todos os negacionistas da ciência) raciocinam, mas eu ainda não sabia "o porquê". Se esperava ser capaz de corromper terraplanistas, fazendo-os ver que não eram apenas seus fatos, mas sua estratégia de raciocínio que estava errada, eu precisaria pensar um pouco mais sobre o que poderia tê--los levado a cultivar esse conjunto particular de crenças. Mais uma vez, isso parecia estar fora do meu alcance. Não sou físico nem psicólogo. No entanto, com base nas conversas que tivera até aquele momento, percebi um padrão em suas narrativas que talvez pudesse lançar alguma luz sobre sua motivação e mentalidade.

***

Além de ter entrado em contato com alguns palestrantes e algumas superestrelas da Terra Plana, também tive uma série de conversas com os ouvintes da conferência. Percebi que, se chegasse cedo para uma palestra, quando ainda houvesse muitos lugares vazios, era fácil iniciar bate-papos. Um dos mais interessantes que tive foi com uma europeia mais velha, que disse ser documentarista. No início fiquei desapontado, pois suspeitava que talvez ela não acreditasse na Terra Plana

O que aprendi na Conferência da Terra Plana

e era apenas uma das pessoas que, como eu, estavam ali para observar o evento. Então eu baixei a guarda.

"Você não acredita de verdade em todas essas coisas, né?"

"Eu não acredito, eu 'sei'", retorquiu ela.

Opa! Meu julgamento inicial estava errado! Da maneira mais agradável possível, ela começou a me contar sua história de vida. Disse que costumava ser cientista e que tinha estudado física, química e psicologia. Mas tivera uma crise em sua vida (que ela não especificou, mas tive a impressão de ser relacionada à saúde), após a qual seu marido deixara-a. Segundo ela, aquilo desencadeara uma reviravolta, a partir da qual ela começou a questionar tudo. Qual era o significado de sua vida? Em quem ela poderia confiar? Ela passou a assistir a alguns vídeos da Terra Plana e tentou desmistificá-los, mas, em vez disso, eles a convenceram! Ela se sentiu envergonhada por nunca ter questionado seu "globalismo" antes, provavelmente devido à sua educação bastante tradicional. Naquele momento, eu perguntei: "Mas, então, alguma coisa poderia fazê-la mudar de ideia novamente?". Afinal, ela mudara de ideia uma vez, então eu estava curioso sobre o que seria preciso para mudar a ideia dela de novo. Ela disse que nada poderia fazer isso. Eu sondei um pouco sobre o porquê e senti que poderia de alguma forma estar relacionado com suas crenças religiosas. Por fim, ganhei coragem de fazer mais uma pergunta: "Então, você é uma daquelas pessoas que acreditam que Deus criou a Terra Plana?".

"Não", ela disse. "Eu não acredito nisso."

Talvez eu tivesse encontrado a minha primeira terraplanista não religiosa.

"Então sua crença na Terra Plana é secular?"

"Não", ela disse. "Eu também não acredito nisso. Porque eu sou a criadora."

Se ela não fosse tão gentil e agradável, eu poderia ter pensado que estava brincando. Mas levei apenas alguns segundos para perceber que ela estava falando bem sério. Ela sorriu e continuou. Disse que, se Deus fosse separado dela, então ela seria uma vítima. Mas não poderia ser assim, porque ela não era uma vítima. Então ela devia ser Deus. Declarou que havia criado o Universo e, junto com ele, a Terra Plana. Ela não concordava com todos os outros terraplanistas que estavam falando sobre cristianismo e Jesus. Era ela a criadora!

Com isso, ela iniciou um relato de sua vida atual e disse que havia voltado a morar com o marido – nos Estados Unidos agora – e que estava fazendo filmes. Ela perguntou sobre mim, e eu disse a ela que eu era um cético. Que eu não acreditava na Terra Plana. Ela disse que não se incomodava com isso. Expliquei que tinha ido à conferência para ver no que outras pessoas acreditavam, e ela pareceu gostar da ideia. Disse para eu ter cuidado, porém. Falou que estudara doutrinação e sentia que todos os "globalistas" haviam passado por uma lavagem cerebral! Em vez de ficar brava ou se sentir insultada pelas minhas perguntas, ela pareceu sentir pena de mim. Durante toda a apresentação que se seguiu – estávamos sentados em lugares próximos –, ela continuou olhando para mim e sorrindo quando o palestrante enunciava um bom argumento.

Foi difícil manter minha mente focada enquanto eu tentava processar o que tinha acabado de ouvir. Teria sido fácil descartar aquela mulher como louca, mas o estranho era que várias das coisas que ela dissera assemelhavam-se a outras que eu já tinha ouvido. Não estou dizendo que todos os terraplanistas são delirantes, mas havia um fio comum que merecia atenção. Aquela mulher tinha falado de um trauma em sua vida. E então percebi que vários dos outros com quem eu tinha conversado naquele dia também tinham mencionado uma experiência traumática na vida deles, que coincidia com a época em que haviam começado a acreditar na Terra Plana. Para muitos fora o 11 de Setembro. Para outros, uma tragédia pessoal. Houvera algum evento terrível que os levara a fazer exatamente o que aquela mulher fizera: questionar tudo. A conclusão a que ela chegara – de que ela era Deus – só podia ser uma aberração. Mas eu não conseguia parar de pensar na ideia de que terraplanistas haviam sido de alguma forma atraídos para teorias da conspiração enquanto tentavam curar alguma ferida psíquica.

Eu já tinha notado que vários deles pareciam ser ostracizados ou marginalizados. Porém era fácil atribuir isso à própria crença na Terra Plana. Como já disse, eles são com frequência perseguidos por suas opiniões e pagam um preço alto com relação à família, aos amigos, à comunidade e ao trabalho. Mas então me ocorreu o seguinte: e se eles já fossem ostracizados e marginalizados antes de adquirir essa crença? Talvez fosse isso que os levara à Terra Plana. Ressalto mais uma vez que não sou psicólogo, mas isso parecia fazer sentido. Alguém que sempre se sentiu deslocado em diferentes setores da vida, nunca se sentiu incluído nem nunca teve uma oportunidade de se incluir, e nunca teve a carreira ou a vida pessoal que queria, pode concluir que pelo menos em parte tudo isso foi "porque outras pessoas estavam contra ele, mentindo para ele e minando-o desde o início". Não seria tentador explicar tudo isso com base em uma imensa conspiração? Em vez de marginalizado, de repente você se torna parte de uma elite. Torna-se um dos salvadores da humanidade, com acesso a uma verdade que bilhões de pessoas desconhecem. E o fato de o grupo de "conhecedores" ser tão pequeno só

Como falar com um negacionista da ciência

demonstra a profundidade da conspiração contra você. A própria *Matrix*.

Ali naquele ambiente, concluí que talvez a Terra Plana não fosse tanto uma crença que alguém aceitaria ou rejeitaria com base em evidências experimentais, mas sim uma "identidade".[32] Algo que poderia dar propósito à vida de alguém. Capaz de criar uma comunidade instantânea, unida por uma espécie de perseguição comum. E talvez pudesse explicar dificuldades e traumas enfrentados na vida, já que as elites no poder são todas corruptas e estão sempre tramando contra você.

Deixarei que outros realizem o trabalho científico cuidadoso de medir o valor dessas especulações.[33] Mas, como uma hipótese de trabalho minha, ali naquela sala e naquele momento, isso mudou a forma como abordei o restante da conferência. Caso eu estivesse correto, a Terra Plana não tinha de fato relação com "evidências". A "evidência" era apenas uma grande racionalização para uma identidade social. Isso explicava por que os terraplanistas levavam tanto para o pessoal quando eu desafiava suas crenças. Não se tratava apenas de uma crença que eles tinham, "tratava-se de quem eles eram". Mas isso também significava que eu não poderia levá-los a mudar suas crenças sem pedir-lhes para mudar sua identidade. E isso soava como uma receita para o fracasso. Como eu poderia fazer com que alguém começasse a entender que seu sistema de crenças estava errado sem fazer parecer que eu estava atacando sua pessoa?

Talvez eu pudesse prosseguir levando-os a sério "como seres humanos", mesmo me recusando a jogar seu jogo de "provas". Eu poderia parar de tentar oferecer minhas evidências de por que a Terra é redonda e parar de pedir (ou criticar) suas evidências. Em vez disso, eu poderia envolvê-los em uma conversa... Sobre eles mesmos. Assim, pensei que talvez conseguisse levar os terraplanistas a fazerem o meu trabalho por mim. Por um lado, baixaria sua guarda. Mas eu também sabia que minha abordagem tinha que envolver suas razões para acreditar na Terra Plana. Suas crenças eram a minha entrada, porém meu objetivo era fazer com que eles falassem sobre por que eles tinham essas crenças.

Talvez eu pudesse fazer-lhes uma pergunta que eles nunca tinham ouvido antes. Uma pergunta que um cientista não teria problemas em responder. E, então – em vez de tentar fazê-los mudar de ideia na mesma hora –, eu poderia apenas assistir à dissonância cognitiva formando-se neles, conforme me mostrassem cada vez mais desconfortáveis, incapazes de me darem uma resposta.[34]

No livro de 1959 *A lógica da pesquisa científica*, Karl Popper expõe sua teoria da "falsificação", que diz que um cientista sempre se propõe a tentar falsificar sua teoria, não a confirmar.[35] No meu livro *The Scientific Attitude*, desenvolvi uma ideia-chave a partir disso: para ser cientista, você tem de estar disposto a mudar de ideia com base em novas evidências. Sendo assim, que tal a seguinte pergunta: "Que evidência, caso exista, seria necessária para convencê-lo de que você está errado?". Eu gostei dessa pergunta porque era respeitosa tanto no sentido filosófico quanto pessoal. Refere-se apenas às próprias crenças, não às pessoas. Até agora, eu tinha me aproximado de todos na conferência com respeito, e eu planejava continuar a fazê-lo. Mas eu precisaria fazer um ligeiro ajuste na minha estratégia. Em vez de desafiá-los com base em suas evidências, eu preferiria falar sobre a maneira como eles estavam "formando" suas crenças com base nessas evidências.

***

A próxima sessão abordaria o "Ativismo da Terra Plana" (em que eles falaram sobre como recrutar novos membros por meio de consultórios de rua para "fazer as pessoas acordarem") e seria ministrada por uma das maiores celebridades da Terra Plana. Um jovem magro com um olhar intenso e vulnerável. De fala suave e paciente, e obviamente muito inteligente. Não só ele parecia ser um verdadeiro militante da Terra Plana, como percebi que um considerável número de pessoas na conferência acreditava "nele". Ele era um líder natural, e isso era uma coisa boa, pois ele tinha um dos trabalhos mais difíceis na Terra Plana, que era o de convencer pessoas (às vezes cara a cara) a desistirem do "globalismo".[36]

Imediatamente, fui conquistado. De uma forma curiosa, aquele homem estava prestes a fazer "exatamente o que eu estava tentando fazer". Eu tinha ido àquela sessão para aprender mais sobre como os terraplanistas praticavam seu proselitismo com novos membros potenciais. Talvez eu pudesse aprender algumas habilidades práticas. Ele começou mostrando um vídeo de um de seus consultórios de rua, para demonstrar algumas das técnicas que ele usava para tentar recrutar pessoas. Seu principal conselho era permanecer calmo. Controlar suas emoções. Algo que ajudava nesse sentido, segundo ele, era não presumir que as pessoas que acreditavam que a Terra era redonda fossem idiotas ou doentes mentais. Respeitá-las. Ser direto com elas sobre a própria crença na Terra Plana, mas também reconhecer que algumas pessoas "ainda não estão prontas". Há tantas pessoas perdidas lá fora, disse ele. Não espere ganhar todas as vezes. "Você enfrentará pessoas que estão em total negação da realidade." (Sim, ele realmente disse isso.)

Eu só pude sorrir. As táticas que ele estava descrevendo para recrutar pessoas para a Terra Plana não eram um roteiro ruim para como eu pretendia tirá-las dela. Se você substituir "terraplanista" por "globalista", ele estava descrevendo quase todos os relatos anedóticos que eu tinha lido sobre como as pessoas mudaram de ideia e desistiram de sua resistência com relação a vacinas ou à mudança climática.

A partir dali o palestrante passou a compartilhar algumas narrativas comuns sobre a Terra Plana: a água busca seu próprio nível, funcionários da Nasa têm de assinar acordos de confidencialidade, todas as fotos falsas da Nasa são tiradas debaixo d'água. Ahã! Mas então eu percebi um lampejo de raiva quando ele começou a descrever os "pilares roxos", que eram pessoas que acreditavam na maioria das outras teorias da conspiração, porém chamavam os ativistas da Terra Plana de loucos. Eram hereges? Isso é o que eu acho que o chateava. Ele foi uma das pessoas a reconhecer – sem se envergonhar disso – o papel que as teorias da conspiração desempenhavam no raciocínio da Terra Plana e, aparentemente, sentia que, se alguém estivesse disposto a acreditar que o 11 de Setembro não passara de uma manobra interna ou que o massacre em Parkland era uma farsa, esse alguém certamente estaria disposto a percorrer todo o caminho até a Terra Plana. Mas ele então recomendou, para o bem da saúde mental de cada um, não chegar a ponto de acreditar que tudo na vida fosse uma conspiração contra si próprio. Ele fez algumas observações pessoais sobre sua vida e sobre alguns problemas médicos contínuos, que não vou compartilhar aqui.

Terminada a apresentação, senti-me renascido. Aquela foi a razão pela qual eu tinha ido para a Terra Plana. Mais tarde naquela noite, havia um "debate" marcado sobre a Terra Plana entre Rob Skiba e um suposto cético. Nem pensar. Eu queria agora o meu próprio debate sobre a Terra Plana! Eu precisava falar com aquele sujeito.

Esperei pacientemente no corredor até o término, mas, quando o palestrante apareceu – sozinho –, chamei-o e perguntei se poderia levá-lo para jantar (por minha conta), com a condição de que passássemos o tempo todo debatendo a Terra Plana. Como ele poderia recusar? Na verdade, muitas pessoas recusariam, mas acabara de testemunhar uma *performance* bastante impressionante e tinha muitas esperanças de que, se o abordasse da maneira certa, ele aceitaria. Fui honesto e disse a ele que eu era cético. Que era filósofo e estudioso do negacionismo da ciência, e até que estava escrevendo um livro sobre isso, mas que adoraria conversar com ele. Para minha alegria, ele aceitou com uma condição: que, enquanto eu estivesse tentando recrutá-lo, ele tentaria me recrutar também!

Não tivemos de caminhar muito, pois decidimos comer no restaurante do hotel. Apenas nós dois sentados um de frente para o outro, em uma pequena mesa. Perguntei-lhe se poderia fazer anotações e ele disse que sim, e até permitiu que eu gravasse a sessão se quisesse. Recusei, sentindo que isso poderia interferir em nossa conversa. Eu não queria que nenhum de nós tivesse de "atuar" para ninguém, apenas compartilhar um encontro honesto cara a cara. Ele concordou. Pedimos nossa comida e mergulhamos direto no assunto.

Comecei pedindo a ele que falasse um pouco mais sobre ele. Ele tinha uma vida difícil. Além de enfrentar uma condição médica com risco de morte, costumava morar em um *trailer*. Fora despejado e mudara-se para a garagem de sua mãe. O proprietário da casa dela também o fizera se mudar, e ele acabara tendo de vender o *trailer*, o que fora doloroso para

O que aprendi na Conferência da Terra Plana

ele, pois a comunidade da Terra Plana fizera uma coleta para comprá-lo para ele. Não ficou claro onde ele morava naquele momento, e eu não perguntei.

Agora era a vez dele. Ele parecia intrigado com o fato de alguém como eu escolher vir a uma Conferência da Terra Plana. Ele foi cauteloso (é claro), mas também incrivelmente aberto e direto, e disse que queria me fazer uma pergunta: "Como um estranho que agora aprendeu um pouco sobre nós, você acha que a Terra Plana está à frente de seu tempo?". Eu fiquei preocupado, pois, se desse uma resposta direta, isso nos colocaria imediatamente em desacordo, então falei: "Vamos voltar a isso no final, estou aqui para aprender com você". Nós nunca voltamos àquela pergunta, o que provavelmente foi bom, porque minha resposta teria sido: "Não, vocês estão cerca de 500 anos atrasados".

Então, pusemo-nos a trabalhar. Eu sabia que talvez nunca tivesse outra chance como aquela. Estava ali conversando com um terraplanista inteligente, genuíno e um debatedor muito habilidoso. Até gostei dele. Não queria desperdiçar a boa vontade e a confiança que tínhamos construído até então, mas também não queria apostar que aquela confiança ainda estivesse ali mais tarde; nesse caso, decidi começar com a minha pergunta mais importante:

> Eu acho que sua visão é compatível com a crença em um criador, mas não parece ser baseada na fé. Vocês estão procurando evidências, o que significa que as evidências devem ser relevantes para as suas crenças. Então, que evidência específica seria necessária para provar a você que sua crença na Terra Plana está errada?

Como falar com um negacionista da ciência

Ele me olhou com uma expressão de dor. Acho que nunca tinha ouvido tal pergunta antes. Mas, enquanto seu rosto se franzia, eu vi sua mente ocupada, refletindo sobre a questão com cuidado. "Bem, primeiramente, eu teria que fazer parte do experimento. Caso contrário, eu não confiaria nele." Eu disse *ok*. Ele passou a especular que talvez um foguete totalmente financiado que lhe permitisse subir 100 km (até o ponto imaginário onde começa o espaço), de modo que pudesse ver por si mesmo. Expliquei que os bombardeiros haviam subido até 24 km de altura e já podiam ver a curvatura da Terra de lá, mas ele disse que talvez as janelas fossem abauladas, então como ele poderia ter certeza?

Nós dois permanecemos ali sentados por um minuto ruminando a ideia do que significaria ir até a beira do espaço e olhar pela janela. Ele disse que as pessoas do movimento da Terra Plana o amavam e que, se ele voltasse de uma viagem de foguete e dissesse que não acreditava mais na Terra Plana, elas ficariam arrasadas. Muita gente perderia a fé. E, é claro, também não era realista pensar que ele algum dia poderia fazer isso.[37]

Propus então a experiência anterior sobre a qual ouvira falar no seminário de Skiba, em que poderíamos fazer um passeio de barco pelo lago Michigan, de onde seria possível presenciar o efeito de miragem superior na linha da costa.[38] A uma distância de 160 km, talvez. Se ainda víssemos o horizonte de Chicago, então a Terra Plana estava certa; se não, estava errada. Seria um experimento definitivo. Ele não concordou com aquilo. Disse que havia muitas variáveis baseadas no clima e no vapor de água no ar. Eu disse que podíamos esperar o que quer que ele pudesse definir como "condições perfeitas", mas ele disse que não... Variáveis demais.

O que aprendi na Conferência da Terra Plana

Eu podia ler o conflito em seu rosto. Tanto quanto eu queria desmascarar a Terra Plana, ele queria ser capaz de me dizer o que serviria como prova definitiva para ela. Ele era inteligente o suficiente para ver o beco em que minha pergunta o colocara: se ele recusasse todas as evidências, isso significaria que talvez suas crenças fossem baseadas na fé, no fim das contas.

Por um tempo ele não disse nada. Então propus que juntos fizéssemos um voo sobre a Antártida. Eu tinha ouvido vários dos outros palestrantes naquele dia dizerem que a Antártida não era um continente e que a evidência da conspiração para encobrir isso estava no fato de que não havia voos que passavam sobre a Antártida. Nesse ponto, ele disse: "Mas não há voos sobre a Antártida". Eu disse: "Ah, não?". E enfiei a mão no bolso de trás, de onde tirei o itinerário de um voo direto de Santiago, no Chile, para Auckland, na Nova Zelândia. Se a Terra Plana estivesse certa, tal voo não deveria existir.[39]

"Você já pegou esse voo?", ele disse.

"Não, mas aqui está."[40]

Ele disse que teria de pegar o voo para acreditar. Se ele pudesse trazer seu próprio equipamento e fazer qualquer experimento que quisesse enquanto estivesse a bordo, ele acreditaria que a Terra é um globo.

Uau! Fiquei impressionado. Pela primeira vez naquela conferência, obtive uma resposta para minha pergunta mais difícil. De certa forma, Mike Hughes havia respondido dizendo que, se ele subisse à Linha de Kármán e visse que a Terra era esférica, desistiria de suas opiniões. Porém a chance de isso realmente acontecer, em um foguete caseiro, parecia extremamente impraticável. Mas aqui estava eu sentado diante de um terraplanista que estava disposto a vir comigo em um voo comercial que realmente existia, e poderíamos fazer isso juntos.

O voo custava 800 dólares por pessoa. Ele disse que não tinha esse dinheiro. Mas quão difícil seria para mim ir para casa e criar uma campanha de arrecadação de fundos no Facebook ou no GoFundMe para todos os meus amigos filósofos e cientistas financiarem uma viagem como aquela? Você não daria 50 dólares para assistir a um terraplanista fazendo um voo que ele dizia não existir, e que depois teria de aceitar como verdade quando sobrevoasse a Antártida? Eu disse a ele que poderia financiar aquilo sozinho, provavelmente quando voltasse para Boston.

Agora meu companheiro de jantar estava começando a parecer bastante desconfortável – e, para dizer a verdade, eu também fiquei um pouco preocupado. As coisas estavam ficando sérias. Se fôssemos realmente prosseguir com o plano, eu precisaria ter algum tipo de garantia de que, quando tudo acabasse, ele não diria "bem, as janelas eram abauladas", ou algo assim. E quais eram esses experimentos que ele queria realizar? Eu não queria arrecadar e gastar 1.600 dólares do dinheiro de outras pessoas só para ele dar para trás no final. Precisávamos de um critério.

Eu gentilmente sugeri que, se estivéssemos falando sério, seria melhor concordarmos de antemão sobre o que contaria como uma confirmação ou refutação "bem-sucedida" da Terra Plana. Propus que uma boa medida seria se tivéssemos que parar para abastecer. Se eu estivesse certo, e a Antártida fosse um continente com apenas cerca de 1.600 km de diâmetro, poderíamos fazer a viagem sem parar para reabastecer. Na verdade, se você pensar mesmo sobre isso, pisar no avião já é um enorme salto de fé, pois, se você não acreditasse que poderíamos fazer isso, onde se poderia parar na Antártida para abastecer? Se, por outro lado, ele estivesse certo ao dizer que a Antártida é uma cordilheira – com cerca de 38.600 km de extensão –, nunca seríamos capazes de fazer a travessia com um tanque só. Mesmo os voos sem escalas mais longos podem percorrer apenas cerca de 16 mil km sem parar para reabastecer.[41] Não há voos de volta ao mundo (mesmo voando de leste a oeste) que possam fazê-lo sem parar. Então, ele estava de acordo?

Para minha alegria e meu espanto, ele concordou. E apertamos as mãos! Eu estava transbordando de empolgação, pois senti que o tinha conquistado. Talvez em algum nível ele tenha percebido isso também, pois lentamente começou a balançar a cabeça. "Não, não posso", disse ele, "eu retiro o que disse". "Por quê?", perguntei. Ele disse que talvez as paradas para abastecer fossem uma ilusão. Que talvez estivéssemos condicionados a pensar que os aviões precisavam parar para reabastecer em todos esses outros voos, de modo que, quando chegasse o dia em que desejássemos sobrevoar a Antártida, diríamos ao terraplanista que teríamos de parar para abastecer. Mas e se não tivéssemos? E se for possível dar uma volta completa ao mundo com um único tanque de combustível, e todos esses outros voos fossem apenas um truque para nos despistar?

Eu não podia acreditar.

"Então, deixe-me ver se entendi", eu disse,

> [...] você está dizendo que acredita que toda a história das viagens a jato, tanto neste país quanto ao redor do mundo, tem sido uma farsa desde antes de você e eu nascermos, para nos proteger do dia em que estaríamos sentados aqui esta noite tentando inventar algum critério para medir se a Terra é plana?

Ele disse que sim.

Àquela altura – para todos os efeitos – nosso jantar estava efetivamente encerrado.[42] A posição dele havia sido demolida, e ainda nem havíamos terminado nossas entradas. Em vez de me levantar e sair, no entanto, segui o conselho do próprio seminário dele e mantive a calma. Se eu tivesse ido embora, teria sido mal-educado. Além disso, eu perderia qualquer chance de avançar o diálogo. Você não muda a opinião de alguém virando as costas, sentindo-se "cheio de razão". Mas também senti o peso da advertência de Thomas Henry Huxley de que "a vida é muito curta para se ocupar matando os mortos mais de uma vez". O que eu devia fazer?[43]

Percebi que ele estava um pouco chateado, então mudei o assunto para um terreno mais conhecido e apenas o deixei falar um pouco. Ele perguntou se eu era espiritualizado; eu disse que não. Ele então passou a explicar a relação entre Deus e o Diabo e me deu um minisseminário introdutório sobre a Terra Plana. Até aí, tudo bem. Sondei um pouco, perguntando: "Mas, se o Diabo é competente o suficiente para esconder uma verdade tão grande, por que ele deixa tantas pistas para vocês descobrirem?". Ele explicou que a verdade muitas vezes está escondida à vista de todos. Que as pessoas no poder controlam a narrativa. Assim como acontecera no massacre de Parkland.

Minha pressão arterial saltou. Minha esposa e eu temos um grande amigo cuja irmã perdeu um filho no massacre de Sandy Hook. Se eu ficasse com raiva, aquele jantar realmente estaria acabado. Mas como eu poderia deixá-lo escapar com aquele absurdo? Ele começou a falar sobre como os jovens de Parkland eram "fingidores de crise". Que a mãe de uma das "vítimas" dissera: "Não quero pensamentos e orações, quero controle de armas", o que o deixara um pouco desconfiado. Ele

O que aprendi na Conferência da Terra Plana

disse: "Não era exatamente isso que o *lobby* antiarmas queria que ela dissesse?". Nossa conversa evoluiu para um longo vaivém sobre teorias da conspiração e ônus da prova, a navalha de Ockham e por que eu achava errado considerar especulações e suspeitas como evidências. Tomei uma decisão calculada de não compartilhar que conhecia uma família que havia ficado traumatizada com um evento real, não uma conspiração, como ele acreditava. Mais tarde me arrependi disso. Talvez eu devesse ter falado para ele. Ele não era a única vítima no mundo. Talvez precisasse ouvir que o tipo de lógica que estava usando tinha consequências reais para pessoas reais.

No momento em que nossos pratos estavam limpos – já na segunda hora de conversa –, voltamos ao tópico do negacionismo da ciência. Ele disse que não gostava de como os negacionistas da mudança climática e do movimento antivacina desprezavam os terraplanistas. Também ficava aborrecido com a "superioridade moral" dos cientistas e argumentou que, se eles fossem realmente cientistas, deveriam querer investigar a Terra Plana. Eu disse a ele que na ciência você tinha que ganhar seu lugar à mesa, que os cientistas não saíam por aí investigando todas as conspirações. "Bem, eu não desconfio da ciência", ele disse, "desconfio da pseudociência". "Eu também", eu disse. Então terminamos em um ponto de acordo.

Quando nos levantamos para sair, paguei a conta e ele colocou um pequeno folheto da Terra Plana sobre a mesa para a garçonete. Apertamos as mãos e separamo-nos nos melhores termos que pudemos. Ele era um debatedor habilidoso e implacável, que nunca cedia um centímetro. Era chocante para mim que ele tivesse tantas crenças infundadas, e eu me perguntava como qualquer pessoa inteligente poderia ser assim. As pessoas às vezes descartam os terraplanistas como loucos ou

Como falar com um negacionista da ciência

estúpidos, mas não acho que isso explique o fenômeno. Sim, há uma profunda ignorância de noções de física básica e uma grande dose de ignorância e resistência deliberadas em um nível que pode parecer patológico, mas a ideologia já é outra coisa. Ali estava um cara que conhecia retórica o suficiente para conseguir contestar (pelo menos para sua própria satisfação) qualquer coisa que eu dissesse. Claro que ele estava errado. Mas ele sabia disso? E, se ele soubesse, iria admitir? É provável que não, mas isso não necessariamente fazia dele um louco. Pois havia muitos outros como ele por aí.

A discussão que ele propusera durante o jantar tinha a mesma forma de praticamente todas as outras crenças negacionistas. Mesmo que os negacionistas da mudança climática e do movimento antivacina parecessem menos radicais do que os terraplanistas, eles seguiam o mesmo manual. Ainda que seus adeptos digam que acreditar na Terra Plana é extremo demais. Alguns até usam isso como uma medalha de honra. Mas saí pensando que não era o conteúdo específico da crença na Terra Plana que a tornava ridícula. Era a maneira como os terraplanistas raciocinavam. E isso não era exclusivo da Terra Plana.

O debate real, ocorrido no palco principal da conferência naquela noite, foi um fracasso. Eles tinham convidado um comparsa deles para ser o "cético", e saí depois de 10 minutos. Ele começou dizendo que era católico, que interpretava a *Bíblia* havia 45 anos e aceitava-a como uma autoridade "até onde ela podia ir". Talvez a *Bíblia* não tivesse nada a ver com pronunciamentos sobre a física, disse ele, mas como ele saberia. Saí no ponto em que ele declarou: "Cada um de nós deve se humilhar diante da Palavra de Deus".

Era o fim do primeiro dia.

O que aprendi na Conferência da Terra Plana

***

Na manhã seguinte, tive uma breve conversa com Robbie Davidson, o organizador da conferência, quando passei por ele no corredor. Ele não sabia que eu não era um terraplanista, então perguntei: "Ouvi muitos pesquisadores aqui dizerem que não têm dinheiro suficiente para os seus experimentos. Você deve estar ganhando muito dinheiro com esta conferência. Você faz alguma doação para eles?". Ele respondeu: "Não ganho muito dinheiro com isso. É muito caro organizar. Minha esposa e eu perdemos dinheiro na primeira". Eu argumentei que ele tinha conferências futuras pela frente, então talvez pudesse fazer uma arrecadação de fundos para conseguir doações para alguns dos pesquisadores. Ele disse que pensaria a respeito.

Considerando o dia anterior, a maioria das sessões parecia uma revisão do que já fora dito. Uma após a outra, todas cobriam o mesmo material. A única pela qual eu estava realmente ansioso chamava-se "Conversando com sua família e seus amigos sobre a Terra Plana". Mais uma vez, cheguei cedo. A sessão foi dirigida por dois "pesquisadores" da Terra Plana, ambos de aparência bastante presunçosa, mas que prometiam ter pontos de vista diferentes: um fora atraído para a Terra Plana pelo cristianismo, e o outro disse que era secular.[44] Esse segundo falou que vivia perto do World Trade Center, em 11 de setembro, e tivera uma visão privilegiada de sua janela. O que ele vira acontecer na vida real não era o que estava sendo noticiado pelos terraplanistas. Isso o fizera começar a duvidar das coisas. Sua crença na Terra Plana aparentemente surgira logo depois disso, quando ele passou a assistir a alguns vídeos *online* e tentou desmascará-los, mas não conseguiu (e presumiu com isso que, se uma pessoa tão inteligente quanto ele não conseguia contestá-los, só podiam ser verdade). Ele disse que sua perspectiva não era baseada na *Bíblia*. Era baseada em "evidências". (Observei a lógica de sempre: o único critério é a prova. Portanto, se você não puder provar que a Terra é redonda, ela deve ser plana. Q.E.D.*)

O palestrante seguinte disse que seus pontos de vista "eram" baseados na *Bíblia* e que ele fora atraído para a Terra Plana porque se alinhava muito bem com suas crenças sobre a *Bíblia*. Ele nunca havia questionado o 11 de Setembro antes de começar a questionar o formato da Terra. Assim como no caso de muitos outros na conferência, concluí: a Terra Plana era uma porta de entrada para outras conspirações. Ele continuou dizendo que questionar a Terra em forma de globo o levara a questionar a Nasa. "Não nos ensinam a pensar, ensinam-nos o que pensar." Ele sentia que havíamos sofrido uma lavagem cerebral e que o flúor na água só tornava mais difícil aprender a pensar. A certa altura, os dois palestrantes falaram favoravelmente sobre a cena da "pílula vermelha" em *Matrix*, o que provocou um murmúrio de aprovação na multidão. Todo mundo parecia amar aquele filme. Eram as pessoas que sabiam a verdade e estavam ali para "acordar os outros", justamente o tema daquela sessão.

Eles partiram de um ponto filosófico interessante: que havia uma diferença entre causalidade e correlação. Ter evidências que pareciam apoiar algo não significava prova! A evidência a favor da Terra em formato de globo não provava nada. Apenas se correlacionava com esse formato. Mas também se correlacionava (segundo eles) com a Terra Plana. Portanto,

---

* Do latim, *quod erat demonstrandum*: como se queria demonstrar. (N. da T.)

O que aprendi na Conferência da Terra Plana

o trabalho deles, ao falar com as pessoas sobre isso, é levá-las a dar o primeiro passo e começar a questionar as coisas. Na verdade, uma das táticas mais eficazes é permitir que a pessoa que você está tentando convencer faça "a você" uma pergunta.

Depois de algumas "evidências" ridículas de que a Terra Plana tem a ver com um suposto conluio entre Walt Disney e Wernher von Braun (que projetou o foguete precursor da missão espacial Apollo), fui presenteado com a descoberta de que, se você olhar com cuidado para a assinatura de Walt Disney, verá que as voltas escondem três seis! Claro, isso não "provava" nada, imagino, mas lá estava: evidência. Tinha de ser explicado. E assim por diante... Quando a apresentação finalmente voltou a como convencer os outros a acreditar na Terra Plana, eles disseram que nem todos poderiam ser convertidos. Um dos "debatedores" da noite anterior, por exemplo, era uma causa perdida. "Ele tem muito a perder", disse um dos palestrantes. "Nunca vamos convencê-lo." Da mesma forma, eles afirmaram que professores e cientistas eram os mais difíceis de convencer, porque eram os mais doutrinados! Um conselho prático era afastar-se de qualquer um que dissesse não acreditar em teorias da conspiração. Não valia o seu tempo. O essencial, porém, era conhecer os detalhes do sistema "globalista". Saber o quão rápido a Terra está (supostamente) girando ou se movendo pelo espaço. Disseram que a maioria dos globalistas nem conhecia seu próprio sistema (o que provavelmente é verdade), então era útil trazê-los para áreas em que você "conhecia os fatos". Isso era especialmente útil para falar com estranhos, porque é provável que você nunca mais os visse. Mas conversar com amigos e familiares podia ser a coisa mais difícil de todas.

Como falar com um negacionista da ciência

O objetivo de um ativista da Terra Plana é "plantar a semente" da dúvida, disseram eles. Não tentar intimidar as pessoas, sobretudo familiares e amigos. Com estranhos, faça-os comprometerem-se a discutir o assunto por um tempo. Nada de jogar a bomba e fugir. Estabeleça algumas regras básicas, como "você pode me fazer uma pergunta, mas depois terá que esperar que eu termine de falar". O ônus da prova não era um problema. A estratégia deles era fazer com que a pessoa questionasse suas próprias crenças – ou admitisse que não sabia de alguma coisa – e ver aonde isso a levava.

O terraplanista "secular" disse: "Se alguém acredita no 11 de Setembro conforme relatado nas notícias, você tem um trabalho difícil pela frente". O que pode funcionar, no entanto, é reconhecer que, mesmo que você não convença alguém na hora, pode plantar uma semente de dúvida que se concretizará mais tarde. Talvez peça às pessoas para pesquisarem a Terra Plana por duas semanas sem contar a ninguém o que estão fazendo. Depois, se estiverem convencidas, podem compartilhar com outras pessoas.[45] Então ouvi um dos conselhos mais impressionantes de toda a conferência: era mais fácil ter um relacionamento com alguém que você tivesse conhecido por meio da comunidade da Terra Plana. O conselho "olhe à volta para todos nesta comunidade!" recebeu uma grande salva de palmas do público no salão. Era como se estivessem tentando se isolar de outras pessoas que poderiam levá-los a questionar suas próprias crenças.

Chegou a hora das perguntas e respostas.

A primeira pergunta foi como defender a Terra Plana em sua igreja. Um sujeito estava recebendo hostilidade por parte de seu pregador. Estava com medo de ser expulso. O conselho dos palestrantes foi buscar outros na congregação. Talvez colocar a literatura sobre a Terra Plana nas *Bíblias* que estão sobre os bancos da igreja.

Segunda pergunta: "O que devo fazer se sou um cristão acima de tudo e me pergunto se meu foco na Terra Plana não está em conflito com minha ideia de ensinar o Evangelho? Estamos caminhando para o fim dos tempos. Eu preciso salvar as pessoas". Resposta: tente se infiltrar em sua congregação.

Terceira pergunta: "O que devo fazer se for ativista da Terra Plana e deparar com um grupo hostil ao que estou dizendo?". Resposta: estabeleça as regras. Podem fazer uma pergunta de cada vez, e você responde. Você não quer ser bombardeado com perguntas e depois alguém ficar frustrado e dizer "de que isso importa?" e ir embora.

Foi quando um dos palestrantes compartilhou que uma das conversas mais frustrantes que já tivera fora com um homem muito educado que não parava de dizer: "Sim, a Terra é plana, mas por que ela é um círculo perfeito?". Ele explicava, e então o cara dizia de novo: "Sim, mas por que é um círculo perfeito?". Nesse ponto, quase caí na gargalhada. Se eu encontrar um terraplanista na Harvard Square, saberei exatamente o que dizer a ele. O palestrante balançou a cabeça e disse: "Algumas pessoas simplesmente não querem aprender".

Agora era a hora da pergunta que quase me derrubou de vez. Seriamente. Até então, na maior parte do tempo, tinha conseguido manter a calma – mesmo no jantar da noite anterior –, mas comecei a me perguntar se iria perdê-la. A pergunta foi feita por um homem ao lado de uma criança de uns 5 ou 6 anos. Ele disse: "O que posso fazer para evitar que minha filha sofra *bullying* na escola? Somos adultos e podemos aguentar, mas ela está sendo perseguida por causa das crenças de seus pais". Fiquei de coração partido. Embora tivesse visto algumas crianças na

Como falar com um negacionista da ciência

conferência, agora sentia o peso do problema. Praticamente todos os adultos – como eles próprios admitiam – costumavam ser "globalistas" e tinham sido convertidos por meio de vídeos do YouTube. E, se eles tivessem sido convertidos uma vez, talvez pudessem ser convertidos de volta. Mas que chance você teria se tivesse sido criado em uma seita? Se crescesse em uma família ouvindo dia após dia sobre conspirações e para não confiar na ciência?[46] Aquela criança nunca teria uma chance de ser diferente.

Minhas mãos começaram a tremer enquanto eu esperava pela resposta.

Primeiro, o público aplaudiu a criança por "defender suas crenças". Depois, o palestrante ficou com um sorriso perverso no rosto. "As crianças são os melhores alvos", disse ele. Já que a professora estava repreendendo a criança por mencionar a Terra Plana na sala de aula, ele a aconselhou a conversar com as crianças no parquinho, onde ninguém estaria ouvindo: "Algumas crianças estão dispostas a aprender". Olhei ao redor da sala. As chances contra mim eram de cem para um.

O que aconteceria se eu levantasse minha voz e gritasse: "Absurdo!"?

Em vez disso, levantei-me e saí da conferência.

Naquela noite, não jantei com nenhum dos terraplanistas e prometi a mim mesmo sair do hotel. Era a última noite da conferência de qualquer maneira, e eu não queria ficar para o banquete de premiação. Então eu saí e jantei em um restaurante local.

Enquanto eu fazia isso, minha cabeça encheu-se de pensamentos densos e rápidos.

Para todos que pensam que os terraplanistas são inofensivos – e que a melhor maneira de lidar com eles é simplesmente ignorá-los ou rir –, eu me perguntei se eles sabiam o que estava por vir. Com base no que eu vira, os terraplanistas não estavam apenas errados, como eram perigosos. Estavam organizados e comprometidos. E recrutavam novos membros todos os dias. O próprio fato de terem realizado duas sessões de recrutamento de novos membros, para não mencionar a própria conferência, significava que eles estavam se expandindo. Também estavam promovendo arrecadações para comprar *outdoors*. Cortejando celebridades. Gerindo consultórios de rua para "fazer as pessoas acordarem". No mínimo, eram uma ameaça à ciência e à educação. Mas também estavam contribuindo para uma cultura de negacionismo que tomou e tem tomado conta dos Estados Unidos nos últimos anos, permitindo que centenas de milhares de pessoas se recusem a vacinar seus filhos, políticos rejeitem medidas contra a mudança climática e defensores de armas protestem nas ruas em plena pandemia.

Além disso, acho que os terraplanistas são perigosos por si sós. A maioria das pessoas pode rir deles. Mas eu desafio você a ir a uma de suas conferências e continuar rindo. Costumávamos rir dos antievolucionistas também. Faltam quantos anos para que terraplanistas concorram a uma vaga no conselho escolar, com o objetivo de "ensinar a controvérsia" na aula de física? Se você acha que isso não pode acontecer – que não poderia ficar tão ruim assim –, considere o seguinte: 11 milhões de pessoas no Brasil acreditam na Terra Plana, o equivalente a 7% da população.[47]

Aprendi duas coisas na Feic de 2018. A primeira é que eu estava certo de que o raciocínio subjacente dos terraplanistas era o mesmo dos negacionistas das mudanças climáticas, da evolução e das vacinas, entre outros. Não era apenas o conteúdo de suas crenças, mas o processo de raciocínio que os levava até esse conteúdo que era corrompido. Ironicamente, também aprendi um pouco com os próprios terraplanistas sobre o que seria melhor para combatê-los. Mantenha a calma. Seja respeitoso. Envolva-os na conversa. Tente construir um pouco de confiança. Podíamos criticar suas crenças e seu raciocínio, mas o fato é que suas táticas de conversão eram certeiras. Para mudar as crenças de uma pessoa, você tem de mudar a identidade dela.

Ao me preparar para voltar para casa no dia seguinte, tive mais tempo para refletir. Sim, eu tinha aprendido algo sobre como falar com um negacionista da ciência, mas será que eu tinha feito uma mínima diferença na crença de algum terraplanista? Bem, como eu poderia saber? Não, eu não converti ninguém. Ninguém arrancou o crachá e seguiu-me até o estacionamento. Mas era esse o critério? E era esse o intuito? Eu fui à Feic de 2018 não para fazer alguém mudar de ideia, mas para entender melhor como as mentes dos terraplanistas funcionavam. Eu adoraria ter tido mais influência, mas não há palavras mágicas que você possa dizer para converter alguém de imediato, em especial em meio à multidão de seus semelhantes, em uma conferência para a qual vieram com o propósito expresso de reforçar sua identidade.

Mas será que eu tinha plantado uma semente de dúvida pelo menos? Quando abordei Skiba saindo do palco, atraímos um pouco de público. Quando jantei com o outro palestrante, dei a ele muitos motivos para duvidar, mesmo que ele não parecesse ouvir. Tirar alguém de uma crença como essa é provavelmente um longo percurso. Demora um pouco para construir a confiança. Eu não poderia ir lá, contar a verdade a eles e esperar por um milagre. Mas pelo menos eu tinha ido. Isso tinha que valer de alguma coisa. E se, nos próximos

O que aprendi na Conferência da Terra Plana

anos, mais pessoas fizessem o que tentei fazer, uma vez que soubessem do problema?

Sentado na sala de embarque do Aeroporto de Denver, observei a passagem de um piloto de uma grande companhia aérea comercial. De repente, lembrei-me de *Matrix*. Ele sabia? Ele fazia parte da conspiração? Foi estranho. Tinha passado as últimas 48 horas cercado por pessoas que acreditavam em uma incrível conspiração que escondia que a Terra era na verdade plana. E ali estava eu, cercado por pessoas que quase certamente não acreditavam nisso. Mas quem poderia dizer? Curiosamente, embora estivesse de volta à civilização, ainda me sentia isolado. Como se tivesse sido infectado. Talvez houvesse outra Matrix...

Eu me apressei um pouco e alcancei o piloto, que estava encostado em um pilar, digitando em seu celular. "Você se importa se eu fizer uma pergunta?", eu disse. Ele assentiu, mas certamente não tinha ideia do que estava por vir:

Acabei de voltar de dois dias em uma Conferência da Terra Plana. Não se preocupe, eu não sou um deles. Eu sou um estudioso que estava lá para observar como eles acabam acreditando em uma coisa tão maluca. Mas alguns palestrantes disseram coisas sobre viagens aéreas e a curvatura da Terra que eu sei que estão erradas, então posso fazer uma pergunta?

Não tenho certeza se ele acreditou completamente em mim. Mesmo se eu estivesse dizendo a verdade, era muito para assimilar de uma vez só. Mas ele assentiu e disse: "Claro". Nós dois tínhamos um pouco de tempo antes dos nossos voos.

Ele disse que eles estavam certos de que a bússola fica um pouco maluca sobre o polo Sul. Havia alguma literatura sobre isso que ele disse que me enviaria (e enviou). Mas estavam errados sobre os voos sobre a Antártida. Havia um que ele conhecia, mas não havia muitos. O problema era que, de acordo com os regulamentos da aviação, você só podia fazer uma rota como aquela em um 777 ou superior, porque precisava estar a poucas horas de uma "vala", onde poderia pousar em caso de emergência. Isso significava que, mesmo que a rota mais rápida entre a América do Sul e a Austrália passasse pela Antártida, para viagens comerciais, eles provavelmente não usariam essa rota.[48]

Quando perguntei sobre ver a curvatura da Terra em voo, ele sorriu.

"Não a 30 mil pés. Ouvi dizer que alguns dos bombardeiros sobem a 60 mil pés.* A essa altura, você pode avistar a curvatura. Mas eu nunca a vi pessoalmente."

"Então você não está envolvido na conspiração?"

"Não", ele disse com um sorriso, "eu acho que não".

Trocamos cartões de visita e, depois, alguns *e-mails*. Pedi desculpas pelas perguntas estranhas e corri para pegar meu voo. Mas suspeito que ele tenha ganhado o dia com as minhas perguntas. Agora ele tinha uma história para contar.

Quando cheguei a Boston, já me sentia muito melhor. Estava em casa. Os dois dias anteriores pareceram um mês, mas eu estava mais centrado agora. Tinha valido a pena ir, mas fora estranhamente estressante. Tive alguns momentos de irrealidade ao longo do caminho, em que perguntava: "Sou eu ou são eles?". Dirigi-me ao banheiro masculino antes de pegar minha bagagem. Ao trancar a porta atrás de mim, olhei para a parede e vi a seguinte pichação (não estou brincando): "A Terra é plana".

---

* 30 mil pés equivalem a pouco mais de 9 km, e 60 mil pés a 18,2 km. (N. da T.)

O que aprendi na Conferência da Terra Plana

***

Teria sido inteligente terminar o capítulo aqui, mas não é aí que a história termina. Quando voltei para casa, descobri que tinha me tornado uma pequena celebridade, com todas as minhas histórias e observações. Nas festas, as pessoas aglomeravam-se e faziam-me contar repetidamente sobre a minha experiência com a Terra Plana. Eu já sabia que iria escrever sobre isso em um livro, mas o interesse imediato foi tanto, que decidi que não podia esperar. Sete meses depois, escrevi a reportagem de capa da revista *Newsweek* – de 14 de junho de 2019 – com o surpreendente título "The Earth Is Round" ["A Terra é redonda"].[49]

Depois disso, fiz alguns programas de rádio e outras divulgações, o que me levou a almoçar com um físico local que tinha me ouvido na rádio. Ele me convidou para fazer um artigo de opinião chamado "Calling All Physicists" ["Chamado para todos os físicos"] para o *American Journal of Physics*.[50] Nele eu contei minha história (de novo), mas também fiz um apelo para que mais cientistas levassem a Terra Plana a sério. Eu tinha passado dois dias adotando a estratégia dos erros de raciocínio, mas pedi a alguém com formação em física para vir me ajudar na próxima Conferência da Terra Plana e fazer alguma "refutação de conteúdo".

Surpreendentemente, recebi uma oferta. Bruce Sherwood é um físico aposentado que mora no Texas. Ele e sua esposa, Ruth Chabay, são os autores de um dos principais livros didáticos sobre como ensinar física usando modelagem computacional. Bruce foi paciente, focado e ficou completamente fascinado com as histórias que eu contava a ele. Melhor do que isso, ele as levou tão a sério, que em vários pontos disse: "Isso é interessante". E prometeu fazer algumas pesquisas.

Como falar com um negacionista da ciência

Depois de várias rodadas de perguntas – comigo e com um de seus colaboradores, Derek Roff –, um dia ele anunciou que havia construído um modelo em 3D da Terra Plana!

Eu não podia acreditar. Enquanto eu examinava o modelo, ele explicou que permitiria aos terraplanistas explorar seu próprio sistema e ver se o que eles estavam prevendo era consistente com sua própria teoria. Claro que não. Por exemplo, se eles estivessem certos de que a Antártida era uma cordilheira no perímetro da Terra, como explicar o avistamento de diferentes estrelas? "Entre no modelo e olhe para cima", disse Bruce.

Se você está no polo Norte, a Polaris deve estar diretamente acima. Justo. Mas, se você estiver parado na "borda da Terra" – e a Polaris está a apenas alguns milhares de quilômetros acima –, você não deveria, na melhor das hipóteses, vê-la em um ângulo? Mas, se você estiver realmente na Antártida, não conseguirá vê--la. Sua hipótese da Terra Plana é inconsistente com a observação física. E eles poderão perceber isso por si mesmos.

Aqui está um *link* para o modelo.[51] Experimente.

Que truque de gênio projetar algo que leva a sério a Terra Plana e está em conformidade com a demanda dos terraplanistas por evidências observacionais em primeira mão. O modelo pode não provar que a Terra é redonda, mas refuta a Terra Plana, ou pelo menos o modelo que os terraplanistas da Feic defendiam. Como eles explicam suas inconsistências? O ônus da prova está de volta ao seu devido lugar.

E agora vem a melhor parte. Na próxima oportunidade, Bruce e eu iremos a um futuro evento da Feic, alugaremos um estande na feira de brindes e convidaremos as pessoas a

O que aprendi na Conferência da Terra Plana

experimentarem seu modelo.[52] Estaremos os dois – um físico e um filósofo lado a lado – trabalhando tanto na refutação de conteúdo quanto na refutação técnica. Como os ativistas da Terra Plana diriam, não se trata apenas de uma conversa. É preciso permanecer calmo e construir confiança. E, para isso, você precisa comparecer.

Quem sabe consigamos convencer alguém. E não seria ótimo se o meu companheiro de jantar aparecesse de novo?

CAPÍTULO 2

O QUE É O NEGACIONISMO DA CIÊNCIA?

Depois de passar um bom tempo com terraplanistas e pessoas contrárias à vacinação, defensoras do *design* inteligente e negacionistas das mudanças climáticas, comecei a notar um padrão. Suas estratégias são as mesmas.[1] Embora o conteúdo de seus sistemas de crença seja diferente, todo negacionismo da ciência parece fundamentado nos mesmos poucos erros de raciocínio. Esse fenômeno já foi estudado por outros pesquisadores, como Mark e Chris Hoofnagle, Pascal Diethelm e Martin McKee, John Cook e Stephan Lewandowsky, que chegaram a um consenso sobre cinco fatores comuns:[2]

1) evidências seletivas,

2) crença em teorias da conspiração,

3) confiança em falsos especialistas (e difamação de verdadeiros especialistas),

4) raciocínio ilógico,

5) expectativas impossíveis de serem alcançadas pela ciência.

O que é o negacionismo da ciência?

Juntos, esses fatores compõem um modelo no qual os negacionistas da ciência se baseiam ao lidarem com qualquer tópico em que desejem desafiar o consenso científico. Os irmãos Hoofnagle definem o negacionismo da ciência como "o emprego de táticas retóricas para dar a aparência de argumento ou legitimar um debate, quando na verdade não há debate nenhum".[3] Por que alguém iria querer fazer isso? Talvez por interesse próprio. Ou ideologia. Ou para se adequar a um conjunto de expectativas políticas. Existem muitas razões pelas quais alguém pode querer criar – ou ser convencido a criar – uma falsa realidade, ainda que o consenso científico vá contra aquilo em que ele prefere acreditar. Abordaremos isso adiante. Primeiramente, gostaria de examinar cada um dos cinco erros de raciocínio mais detalhadamente, para que tenhamos uma melhor compreensão de "como" o negacionismo se constitui como um problema para o julgamento empírico. Depois, terei mais a dizer sobre a razão de haver um roteiro comum por trás de tudo isso... E o que podemos fazer a esse respeito.

Claro, confiança em falsos especialistas, erros de lógica e a insistência de que a ciência deve ser perfeita parecem equívocos bastante simples, não é? É fácil ver o que há de errado nesses casos. Mas e quanto ao problema da escolha seletiva de evidências? Ou a crença em teorias da conspiração? Remetem ao cerne do julgamento científico, que depende de uma postura de boa-fé ao testar uma teoria, em vez de apenas tentar confirmar o que já se quer acreditar ou tirar conclusões precipitadas com base em nenhuma evidência... Cientistas propõem-se a descobrir a verdade, não a negá-la quando ela não corresponde às suas expectativas. Se um ideólogo está completamente comprometido com uma teoria – descartando qualquer evidência contra ela e precisando de pouco para se convencer a seu favor –, como ele aprenderá com a experiência futura?

É provável que você não se surpreenda ao saber que a estratégia falha de raciocínio empregada por negacionistas da ciência está firmemente enraizada em um mal-entendido de como a ciência de fato funciona. Em meu livro *The Scientific Attitude*, examinei alguns desses equívocos em detalhes. Não vou repeti-los aqui, exceto para dizer que uma das características que diferenciam a ciência é a sua forma de responder às evidências. Cientistas prestam atenção às evidências e estão dispostos a mudar de ideia com base em novas evidências. É por isso que a ciência não tem como oferecer provas cabais, mas confia em teorias, desde que apresentem evidências suficientes e que tenham passado por testes rigorosos.[4] Já, com ideologia e dogma, é outra história.

Elementos do negacionismo da ciência

Como vimos no capítulo 1, os cinco tropos do negacionismo da ciência reforçam-se mutuamente. Nenhum negacionista adota aquelas táticas uma a uma; na verdade, ele se move de modo fluido entre uma teoria da conspiração e as falsas evidências, entre o questionamento de especialistas e a confiança em falsos especialistas, fabricando dessa forma uma teia contínua de dúvidas. Ainda assim, vale a pena examinar cada um dos cinco tropos individualmente, o que não apenas mostrará que cada um desses erros pode ser encontrado no único exemplo de negacionismo que exploramos até agora – a Terra Plana –, como estabelecerá as bases para reconhecê-los nos outros exemplos que abordaremos depois: mudança climá-

O que é o negacionismo da ciência?

tica, OGMs* e coronavírus. Como já disse, nosso objetivo aqui é mostrar que todo negacionismo da ciência adota um padrão comum. Mais adiante, exploraremos o porquê disso.

Evidências seletivas

Quando se deseja afirmar que sua teoria pseudocientífica tem mérito científico, escolher apenas evidências a seu favor pode parecer uma estratégia atraente. Afinal, afirmar que se acredita em uma hipótese alternativa apenas com base na fé não soa lá muito científico. Dizer que você tem evidências reais soa muito melhor. Para o selecionador de evidências, porém, a evidência que ele escolhe faz muita diferença: ele deve considerar apenas aquela evidência que apoia sua hipótese e ignorar ou contestar todo o restante, sob o risco de sua teoria ser refutada.

Vimos essa tática em uso pelos terraplanistas, quando defenderam que "às vezes" é possível ver a cidade de Chicago a mais de 70 km de distância do lago Michigan. O que eles se esqueceram de mencionar é que, em boa parte dos dias, isso não acontece – ou seja, o fenômeno exige uma explicação. Mas a ausência do fenômeno também exige. Quando tentamos explorar isso, porém, os terraplanistas deixam claro que estão interessados "somente" no fato de que Chicago "às vezes" fica visível (o que favorece sua teoria de que a Terra é plana) e nem um pouco curiosos sobre por que às vezes "não" fica visível (o

---

* Os organismos geneticamente modificados (OGMs) são seres vivos que tiveram seu material genético (DNA ou RNA) modificado por meio da engenharia genética. Os organismos transgênicos e cisgênicos são tipos de OGMs, por isso a preferência pelo termo mais generalista "OGMs", em vez de transgênicos, ao longo deste livro. (N. da T.)

que a teoria deles não consegue explicar). Na verdade, como vimos, eles rejeitarão como falsa qualquer teoria científica crível que explique tanto por que a cidade às vezes fica visível quanto por que às vezes não fica, ignorando o fato de que sua teoria não explica por que "nem sempre" a cidade fica visível.

Esse é um exemplo perfeito do tipo de viés adotado na seleção de evidências, que está profundamente enraizado em um erro cognitivo comum chamado viés de confirmação.[5] Por meio do viés de confirmação, somos motivados a encontrar fatos que sejam consistentes com aquilo em que preferimos acreditar, e muito dispostos a ignorar quaisquer fatos que desfavoreçam a nossa crença. Os negacionistas da mudança climática, por exemplo, às vezes insistem que a temperatura global não subiu durante os 17 anos entre 1998 e 2015, mas apenas escolheram 1998 como base porque aquele ano teve uma temperatura artificialmente alta devido ao El Niño.[6]

O problema aqui é de má-fé. De não buscar evidências para testar uma proposição, mas apenas para "confirmá-la". E simplesmente não é assim que a ciência funciona. Cientistas não buscam apenas apoio para o que esperam ser verdade, mas projetam testes que podem mostrar que suas hipóteses eram, na verdade, "falsas".[7] Embora os experimentos cruciais possam ser poucos e distantes entre si, é a "atitude" corrupta de tentar confirmar sua hipótese, em vez de testá-la rigorosamente, que revela o problema da escolha seletiva de evidências. Com a escolha seletiva de evidências, é mais provável que sustentemos uma hipótese incompleta que poderia ter sido refutada há muito tempo, caso tivéssemos examinado todas as evidências.

Ainda assim, isso não impede negacionistas, que insistem que cientistas são tendenciosos porque não levam em consideração os fatos escolhidos a dedo que os não cientistas reuniram. Na Feic de 2018, encontrei um sem-número de pessoas que pensavam que tinham o direito de chutar a porta da ciência e dizer: "Olhe para esta lista de cem pontos que a ciência não consegue explicar!". No entanto, mesmo que eu tivesse paciência para repassar a lista ponto por ponto, oferecendo uma explicação científica para 99 deles, o típico terraplanista diria: "Ahá, mas e este último aqui!". O que quer dizer que eles são inescrupulosamente seletivos. E não se importam de serem refutados.[8]

Teorias da conspiração

A crença em teorias da conspiração é uma das formas mais tóxicas de raciocínio humano.[9] Isso não quer dizer que conspirações reais não existam. O Watergate, o conluio das empresas de tabaco para ofuscar a ligação entre o tabagismo e o câncer e o programa da NSA da era George W. Bush, para espionar secretamente usuários civis da internet, são exemplos de conspirações da vida real, que foram descobertas por meio de evidências e expostas após exaustiva investigação.[10] Por outro lado, o que torna o "raciocínio" da teoria da conspiração tão odioso é que, "havendo ou não qualquer evidência", a teoria é afirmada como verdadeira, o que a impede de ser testada ou refutada por cientistas e outros desmistificadores. A distinção, portanto, deve ser entre conspirações reais (para as quais deve haver alguma evidência) e teorias da conspiração (que em geral não têm nenhuma evidência confiável).[11]

Podemos definir uma teoria da conspiração como uma "explicação que faz referência a forças ocultas e malévolas que procuram promover algum objetivo nefasto".[12] E, o que é crucial, precisamos acrescentar que elas tendem a ser "altamente

Como falar com um negacionista da ciência

especulativas [e] não baseadas em 'nenhuma' evidência. São pura conjectura, sem qualquer base na realidade".[13] Quando falamos do perigo das teorias da conspiração para o raciocínio científico, nosso foco deve ser em sua natureza não empírica, ou seja, não é possível testá-las. O que há de mais problemático com as teorias da conspiração não é que elas ainda não tenham sido refutadas (embora muitas tenham sido), mas que milhares de pessoas crédulas continuarão a acreditar nelas mesmo que forem desbancadas.[14]

Se você olhar bem para um negacionista da ciência, é provável que encontre um teórico da conspiração. Infelizmente, as teorias da conspiração também parecem ser bastante comuns na população em geral. Em um estudo recente, Eric Oliver e Thomas Wood descobriram que 50% dos estadunidenses acreditavam em pelo menos uma teoria da conspiração.[15] Isso abrange de conspirações do 11 de Setembro e sobre o real local de nascimento de Obama à ideia de que a Administração de Alimentos e Drogas dos Estados Unidos [Food and Drug Administration; FDA, na sigla em inglês] esconde deliberadamente uma cura para o câncer e de que o Banco Central estadunidense orquestrou intencionalmente a recessão de 2008. (Notavelmente, a conspiração do assassinato de JFK já foi tão amplamente difundida, que foi excluída do estudo.)[16] Entre outras teorias de conspiração comuns – que variam entre o popular e o surreal –, estão as chamadas *chemtrails* pulverizadas por aviões, que fariam parte de um plano governamental secreto para controlar a mente das pessoas; os massacres de Sandy Hook e Parkland como "operações de bandeira falsa", isto é, falsamente atribuídas a bodes expiatórios; o acobertamento, por parte do governo, da verdade sobre óvnis; e, claro, todas aquelas "relacionadas à ciência": a Terra é plana, o aquecimento

O que é o negacionismo da ciência?

global não passa de uma farsa, empresas criam de propósito organismos geneticamente modificados (OGMs) tóxicos e a covid-19 é causada por torres de telefonia celular 5G.[17]

Em sua forma mais básica, uma teoria da conspiração é uma crença não comprovada de que algo tremendamente improvável é verdade, mas difícil de perceber porque há uma campanha coordenada por pessoas poderosas para encobri--lo. Alguns argumentam que as teorias da conspiração são especialmente prevalentes em tempos de grande agitação social. E, claro, isso explica por que as teorias da conspiração não são exclusivas dos tempos modernos.

Há indícios de teorias da conspiração em ação já no grande incêndio de Roma, em 64 d.C., quando os cidadãos levantaram suspeitas sobre o fogo de uma semana que consumiu quase a cidade inteira – enquanto o imperador Nero estava convenientemente fora da cidade. Começaram a se espalhar rumores de que Nero havia iniciado o incêndio para reconstruir a cidade conforme gostaria. Embora não houvesse nenhuma evidência de que isso fosse verdade (nem para a lenda de que Nero cantou enquanto a cidade queimava), Nero parece ter ficado tão aborrecido com a acusação, que começou uma teoria da conspiração própria, acusando os cristãos como responsáveis, o que o levou a mandar queimá-los vivos.[18]

É fácil entender por que as teorias da conspiração são um anátema para o raciocínio científico. Na ciência, testamos nossas teorias com base na realidade, procurando evidências que as refutem. Se encontrarmos apenas evidências que confirmem nossa teoria, ela pode ser verdadeira. Mas, se encontrarmos qualquer evidência que a refute, ela deve ser descartada. Com as teorias da conspiração, porém, pontos de vista não são mudados mesmo diante de evidências que os refutem (aliás, nem parecem exigir muita evidência, além do instinto, de que são verdadeiros). Em vez disso, os teóricos da conspiração tendem a usar a "própria" conspiração como uma forma de explicar qualquer falta de evidência (porque os espertíssimos conspiradores conseguem escondê-la), ou a presença de evidência que a refuta (porque há cúmplices fingindo também). Assim, a falta de evidências a favor de uma teoria da conspiração é em parte explicada pela própria conspiração, o que significa que seus adeptos podem contar tanto com as evidências quanto com a falta de evidências para apoiá-la.

Praticamente todos os teóricos da conspiração são o que chamo de "céticos de botequim". Embora professem defender os mais altos padrões de raciocínio, eles o fazem de forma inconsistente. Os teóricos da conspiração são famosos por seu duplo padrão de evidência: exigem um padrão absurdo de provas cabais quando se trata de algo em que "não querem" acreditar, enquanto aceitam com evidências escassas ou inexistentes tudo aquilo em que "querem" acreditar. Já vimos a falha desse tipo de raciocínio com as evidências seletivas. Acrescente-se a isso a propensão a suspeitas paranoicas presente na maioria dos adeptos das conspirações, e deparamos com uma parede de dúvida quase impenetrável. Quando um teórico da conspiração fala de suas suspeitas sobre os supostos perigos de vacinas, *chemtrails* ou flúor, mas toma qualquer informação contrária ou que possa desmentir suas suspeitas como mais uma prova do conluio, ele se tranca em uma caixa de dúvida tão hermeticamente fechada, que nenhuma quantidade de fatos poderia tirá-lo dali. Apesar de se dizerem céticos, a maioria dos teóricos da conspiração é de fato bastante crédula.

A crença na planicidade da Terra é um ótimo exemplo. Na Feic de 2018, ouvi repetidas vezes palestrantes dizerem que

O que é o negacionismo da ciência?

qualquer evidência científica a favor da curvatura da Terra havia sido falsificada. "Não houve pouso na Lua; aconteceu em um *set* de Hollywood." "Todos os pilotos e astronautas da companhia aérea estão envolvidos na farsa." "Essas fotos do espaço foram editadas no Photoshop." Não apenas as evidências de refutação dessas alegações não fizeram com que os terraplanistas desistissem de suas crenças, como foram usadas como mais evidências para comprovar uma suposta conspiração! E, claro, para afirmar que o Diabo está por trás de todo o acobertamento da Terra Plana... Poderia "haver" uma teoria da conspiração maior? De fato, a maioria dos terraplanistas admitiria isso.

Uma linha similar de raciocínio está sendo usada com relação à mudança climática. O presidente Trump há muito sustenta que o aquecimento global é uma "fraude chinesa" destinada a minar a competitividade da manufatura americana.[19] Outros argumentaram que os estudiosos do clima estão falsificando os dados ou que são tendenciosos, porque estão lucrando com o dinheiro e a atenção dada ao trabalho deles. Alguns mencionaram que o enredo é ainda mais nefasto – que a mudança climática está sendo usada como um estratagema para justificar mais regulamentações governamentais ou para dominar a economia mundial. Qualquer evidência apresentada para desmentir essas alegações é explicada como parte de uma conspiração: a evidência foi falsificada, é tendenciosa ou está no mínimo incompleta, e a verdade está sendo encoberta. Nenhuma evidência poderia convencer um negacionista radical da ciência, porque negacionistas desconfiam das pessoas que apresentam as evidências.[20]

Então, qual seria a explicação? Por que algumas pessoas (como os negacionistas da ciência) abraçam teorias da conspiração, enquanto outras não?[21] Várias teorias psicológicas já foram desenvolvidas para explicar o fenômeno, abrangendo fatores como autoconfiança inflada, narcisismo ou baixa autoestima.[22] Um consenso mais popular parece ser o de que as teorias da conspiração são um mecanismo de enfrentamento que algumas pessoas usam para lidar com sentimentos de ansiedade e perda de controle diante de acontecimentos importantes e perturbadores. O cérebro humano não gosta de acontecimentos aleatórios, porque não podemos prevê-los e, portanto, não temos como planejá-los. Quando nos sentimos impotentes (devido à falta de compreensão, à escala de um acontecimento e ao seu impacto sobre nós ou a nossa posição social), podemos nos sentir atraídos por explicações que identificam um inimigo que podemos enfrentar. Esse não é um processo racional, e estudiosos das teorias da conspiração observam que aqueles que tendem a "seguir seus instintos" são os mais propensos a se entregar ao pensamento baseado na conspiração. É por isso que a ignorância está altamente correlacionada com a crença em teorias da conspiração. Quando somos menos capazes de entender um acontecimento com base em nossas faculdades analíticas, podemos nos sentir mais ameaçados por ele.[23]

Há ainda o fato de que muitos são atraídos pela ideia de "conhecimento oculto", porque é bom para o seu ego julgar-se como uma das poucas pessoas a entender algo que os outros não entendem.[24] Em um dos mais fascinantes estudos da conspiração, Roland Imhoff propôs uma teoria da conspiração fictícia como forma de medir quantos participantes acreditariam nela, dependendo do contexto epistemológico dentro do qual era apresentada. A conspiração de Imhoff era ótima: ele alegava que havia detectores de fumaça que emitiam sons agudos que faziam as pessoas sentirem náuseas e depressão, e que o fabricante alemão sabia do problema, mas recusava-se a consertá-lo. Quando os participantes julgavam ser esse um conhecimento secreto, eles se mostravam muito mais propensos a acreditar nele. Quando Imhoff o apresentou como sendo de conhecimento comum, as pessoas ficaram menos propensas a pensar que era verdade.[25] Não podemos deixar de pensar nos 600 *cognoscenti* naquele salão em Denver. De 6 bilhões de pessoas no planeta, eles eram a autoproclamada elite da elite: os poucos que sabiam a "verdade" sobre a Terra Plana e agora tinham como missão disseminar essa verdade.

Qual é o dano causado pelas teorias da conspiração? Algumas podem parecer benignas, mas é relevante observar que o fator mais provável para prever a crença em uma teoria da conspiração é a crença em outra. E nem todas serão inofensivas. E quanto a alguém que seja contra a vacinação, por exemplo, que acredite que tudo não passa de um acobertamento do governo de dados sobre o timerosal, e que tenha um filho com sarampo? E a crença de que o aquecimento global antropogênico (causado por humanos) não passa de uma farsa para que o governo justifique suas ações? À medida que o relógio avança, a possibilidade de um desastre aumenta, e as consequências humanas podem ser incalculáveis.

Confiança em falsos especialistas (e difamação de verdadeiros especialistas)

Uma das marcas do negacionismo da ciência é a ideia de que, até que uma teoria seja 100% "comprovada" (o que não é possível a nenhuma teoria), tudo está aberto ao debate. Isso significa que, na falta de um consenso completo, é justificado preferir a opinião de alguns especialistas em detrimento da opinião de outros. E adivinhe quais os negacionistas da ciência vão escolher?

Como vimos, o objetivo do negacionismo da ciência é criar uma narrativa contrária, a fim de desafiar o consenso científico sobre assuntos que colidem com sua ideologia. Mesmo que todos os (ou a maioria dos) cientistas concordem que o tabagismo causa câncer, ou que a mudança climática é real, é sempre possível semear um pouco de dúvida.[26] Se isso é feito por meio da fabricação absurda de teorias (ou de teóricos) ou encontrando contra-argumentos na natureza, não importa. O objetivo não é mudar a mente dos cientistas reais, mas fazer *lobby* para chamar a atenção do "público" que em geral confiaria em informações científicas, que muitas vezes não consegue diferenciar um especialista do outro. O objetivo é fazer "parecer" que há um debate, mesmo quando não há. Quando a ciência parece ambígua, ou um resultado parece controverso, os negacionistas vencem.

No livro *The Death of Expertise* [A morte da *expertise*], Tom Nichols descreve o problema de tratar questões factuais e empíricas como se estivessem abertas ao tipo de *lobby* partidário e a disputas polarizadas que caracterizam nossas divergências políticas, que são "enraizadas em conflitos, às vezes conduzidas como discordância respeitosa, mas mais frequentemente como um jogo de hóquei sem árbitros e um convite permanente para os espectadores correrem para o gelo".[27] Isso é exatamente o que os negacionistas da ciência procuram fazer com assuntos científicos: transformá-los em assuntos ideológicos.[28]

E isso é feito de forma mais eficaz quando conseguem demonstrar que os "especialistas" são tendenciosos. Por exemplo, se os cientistas que afirmam que a mudança climática é real forem considerados liberais, ou formados em universidades, ou subsidiados, alguém pode desconfiar de seus motivos e também de suas conclusões, certo? A desconfiança populista de especialistas de que Nichols fala abre a porta para negacionistas da ciência e outros ideólogos promoverem seu próprio tipo de especialistas que – mesmo que você argumente que "eles" também são tendenciosos – estariam defendendo um outro lado em uma controvérsia científica aberta, atingindo assim um certo tipo de equilíbrio que soa justo para pessoas desinformadas que apenas querem que a ciência seja "objetiva". Mas isso, é claro, leva a uma espécie de falsa equivalência, pela qual os negadores da ciência se sentem justificados em confiar em seus próprios "especialistas" – mesmo que não tenham nenhum treinamento especializado –, em oposição àqueles que eles sentem que são tendenciosos contra eles.

Como já foi observado, esse tipo de raciocínio estava em plena exibição na Feic de 2018. Quando Robert Skiba subiu ao palco e disse que não tinha formação científica, mas "estava vestindo" um jaleco branco, o que isso poderia ser senão uma tentativa de favorecer alguns "especialistas" e difamar outros, cuja única reivindicação de autoridade seria a maneira como se vestem. Qual é o intuito disso? A razão declarada é que o "outro lado" consiste em especialistas que são todos tendenciosos ou "comparsas" de um determinado ponto de vista; não podemos confiar neles porque são pagos ou corrompidos, por isso não podem dizer a verdade. Há um profundo sentimento de vitimização por trás da maior parte do negacionismo da ciência; os adeptos reclamam que os chamados cientistas "reais" não os levam a sério, nem consideram os dados de seus próprios especialistas.

É claro que as teorias da conspiração desempenham um papel aqui, assim como a tática de selecionar evidências conveniententes. Os cinco erros do negacionismo da ciência funcionam em conjunto, de tal forma que tanto a confiança em falsos especialistas quanto a rejeição de verdadeiros especialistas não são apenas características definidoras do negacionismo, mas o resultado inevitável da crença em teorias da conspiração, como cultivar expectativas impossíveis com relação à ciência e a todos os outros erros. É um ciclo autoalimentado. Os falsos especialistas fornecem informações selecionadas a dedo (ou simplesmente inventadas), que são, por sua vez, usadas para questionar o consenso do raciocínio científico. Quando uma evidência sua não é levada a sério, as suspeitas ficam ainda maiores e o raciocínio tribal assume o controle. As disputas científicas começam a se assemelhar às políticas, em uma guerra de "nós contra eles". Uma vez que a equipe adversária tenha sido suficientemente demonizada, é fácil procurar pistas – por parte de um determinado tipo de mente – que sugiram uma conspiração, o que justifica ainda mais a confiança nos próprios especialistas em oposição a qualquer outro. A coisa toda é construída em torno da confiança (ou melhor, da falta de confiança), o que torna impossível a avaliação imparcial e objetiva das evidências para resolver controvérsias científicas. Ou, ao menos, põe em dúvida todo o processo. E a dúvida é tudo de que um negacionista precisa.

Raciocínio ilógico

Existem muitas maneiras de ser ilógico. As principais fraquezas e falácias identificadas pelos irmãos Hoofnagle e outros como as mais básicas para o raciocínio do negacionismo da ciência são as seguintes: falácia do espantalho, pista falsa, falsa analogia, falsa dicotomia e conclusão precipitada.[29]

O que é o negacionismo da ciência?

Eu ficaria chocado se a maioria dos negacionistas da ciência tivesse estudado lógica. É provável que eles não tenham formação suficiente para entender as falácias citadas acima e nem mesmo saibam seus nomes. No entanto, eles são especialistas em seu uso prático. Quando o negacionista da mudança climática diz que "o dióxido de carbono não é o único impulsionador da mudança climática", é um exemplo perfeito da falácia do espantalho, na qual se imagina a versão mais fraca do argumento de um oponente porque é a mais fácil de derrubar. Praticamente nenhum climatologista responsável negaria que existem muitos fatores possíveis para as mudanças climáticas, incluindo os naturais. Mas essa não é a questão. No momento, as emissões de dióxido de carbono causadas pelo homem são, de longe, a causa maior e de crescimento mais rápido do aquecimento global. Porém o negacionista da mudança climática não quer falar sobre isso.[30] Então, em vez disso, inventa uma falácia de espantalho, embora ninguém tenha dito que a atividade humana era a "única" causa do aquecimento global.

Da mesma forma, os terraplanistas dizem: "Você sabia que existem três seis na assinatura de Walt Disney?". O que mais isso poderia ser senão uma pista falsa? Sim, os seis estão aí para qualquer um ver. (Na verdade, uma vez que você os vê é enlouquecedor, pois você não consegue "desver".) Mas o que isso prova? Que Walt Disney fazia parte de uma conspiração para encobrir a verdade sobre a Terra Plana? Nesse caso, alguma evidência real deve ser fornecida para conectar os pontos. A assinatura por si só é irrelevante para o formato da Terra.

Ao confiar em tais argumentos especiosos, os negacionistas apresentam uma série de erros de raciocínio que foram identificados, examinados e refutados por lógicos e filósofos nos últimos 2.300 anos. Este não é o momento nem o lugar para dar um curso longo (ou mesmo curto) sobre lógica.[31] Também não é o lugar para enumerar infindáveis exemplos do raciocínio ilógico dos negacionistas da ciência. Quem estiver à procura de mais material que mostre essas e outras falácias que estão no âmago da crença na Terra Plana, da desconfiança com relação a vacinas, do antievolucionismo e do negacionismo da mudança climática, há fontes excelentes.[32] Nos capítulos seguintes, também trarei mais exemplos.

Insistência de que a ciência deve ser perfeita

As únicas pessoas que insistem que a ciência deve ser perfeita são aquelas que nunca fizeram ciência. No entanto, muitas vezes ouvimos negacionistas da ciência defendendo impossibilidades, dizendo: "Você pode provar que as vacinas são 100% seguras?", "Por que não esperamos o restante das evidências sobre o aquecimento global?" ou "A ligação causal entre o tabagismo e o câncer de pulmão nunca foi estabelecida de forma conclusiva". Como discutido anteriormente, isso não é mero ceticismo, mas um tipo de negacionismo ideologicamente motivado, ao qual se recorre quando não se quer acreditar no que o esmagador consenso da evidência empírica está dizendo.

Dada a natureza do raciocínio indutivo, sempre haverá alguma incerteza residual na base de qualquer hipótese científica. A menos que abandonemos a ideia fundamental de que novas evidências sempre podem surgir para nos ajudar a modificar ou mesmo a derrubar uma teoria científica, não podemos esperar que a ciência se conforme com o mesmo nível de prova e certeza encontrado na matemática ou na lógica dedutiva. No entanto, nas mãos de um negacionista da ciência, qualquer centelha de dúvida pode ser exagerada para fingir que há um debate mesmo quando não há.

Os negacionistas da ciência exploram rotineiramente a incerteza da ciência. Como mostrado, eles são famosos por seu duplo nível de evidência. Nenhuma evidência poderia convencer um negacionista a acreditar em algo que ele não quer que seja verdade; ele sempre vai insistir em mais e mais provas. No entanto, pouca evidência é necessária para convencê-los de que sua própria hipótese é confiável, pois eles só confiam em suas próprias fontes. Essa é uma perversão total da base racional da ciência. Não há necessidade de provar que algo é definitivo para que seja crível. Na ciência, existe algo chamado "garantia", o que significa que, se houver evidências suficientes a favor de uma teoria – e ela tiver sido rigorosamente testada para ver se pode ser refutada –, há uma base racional para acreditar que ela seja verdade, mesmo que devamos sempre manter a possibilidade de que alguma evidência futura possa mais tarde derrubá-la.[33]

Negar isso é como afirmar que "não podemos saber nada" sobre o mundo empírico até que todas as evidências estejam disponíveis. O que significa nunca. Para um negacionista presunçoso, isso pode parecer bom. Mas os negacionistas estão mesmo dispostos a jogar fora "todas" as crenças científicas, junto com aquelas que eles difamam? De uma hora para outra, não teríamos base para acreditar na teoria da evolução de Darwin pela seleção natural. Mas também não teríamos garantia para sua alternativa preferida, a do *design* inteligente, nem para antibióticos, transplantes ou engenharia genética. É verdade que a base para a mudança climática antropogênica seria minada, mas também toda a previsão do tempo, o gráfico das marés e a ciência por trás da agricultura.

O problema com o ceticismo de botequim é que ele leva as coisas a uma inconsistência que beira a comicidade. Como os terraplanistas justificariam o uso de telefones celulares para tuitar ao vivo durante a Feic de 2018, quando parte de seu tráfego de celular foi possibilitada por satélites?[34] O que dizer sobre o entusiasta da homeopatia que faz uma conversão no leito de morte e de repente decide que quer quimioterapia, afinal? Essas pessoas na verdade confiam na ciência, mas não no tipo de ciência em que preferem não acreditar. Mas como isso pode ser outra coisa, senão ridículo?

Outro absurdo por trás da insistência do negacionista da ciência em níveis ideais de ciência é a inferência de que, até o dia em que for apresentada a prova definitiva da teoria da evolução de Darwin, ou do aquecimento global, qualquer teoria vale tanto quanto qualquer outra. Todos nós já ouvimos o criacionista dizer que a evolução é "apenas uma teoria". Porém o *design* inteligente também é apenas uma teoria. Mas por que, então, eles podem querer saber, não investigamos os dois e talvez "ensinemos a controvérsia" na aula de biologia?

Aqui reside o mal-entendido não somente com relação a certezas, mas também à probabilidade. Lembre-se de que o conceito de garantia está enraizado na ideia de que a crença de alguém em uma hipótese científica é proporcional à evidência a seu favor. A teoria da evolução por seleção natural de Darwin, por exemplo, vem sendo tão bem corroborada por 150 anos de experiência científica, que forma a base para quase toda a nossa compreensão da biologia. A evolução por seleção natural é a espinha dorsal da genética, da microbiologia e da biologia molecular. Em um ensaio de 1973, o eminente biólogo Theodosius Dobzhansky disse que "nada em biologia faz sentido exceto à luz da evolução".[35]

Mas, ainda assim, o negacionista da ciência pode alegar que a ciência seria melhorada se buscássemos certezas. Afinal, o iconoclasta às vezes tem razão. Riram de Galileu, não riram?[36]

Mas querem mesmo jogar esse jogo?

Em fevereiro de 2019, a Reuters publicou uma reportagem que dizia que as evidências para o aquecimento global causado pelo homem atingiram o "padrão-ouro" de confiança, no nível "Cinco Sigma". Isso significa que há apenas uma chance em um milhão de que os negacionistas da mudança climática estejam certos. De fato, não chega a ser uma certeza. Mas é o mesmo nível de confiança alcançado em 2012 para anunciar a descoberta da partícula subatômica do bóson de Higgs, que é um bloco básico de construção do Universo.[37] Claro, alguém pode continuar a duvidar das evidências e alegar que se deve abraçar a alternativa do negacionista da ciência, afinal, ela também "pode" estar certa. Mas isso é lidar de forma absurda com crenças e certezas.[38]

Como envergonhar os desavergonhados? Diante da crença ridícula, talvez o ridículo funcione melhor. Você se lembra da clássica cena do final do filme *Debi & Loide*, de 1994, em que o personagem de Jim Carrey tenta desesperadamente convencer uma mulher a sair com ele? Ele tenta de tudo, e ela continua recusando. Por fim, ele pede para ela avaliar a probabilidade de conseguir convencê-la a ir a um encontro. "Uma em um milhão", diz ela. Aí ele sorri e diz: "Então você está me dizendo que há uma chance...".

Você não quer ser esse cara, quer?

As raízes motivacionais e psicológicas do negacionismo da ciência

Agora que entendemos as táticas por trás do negacionismo da ciência, surge outro conjunto importante de questões. Como tudo isso aconteceu? Quais são suas origens? E isso explica por que todos os negacionistas parecem seguir o mesmo roteiro? Em suma, o desafio é este: se os cinco erros descritos são uma forma tão ruim de raciocínio, por que são tão difundidos?

Aqui é importante fazer uma distinção entre dois possíveis métodos de abordagem. Um é focar na maneira como o negacionismo da ciência é "criado". O outro é focar em por que as pessoas "acreditam" nesse negacionismo. Esse último costuma receber a maior parte da atenção e levar à popular – embora excessivamente simplista – ideia de que o negacionismo da ciência se deve à simples ignorância. Mas essa não pode ser a única explicação, nem para por que as pessoas acreditam nele. (Aliás, uma pesquisa mostrou que alguns dos mais ferrenhos negacionistas da ciência são os mais formalmente educados.)[39] E com certeza não explica como surgiu o negacionismo da ciência. O roteiro é muito complicado para ter acontecido por acidente. A explicação mais provável é a de que houve prevaricação.

Os cinco erros compõem uma estratégia deliberadamente criada por aqueles que queriam fazer as pessoas negarem determinadas descobertas da ciência que ameaçavam seus interesses. A tática foi copiada em campanhas subsequentes e usada contra diferentes descobertas científicas, até se tornar uma estratégia de guerra empregada para "lutar contra a ciência" em praticamente qualquer tópico. O negacionismo não é um erro, é uma mentira. A desinformação é intencionalmente criada.[40]

No importante livro *Merchants of Doubt* [Mercadores da dúvida], Naomi Oreskes e Erik Conway contam a história de como, na década de 1950, a indústria do tabaco ficou preocupada com um estudo científico que estava prestes a ser publicado, mostrando uma ligação quase causal entre tabagismo e câncer de pulmão.[41] Em vez de continuarem a briga entre si sobre quais cigarros seriam "mais saudáveis", os executivos das maiores empresas de cigarros uniram forças e contrataram um publicitário para traçar uma estratégia. Lutem contra a ciência, ele aconselhou. Plantem dúvidas. Criem todas as razões que puderem para que as pessoas pensem que os cientistas podem ser tendenciosos e contar apenas um lado da história. Depois, apresentem o seu lado. Contratem seus próprios especialistas. Criem suas próprias descobertas "científicas". Comprem anúncios de página inteira na imprensa popular para questionar as descobertas dos cientistas. Insistam que qualquer ligação alegada entre tabagismo e câncer de pulmão deve ser "comprovada".[42]

Soa familiar?

Oreskes e Conway fazem um excelente trabalho ao mostrar como as empresas criaram uma campanha de desinformação, em que – nas palavras de um infame memorando de 1969 escrito por um executivo do setor de tabaco – "a dúvida é nosso produto, pois é o melhor meio de competir com o 'conjunto de fatos' que existe na mente do público em geral. É também o meio de estabelecer controvérsia".[43] Isso permitiu à indústria do tabaco ludibriar o público estadunidense nas décadas seguintes, continuando a lucrar com a venda de cigarros enquanto exigia "provas" da ciência. Infelizmente, essa campanha, chamada pelos autores de "estratégia do tabaco", foi tão bem-sucedida, que se tornou um modelo para todos os negacionismos

Como falar com um negacionista da ciência

científicos subsequentes, usado com relação à chuva ácida, ao buraco na camada de ozônio, à mudança climática e assim por diante.[44]

Com o tabaco e o câncer, o negacionismo foi criado para servir a um interesse corporativo óbvio.[45] Com a mudança climática, parece ter ocorrido o mesmo.[46] Para saber mais sobre isso, recomendo o livro de Oreskes e Conway. Meu objetivo não é traçar a história completa do negacionismo da ciência, mas verificar se podemos aprender a falar com um negacionista a ponto de fazê-lo mudar de ideia. Obviamente, isso não funcionará com alguém que criou uma mentira de maneira cínica (quer acredite nela ou não). Portanto, proponho passarmos a outro grupo, o do público do negacionismo, para avaliar suas razões para acreditar em algo que não inventou e que não lhe traz nenhum benefício óbvio.[47]

É importante perceber que existem muitas motivações possíveis para o negacionismo. O interesse econômico é óbvio. Mas também existem razões políticas, ideológicas e religiosas pelas quais alguém pode preferir negar uma determinada descoberta científica, e essa pode ser uma razão profundamente pessoal. Quando esses motivos são explorados por aqueles que criam campanhas de negacionismo, é possível atrair milhões de seguidores. Ignorância e credulidade podem ser um fator. Mas deve haver ainda outros fatores. Sendo o negacionismo criado ou não para servir aos interesses econômicos de outra pessoa, a questão permanece: por que o negacionista da ciência de fato abraçou o negacionismo?

Às vezes, interesses pessoais podem estar em jogo. Mesmo que não sejam econômicos, podem ser poderosos. Um fumante pode ter um motivo enraizado para receber bem a notícia de que havia "outro lado" nas descobertas científicas sobre o tabaco, na década de 1950. O raciocínio motivado é uma força psicológica poderosa, por meio da qual estamos mais propensos a buscar informações que respaldem as coisas em que "queremos" acreditar, em detrimento de fatos que possam nos causar desconforto psíquico. Se uma pessoa não quisesse parar de fumar, por exemplo, não seria melhor acreditar que fumar é seguro? As pessoas podem confabular sobre todo tipo de informação ou mentir para si mesmas. Pesquisas já mostraram que, na maioria das vezes, isso nem acontece em um nível consciente.[48] Talvez seja por isso que haja um parentesco tão próximo em nossas mentes entre alguém que está "em negação" e alguém que "nega".[49] Mentimos para nós mesmos como forma de mentir com mais eficiência para os outros.

Setenta anos de psicologia social têm mostrado que satisfazer o ego humano é uma parte importante do nosso comportamento. E parte integrante disso é manter uma visão positiva de nós mesmos. Isso pode explicar aqueles momentos em que resolvemos a dissonância cognitiva contando a nós mesmos uma história em que preferimos acreditar em vez de uma que seja verdadeira, desde que possamos ser o herói nela. Também garante que apresentemos uma imagem favorável de nós mesmos para aqueles em nosso círculo social cujas opiniões são importantes para nós. Assim, nossas crenças e nosso comportamento são formados em uma estufa de opinião sobre nós mesmos, refletida na opinião dos outros. É surpreendente que nossas crenças sobre tópicos empíricos sejam baseadas em mais do que apenas fatos, mas também em forças psicológicas e motivacionais que moldam todos os nossos comportamentos e crenças? Nossas crenças empíricas são passíveis de manipulação, seja em nome de nossos próprios interesses, seja em nome dos interesses de outra pessoa.

Também não se deve subestimar o simples papel do medo. A neurociência de ponta, usando imagem por ressonância magnética funcional, já mostrou que, quando expostos a ideias que ameaçam suas crenças, conservadores experimentam mais atividade (de medo) na amígdala de seu cérebro do que os liberais.[50] O mesmo pode ser verdade para os negacionistas da ciência?[51] Quando um novo pai ouve que as vacinas podem ser perigosas para seu bebê, como isso poderia não os deixar ansiosos? Quando eles consultam o Google e deparam com algumas desinformações alarmantes, seus cérebros são inundados com cortisol. Quando recorrem ao médico da família e são menosprezados ("Não acredito que você acreditou nessa bobagem!"), podem se sentir desrespeitados e, assim, acabar em uma conferência do movimento antivacina para obter mais informações. Aí já é tarde demais. Como disse um jornalista que foi expulso de um evento assim:

> A AutismOne – e o mundo antivacina como um todo – funciona notavelmente bem como um motor para a radicalização. Os pais são trazidos com uma preocupação genuína pela saúde de seus filhos e um desespero para encontrar respostas. Deparam com uma variedade de reivindicações novas e cada vez mais loucas sobre as instituições médicas, o governo e, por fim, sobre os governantes secretos do mundo.[52]

Outra força psicológica por trás do negacionismo da ciência pode ser um sentimento de exclusão e de privação de direitos. É claro que ser abordado com grosseria e xingamentos e tratado como um idiota por aqueles que estão tentando lutar contra os negacionistas da ciência pode, por si só, causar uma sensação de exclusão.[53] Mas estou falando de algo mais profundo do que isso. Quando estive na Feic de 2018, notei um número desproporcional de pessoas que tiveram algum tipo de trauma na vida. Às vezes associado à saúde, outras vezes a relacionamentos. Com frequência, não era especificado. Porém, em todos os casos, o terraplanista referia-se a esse acontecimento como de alguma forma relacionado ao seu "despertar", ao momento em que tinha percebido que estava sendo enganado. Muitos expressavam um senso de vitimização, mesmo antes de se tornarem terraplanistas. Encontrei muito pouco na literatura da área da psicologia a respeito disso, mas continuo convencido de que há algo a aprender com essa hipótese.[54] Saí da conferência com a sensação de que muitos dos terraplanistas eram pessoas em sofrimento. Talvez com outros negacionistas da ciência ocorresse o mesmo?

Sendo isso verdade ou não, parece-me claro, com base tanto na minha experiência pessoal quanto no estudo, que a maioria dos negacionistas da ciência abraça uma corrente inebriante de ressentimento e raiva contra as "elites" ou os "especialistas" que pretendem dizer-lhes a verdade. Parte disso está relacionada ao trabalho já citado de Tom Nichols, *The Death of Expertise*, no qual ele explora o tipo de reivindicação populista que levou à nossa cultura da pós-verdade. Isso vai além do negacionismo da ciência. De fato, embora eu acredite que esse tipo de negacionismo tenha raízes na pós-verdade,[55] há agora toda uma cultura negacionista, que vai de mudanças climáticas a vacinas e ao uso de máscaras durante uma pandemia, o que só piorou o negacionismo da ciência. Na medida em que linhas de batalha são redesenhadas – às vezes alinhadas a posicionamentos políticos –, fica mais fácil se sentir excluído. Com fontes de informação separadas, fragmentação, polarização e a criação de uma mentalidade de "nós contra eles", não deveria ser surpresa que a ciência fosse apanhada no vórtice da pós-verdade.

Isso quer dizer que o negacionismo da ciência agora é simplesmente político? Em parte, isso pode ser verdade. O exemplo óbvio é o negacionismo da mudança climática, que sofre de uma divisão partidária de 96% a 53%.[56] Em um trabalho sobre o negacionismo da ciência, o pesquisador cognitivista Stephan Lewandowsky argumenta que, hoje, quase todo negacionismo da ciência está alinhado com o conservadorismo:

> Desde a década de 1970, vem ocorrendo uma erosão gradual da confiança na comunidade científica entre os conservadores, mas não entre os liberais [...]. Essa erosão da confiança coincidiu com o surgimento de várias descobertas científicas que desafiam as principais visões conservadoras, como a crença na importância e no benefício de um livre-mercado não regulamentado. Em suma, a rejeição de evidências científicas específicas quanto a uma série de questões, bem como a desconfiança generalizada da ciência, parece estar concentrada, sobretudo, na direita política.[57]

Até Lewandowsky admite, no entanto, que as forças cognitivas subjacentes que levam à crença em teorias da conspiração ou ao viés de confirmação não se limitam aos conservadores. Todos nós temos os mesmos cérebros e vieses cognitivos que foram moldados pelas mesmas forças evolutivas.[58] Assim, resta saber se é possível haver instâncias de negacionismo "liberal" da ciência, o que abordarei nos capítulos 6 e 7.

Ângulo político à parte, estamos agora às portas de uma perspectiva fundamental de por que os negacionistas da ciência acreditam no que acreditam, mesmo em face de evidências contraditórias. A resposta é encontrada quando se percebe que a questão central em jogo, a da formação de crenças – mesmo sobre tópicos empíricos –, é baseada não em "evidência", mas em "identidade".

A identidade pode ser encontrada dentro de um contexto político, mas não é só nele que se manifesta. As pessoas podem encontrar um senso de identidade dentro de sua igreja, escola, em sua família, profissão, vizinhança ou, por fim, em seu grupo de colegas negacionistas da ciência. No brilhante livro *Know-It-All Society* [Sociedade sabe-tudo], Michael Lynch relata como nossas crenças se tornam convicções e a relação que isso tem com a identidade:

> Uma convicção é uma crença que assume o papel de compromisso – um convite à ação – porque reflete nossa própria identidade. Reflete o tipo de pessoa que aspiramos ser e os tipos de grupos e tribos aos quais desejamos pertencer. É por isso que os ataques às nossas convicções parecem ataques à nossa identidade – porque são. Mas também é por isso que muitas vezes ignoramos as evidências contrárias às nossas convicções; desistir delas seria mudar quem imaginamos ser.[59]

As raízes psicológicas disso podem ser encontradas no que Dan Kahan, pesquisador de Yale, chama de "cognição protetora de identidade".[60] Podemos pensar que tomar uma decisão sobre um tópico científico é uma simples questão de olhar para os dados. E, de fato, quando estamos preocupados com uma pesquisa cujos resultados não atingem uma de nossas sagradas convicções, em geral esse é mesmo o caso. Lembra-se da ideia de que os negacionistas da ciência são céticos de botequim? Até mesmo um negacionista com frequência pode descobrir a resposta certa para uma questão científica com

Como falar com um negacionista da ciência

base nos dados, desde que ela não envolva uma crença central para a sua percepção da própria identidade. Mas, uma vez que começamos a lidar com assuntos "controversos", como evolução ou mudança climática (ou, para alguns, o formato da Terra), nossas habilidades de raciocínio saem de cena. Não apenas não mudamos de ideia, como também não conseguimos fazer uma avaliação racional das evidências.

A tensão aqui é entre o que Kahan chama de "tese de compreensão científica" [SCT, na sigla em inglês] e cognição protetora de identidade. O modelo de tese de compreensão científica é baseado na ideia de que a melhor maneira de convencer uma pessoa de que uma hipótese empírica é verdadeira é fornecer informações suficientes para que ela tome uma decisão racional a esse respeito. Portanto, tratando a pessoa como um cientista. Se ela é racional e sabe raciocinar com base em evidências, não haverá problema de julgamento para chegar a uma conclusão. Nesse caso, partimos do princípio de que a única razão pela qual uma pessoa rejeitaria uma teoria científica bem fundamentada é a irracionalidade (ou estupidez, ou falta de qualificação) ou a insuficiência de dados. Talvez um nome melhor para isso seja "modelo de déficit de informação",[61] uma vez que estamos presumindo que qualquer caso de negacionismo da ciência pode ser remediado oferecendo mais informações ao negacionista. Quantas vezes vimos cientistas tentarem fazer isso! Quando um negacionista da mudança climática diz que não houve aquecimento global desde 1998, oferecemos a ele mais dados sobre a temperatura. Quando ele duvida disso, passamos para o derretimento das geleiras. Quando ele duvida disso, passamos para outra coisa. Em última análise, podemos concluir que ele é irracional e largar a discussão. Se você não consegue convencer uma pessoa com evidências, por que con-

O que é o negacionismo da ciência?

tinuar falando com essa pessoa? Mas e se o problema "não" for a falta de provas? E se o que a impede de aceitar as provas for a cognição protetora da identidade?

Para testar isso, Kahan realizou um experimento para avaliar a eficácia de um novo creme (fictício) para a pele. Que eu saiba, não há e nunca houve qualquer tipo de negacionismo da ciência (ou raciocínio com base na identidade) a respeito de cremes para a pele. Kahan montou um experimento com mil participantes, questionados a princípio sobre política de crenças, depois apresentados a um conjunto de dados fabricados (ver Figura 1).[62]

Com um pouco de matemática, temos todas as informações de que precisamos para saber se o creme é eficaz no tratamento de erupções cutâneas. À primeira vista, pode parecer que o creme foi eficaz. Afinal, 223 das pessoas que usaram o creme melhoraram, enquanto apenas 107 das pessoas que não usaram o creme tiveram melhora. Mas os números devem ser ponderados considerando-se aqueles cuja erupção "piorou". Ao contrário da impressão inicial, a conclusão apropriada a tirar é que o creme para a pele "não é eficaz". Afinal, 25% das pessoas que usaram o creme para a pele viram a erupção piorar, em comparação com apenas 16% das pessoas que não o usaram.[63] Kahan descobriu que a maioria das pessoas não conseguiu chegar à conclusão certa. Mas os resultados não demonstraram uma divisão congruente com as crenças partidárias! Em vez disso, talvez previsivelmente, as respostas só denunciaram uma diferença entre as pessoas que eram boas em matemática e as que não eram, o que é consistente com a tese de compreensão científica.

Mas então Kahan fez outra versão do teste, usando exatamente os mesmos dados, mas com um tópico ideologicamente

Como falar com um negacionista da ciência

carregado: se o controle de armas aumenta ou diminui a criminalidade (ver Figura 2).[64] Na primeira iteração (à esquerda), os dados mostraram que o controle de armas estava correlacionado com uma "redução" da criminalidade. Na segunda (à direita), apresentavam "aumento".

Resultados

	Pele melhorou	Pele piorou
Usaram o novo creme	223	75
Não usaram o novo creme	107	21

Figura 1 – Dados fictícios usados como estímulo em um experimento de Kahan *et al.*, "Motivated Numeracy and Enlightened Self-Government", 2013.

Resultados		Resultados	
Aumento da criminalidade	Redução da criminalidade	Redução da criminalidade	Aumento da criminalidade
Cidades que baniram armas	223	75	223	75
Cidades que não baniram armas	107	21	107	21

Figura 2 – Dados fictícios usados como estímulo em um experimento de Kahan *et al.*, "Motivated Numeracy and Enlightened Self-Government", 2013.

Nesse segundo caso, os resultados foram diferentes. Como o escritor político Ezra Klein explica em seu relato sobre o experimento:

Diante desse problema, uma coisa engraçada aconteceu: a habilidade matemática dos participantes não mais serviu para prever como se sairiam no teste. A ideologia é que conduzia as respostas. Os liberais foram extremamente bons em resolver o problema quando os números provavam que a legislação de controle de armas reduzia a criminalidade. Mas, quando confrontados com a versão do problema que sugeria que o controle de armas havia falhado, suas habilidades matemáticas deixavam de ser relevantes. Tendiam a errar a resolução do problema, não importando quão bons fossem em matemática. Os conservadores exibiram o mesmo padrão, só que ao contrário. [...] Ser melhor em matemática não apenas deixou de ajudar os participantes a chegarem à resposta certa, como os afastou ainda mais dela. Aqueles com poucas habilidades matemáticas apresentaram 25% mais chances de acertar a resposta quando ela se encaixava em sua ideologia. Aqueles com fortes habilidades matemáticas tinham 45% mais chances de acertar a resposta quando ela se encaixava em sua ideologia. [...] As pessoas não estavam raciocinando para obter a resposta certa; estavam raciocinando para obter a resposta que queriam que estivesse certa.[65]

Pode-se concluir, a partir disso, que a política exacerba uma falha no raciocínio humano quando pessoas são confrontadas com tópicos empíricos. Mas esse talvez seja um ponto muito delicado para delinear sobre o negacionismo da ciência. Sim, o raciocínio e as crenças no experimento de Kahan foram enquadrados em um contexto político, mas a política é apenas uma das formas de moldar a identidade. E se a questão subjacente aqui não for apenas que a "política" pode interferir em nossas habilidades de raciocínio, mas que "toda identidade" pode fazer isso? Talvez a identidade seja mais importante do que qualquer ideologia específica. Por isso chamamos de cognição protetora de "identidade".

Como falar com um negacionista da ciência

No importante artigo "Ideologues without Issues: The Polarizing Consequences of Ideological Identities" ["Ideólogos sem problemas: as consequências polarizantes de identidades ideológicas"], Lilliana Mason argumenta que o fator determinante por trás da polarização política não é nenhum dos "problemas" que poderíamos considerar como tipicamente liberal ou conservador, mas sim o simples fato de haver um rótulo partidário que define uma identidade.[66] O importante é escolher um time, para sabermos para que lado torcer no jogo político de nós contra eles.

No estudo baseado em pesquisa de campo, Mason descobriu que a força da afiliação de uma pessoa com uma identidade política era um preditor muito maior de como ela se sentia com relação a "outro lado" do que o conteúdo ideológico que poderia estar por trás da identidade. Os participantes foram entrevistados sobre suas opiniões em relação a seis questões: imigração, controle de armas, casamento entre pessoas do mesmo sexo, aborto, Obamacare e dívida do país. Em seguida, foram questionados sobre como se sentiriam ao se casarem com alguém da afiliação política oposta. Ou ter uma amizade interpartidária. Ou simplesmente passar o tempo com pessoas do "outro lado". O que Mason descobriu foi que o rótulo baseado na identidade tinha o dobro do valor preditivo de como os participantes se sentiam sobre o "outro lado" do que sua opinião sobre qualquer uma das seis questões![67] Os conservadores eram, na verdade, muito mais moderados em suas visões políticas do que os liberais, mas não menos partidários em sua identidade. Mason marcou essa diferença geral como "ideologia baseada em identidade" *versus* "ideologia baseada em questões".[68]

Mas, se é com a "identidade" que os partidários se preocupam mais do que com o conteúdo de sua ideologia, isso pode nos fazer pensar em que sentido o raciocínio baseado na identidade é "ideológico" de alguma forma. No ensaio "People Don't Vote for What They Want. They Vote for Who They Are" ["As pessoas não votam no que querem. Eles votam em quem são"], o filósofo Kwame Anthony Appiah observa que, durante a era Trump, os republicanos viraram quase 180 graus em relação à sua posição anterior com relação à Rússia. A foto que acompanha o artigo de Appiah mostra dois apoiadores de Trump em um comício vestindo camisetas que dizem: "Prefiro ser russo a ser democrata". De acordo com o raciocínio de Mason, Appiah conclui que "a identidade precede a ideologia".[69]

É possível que o "conteúdo" das crenças negacionistas da ciência seja igualmente supérfluo, ou pelo menos maleável? E se os terraplanistas com quem falei na Feic de 2018 estivessem motivados a manter suas crenças "não" porque elas fizessem sentido para eles, mas porque tapavam algum buraco em sua psique? Elas lhes garantiam um time pelo qual torcer e alimentavam seu sentimento de ressentimento. Talvez também os fizessem sentirem-se melhor sobre sua situação de exclusão da sociedade e de suas crenças "padronizadas", porque agora estavam conectados a um grupo de pessoas que concordava com eles e lhes dizia que eles é que estavam certos. Quando alguém quer se encaixar, talvez o conteúdo de sua crença seja apenas um detalhe.[70] Será que é por isso que é tão difícil mudar a opinião de um negacionista da ciência com base em evidências, já que suas crenças nem baseadas em evidências são? O conteúdo da crença pode não ser tão importante quanto a identidade social que ela oferece.

Como falar com um negacionista da ciência

Existem forças cognitivas poderosas que nos seduzem a acreditar no que queremos acreditar. O que as pessoas ao nosso redor – aqueles que conhecemos e em quem confiamos – querem que acreditemos.[71] E, atualmente, quando encontramos toda uma comunidade de pessoas que concordam conosco, é muito mais fácil manter crenças marginalizadas. Seja *online* ou pessoalmente, quando se está no meio da multidão, é fácil escolher um lado e demonizar aqueles que discordam de você. Depois de decidir "em quem" acreditar, talvez você saiba "no que" acreditar. Mas isso nos torna propícios à manipulação e à exploração por parte de outros.

Talvez isso forneça o tão esperado elo entre aqueles que criam a desinformação de negacionismo da ciência e aqueles que apenas acreditam nele. Se um indivíduo ou uma organização com uma agenda poderosa tiver interesse em combater uma descoberta científica, não é difícil tirar proveito do partidarismo ou da polarização no sentido "identitário", de forma a fazer alguém seguir seu modo de pensar. Isso parece ser exatamente o que aconteceu com o negacionismo corporativo sobre a ligação entre o tabagismo e o câncer de pulmão, com início na década de 1950. E aconteceu de novo depois, em uma confluência de interesses corporativos e políticos, com relação às mudanças climáticas. Assim, em nome dos interesses de um grupo, é possível criar um senso de identidade em torno de questões sem que aqueles que são seduzidos pelo negacionismo tenham qualquer benefício material com esse posicionamento. Mas isso significa que todo negacionismo da ciência é resultado de interesses externos? Isso é muito mais difícil de provar. Enquanto a ideologia religiosa parece estar firmemente por trás da resistência dos adeptos do criacionismo/*design* inteligente e contra a evolução darwiniana, quais seriam os interesses

O que é o negacionismo da ciência?

corporativos atrás disso? Ou da Terra Plana? Ou do movimento antivacina? Ou do movimento contra OGMs? A menos que eu invente uma teoria da conspiração, não consigo enxergar interesse externo nesses casos.

Às vezes, crenças errôneas acontecem organicamente, devido a fatores diversos demais para conseguirmos categorizar, e podem acabar criando uma identidade ou um grupo de interesses novo. Quando isso acontece, por qualquer motivo outros embarcam. Afinal, talvez seja o time o mais importante, não a ideologia. Queremos estar do lado de alguém. E é importante lembrar que não importa como ele é criado, devemos combater o negacionismo da ciência conversando com os seus adeptos, não com as pessoas cínicas que podem tê-lo inventado. Embora possa ser útil tentar expor uma campanha de desinformação, essa não é a principal maneira de superar o negacionismo. Uma vez que as mentiras estão por aí, mesmo que sejam expostas, elas já causaram dano. Devemos falar com as pessoas que acreditam nelas. Se forem descobertas prevaricação e corrupção, ótimo. Mas, mesmo que não sejam, ou apesar de terem sido, ainda assim precisamos de um meio de revidar.

Quer as mentiras sejam fabricadas por interesses externos cínicos ou confabuladas a partir de nossas próprias feridas psíquicas ou nosso ego, chegamos ao mesmo lugar. O negacionismo da ciência não se baseia na falta de evidências. O que significa que não pode ser remediado apenas fornecendo mais fatos. Aqueles que desejam mudar a opinião dos negacionistas devem parar de tratá-los como se fossem apenas colegas mal-informados que sabem raciocinar sobre as evidências, desde que tenham acesso a elas. Nenhuma evidência vai fazer um negacionista mudar de ideia se não avaliarmos o papel que suas crenças desempenham no reforço de sua identidade social.

No livro extremamente útil *How to Have Impossible Conversations* [Como ter conversas impossíveis], o filósofo Peter Boghossian e o matemático James Lindsay dão-nos este conselho surpreendente para tentar convencer alguém que discorda de nós: evite fatos!

> Para as pessoas que trabalham duro para formar suas crenças com base em evidências, a coisa mais difícil de aceitar é que nem todos formam suas crenças dessa maneira. O erro cometido por pessoas que formam suas crenças com base nas evidências é pensar que, se a pessoa com quem estão falando tivesse acesso a certa evidência, ela não acreditaria naquilo que acredita.[72]

Em vez de apresentar evidências, os autores aconselham-nos a fazer perguntas desconfirmadoras, como: "Que fatos ou evidências mudariam sua opinião?".[73] Foi exatamente isso que fiz na Feic de 2018, embora ainda não tivesse lido o livro de Boghossian e Lindsay. (Isso provavelmente porque, como colegas filósofos, nós todos emprestamos a estratégia de Karl Popper.)[74]

Nesse ponto, os cinco erros do negacionismo da ciência voltam à cena. Nós já vimos que eles formam um roteiro comum que está por trás de todo raciocínio negacionista. Por que isso é importante? Porque, uma vez que conhece o roteiro, você pode desafiá-lo. O roteiro dos cinco pontos faz com que os negacionistas da ciência sintam que estão de fato raciocinando, em vez de apenas reforçando o que estão motivados a acreditar com base em sua identidade. Não estou dizendo que eles aprendem esse roteiro literalmente, ou mesmo que percebem a sua existência, mas eles o internalizam e podem se tornar muito bons em colocá-lo em prática. Mas, se interromper o roteiro, pode ter uma chance de convencê-los. Faça-os questionar os pontos de discussão que foram fornecidos por seu grupo. Por um momento, faça-os pensar por si mesmos. O objetivo de conversar com um negacionista da ciência é criar uma oportunidade para dúvidas, de maneira a levá-lo a ver as coisas de um ponto de vista diferente.

Claro, é quase impossível conseguir que alguém mude suas crenças contra a sua vontade. Não importa o quão bom de retórica (ou filosofia) você seja, você não vai flagrar um negacionista da ciência em uma contradição lógica e fazê-lo mudar de ideia. Lembre-se de que, quando você desafia as crenças de alguém, você está desafiando a identidade desse alguém![75] Isso não quer dizer que você não possa usar evidências empíricas para convencer alguém; apenas se lembre de que a evidência é uma ferramenta dentro de uma conversa mais ampla, cujo objetivo é tentar fazer com que o negacionista experimente uma nova identidade. Fazê-lo testar como é dar mais atenção às evidências. Como é pensar como um cientista.

Ao desafiar o roteiro do negacionista e fazê-lo trabalhar para chegar às suas próprias evidências, esteja sempre ciente do "verdadeiro" motivo pelo qual os negacionistas da ciência acreditam no que acreditam: graças a como esse motivo os faz se sentirem. Isso significa que você deve levar em consideração não apenas as crenças, mas como eles justificam essas crenças. O roteiro é como eles "defendem" suas crenças, mas não é por isso que as "têm". Eles as têm para resolver seu medo, ou para se sentirem menos excluídos, ou para abraçar uma identidade social cobiçada. O que eles acreditam é um reflexo de quem eles são.[76]

Em um escopo mais amplo, o negacionismo da ciência é um ataque não apenas ao conteúdo de certas teorias científicas, mas, antes, aos valores e métodos que os cientistas usam para criar essas teorias. De certa forma, os negacionistas da ciência estão desafiando a identidade dos "cientistas"! Não são apenas ignorantes dos fatos, mas também da maneira científica de pensar. Para remediar isso, devemos fazer mais do que lhes apresentar evidências; devemos fazê-los repensar como estão "raciocinando" sobre as evidências. Devemos convidá-los a experimentar uma nova identidade, baseada em um conjunto diferente de valores.[77]

Receio que isso signifique que devamos abandonar o modelo de déficit de informação de uma vez por todas. Você não consegue converter um negacionista da ciência simplesmente preenchendo o conhecimento que lhe falta. De novo, isso não significa que os fatos não importem – ou que não há lugar para as evidências –, mas o que mais importa é como essa evidência é apresentada. E por quem. E o contexto epistemológico dentro do qual ele a está recebendo. Repetidas vezes na Feic de 2018, os terraplanistas rejeitaram minhas evidências porque não confiavam nos cientistas que as criaram. O déficit que experimentavam não era de informação, mas de "confiança". Você não mudará crenças profundamente arraigadas – o que Michael Lynch chama de convicções – simplesmente oferecendo às pessoas novos fatos ou mesmo uma nova maneira de pensar. Você tem de ajudá-las a lidar com a ameaça que novas informações representam para a identidade delas.

CAPÍTULO 3

Como fazer alguém mudar de ideia?

Agora que entendemos um pouco mais sobre os elementos do negacionismo da ciência – e algumas das causas e motivações que estão por trás deles –, a pergunta que surge naturalmente é o que podemos fazer a esse respeito. Quanto a isso, seria criminoso não revisar a literatura empírica, que sugere que, em algumas circunstâncias, as pessoas "podem" ser convencidas com base em evidências. Como veremos, porém, as respostas não são definitivas, o que significa que teremos que recorrer também à literatura anedótica, que é maravilhosamente esclarecedora.

Mudando ideias em um ambiente experimental

Em agosto de 2000, James Kuklinski e seus colegas publicaram um artigo intitulado "Misinformation and the Currency of Democratic Citizenship" ["Desinformação e a moeda da cidadania democrática"], no qual discutem como partidários podem mudar de ideia. Embora tenham avaliado um tópico político, não científico, a discussão não deixa de ser relevante para nossos propósitos, pois uma parte fundamental para fazer com que os participantes alterassem suas crenças tinha a ver com evidências empíricas. O tema do estudo era o Estado de bem-estar social. Os pesquisadores queriam testar o conhecimento dos participantes sobre o assunto e, em seguida, ver se era possível fazê-los mudar de opinião quando apresentados a informações corretas.[1] Como esperado, o conhecimento dos participantes sobre o Estado de bem-estar social era péssimo, com apenas 3% da amostra pesquisada capaz de relatar até metade dos dados corretos sobre a assistência média paga nos Estados Unidos, a porcentagem de beneficiários afro-americanos e a porcentagem do total do orçamento federal destinada ao bem-estar. Ficou claro que os participantes não estavam apenas mal-informados, mas desinformados. Além disso, os pesquisadores observaram um efeito perverso (já confirmado por outras pesquisas): os indivíduos menos informados tendiam a ser os mais confiantes em que seus pontos de vista estavam corretos.[2]

Em uma pesquisa realizada por telefone com 1.160 residentes do estado de Illinois, Kuklinski e seus colegas coletaram dados para medir a extensão das crenças equivocadas dos participantes a respeito do Estado de bem-estar social.[3] Por se tratar de uma pesquisa de acompanhamento, eles se concentraram em uma única questão, a da porcentagem do orçamento federal destinada aos pagamentos do bem-estar social, mas depois acrescentaram outra pergunta sobre a parcela do orçamento que os entrevistados achavam que deveria ser assumida pelo bem-estar. Isso foi feito como uma forma de estimular os participantes a pensarem sobre suas atitudes em

Como falar com um negacionista da ciência

relação ao bem-estar justapostas às suas crenças (erradas). Também permitiu que os pesquisadores medissem o apoio tácito dos participantes ao Estado de bem-estar social (partindo do princípio de que uma lacuna maior entre o que eles pensavam ser a parcela real e o que julgavam ser a parcela ideal indicaria menos apoio). Em seguida, tentaram algo ousado: depois de pedirem aos participantes que respondessem às duas perguntas anteriores, forneceram informações corretas a metade deles (deixando a outra metade como grupo de controle) e, em seguida, perguntaram abertamente a ambos os grupos se eles apoiavam os gastos com a assistência social. Os resultados foram notáveis. Como todos os participantes se encontravam muito mal-informados, o mais comum foi superestimarem os gastos federais com assistência social. Uma resposta típica foi dizer, por exemplo, que 22% do orçamento federal era destinado para o bem-estar, seguida de uma declaração de que apenas 5% deveriam ser destinados para isso. Mas, entre os que levaram um tapa na cara ao serem apresentados ao dado de que apenas 1% do orçamento federal é de fato destinado ao bem-estar social, um número estatisticamente significativo de participantes indicou níveis de apoio ao bem-estar em profundo desacordo com o que se esperaria de alguém que teria dado suas respostas anteriores. Ou seja, depois de serem expostos a informações precisas, eles suavizaram seus pontos de vista. No grupo de controle, nenhuma diferença foi observada entre os níveis de suporte previstos e reais dos participantes.[4] Kuklinski *et al.* escreveram:

> Os entrevistados prestam atenção quando são informados de que a porcentagem realmente gasta com bem-estar é ainda menor do que a sua parcela de preferência, o que significa que ci-

Como fazer alguém mudar de ideia?

dadãos mal-informados nem sempre permanecem alheios às informações corretas. Se forem apresentadas de forma certeira – chamando atenção para a sua relevância política e explicitamente corrigindo equívocos –, tais informações podem ter um efeito substancial.[5]

Em um estudo de 2010 intitulado "The Affective Tipping Point: Do Motivated Reasoners Ever 'Get It'?" ["O momento de virada afetiva: pode acontecer de pensadores motivados 'caírem em si'?"], David Redlawsk e seus colegas levantaram a hipótese de que, a menos que ninguém realmente mude de ideia sobre qualquer coisa, mesmo os pensadores mais motivados atingem um "ponto de virada", no qual começam a ser influenciados por informações que estão em desacordo com suas crenças.[6] Mais uma vez, esse experimento foi feito com crenças políticas (não científicas) – nesse caso, medindo o compromisso com um candidato político de preferência. Dessa vez, porém, o experimento foi feito pessoalmente, não por telefone, com 207 participantes não estudantes no leste do estado de Iowa, em uma simulação de campanha política.

Antes de começarem o experimento, os pesquisadores observaram descobertas anteriores que sugeriam que todas as crenças são formadas com base em fatores não apenas informativos, mas também afetivos. Isso indica que, diante de informações incongruentes com nossas crenças, reagiremos não só ao seu conteúdo, mas também a como nos sentimos a respeito.[7] No caso do compromisso com um candidato político (objeto do estudo), Redlawsk *et al.* concluíram que, quando os participantes já se encontravam comprometidos com um candidato, uma pequena quantidade de informações negativas "aumentava" seu nível de apoio. Isso pode soar irracional (e pode

Como falar com um negacionista da ciência

muito bem ser), mas é uma parte integrante de uma das ideias de que já falamos, a do raciocínio motivado: não coletamos informações passivamente, pois levamos em consideração nossos sentimentos, sobretudo ao decidir se devemos ou não mudar nossas crenças. Lembra-se dos partidários do estudo de Kahan, que estavam ansiosos para encontrar fatos que sustentassem seus compromissos ideológicos preexistentes sobre armas e criminalidade? A preservação da identidade de uma pessoa e a redução de qualquer dissonância cognitiva que a ameace são duas das ideias mais fundamentais da psicologia social. Não deveria ser nenhuma surpresa, então, que a forma como nos "sentimos" sobre uma crença afete a nossa disposição de mantê-la. Como vimos, se nos propusermos a estudar se os fatos são capazes de mudar cabeças, é melhor considerarmos o contexto social e emocional em que tais fatos são apresentados.[8] No geral, as pessoas defenderão até mesmo crenças factualmente incorretas que são congruentes com a forma como eles querem se ver.

Já que não se pretende seguir o caminho da persuasão *ad infinitum*, Redlawsk e seus colegas perguntaram-se em que ponto ficamos prontos para atualizar nossas crenças com base em informações negativas. Quando deparamos com informações que estão em desacordo com as nossas crenças de preferência, por um tempo a tendência será mantermos as nossas crenças com ainda mais força, mas a certa altura a ansiedade aumenta a ponto de o pensamento acabar cedendo. Se a informação negativa for negativa o suficiente – e repetida com bastante frequência –, os pesquisadores levantaram a hipótese de que enfim atingiríamos um ponto de virada no qual acomodaríamos essa nova informação e atualizaríamos nossas crenças.

Como fazer alguém mudar de ideia?

Nesse experimento em particular, os pesquisadores realizaram uma simulação de votação, com candidatos inventados, e controlaram o fluxo de informações positivas e negativas sobre eles, intercaladas com pesquisas que perguntavam como os participantes se sentiam sobre sua escolha. Observaram, com isso, que não importava o quão comprometido um participante pudesse estar com um determinado candidato, caso houvesse informações negativas suficientes, uma hora chegaria a um ponto em que abandonaria sua escolha. Esse ponto pode ter sido diferente para cada um, mas todos "tiveram" um ponto de virada. Como escreveram os pesquisadores, "em algum momento, nossos eleitores parecem ter caído em si, reconhecendo que estavam possivelmente errados e começando a fazer ajustes. Em suma, eles começavam a agir de acordo com os processos racionais de atualização".[9]

É claro que, embora esse estudo tenha usado participantes vivos em um contexto cara a cara, ainda assim não deixa de ser um ambiente experimental simulado. Resta saber se podemos esperar que todos reajam dessa mesma forma, no mundo real, com candidatos da vida real.

> É fácil imaginar um eleitor fiel de longa data de um candidato presidencial rejeitando praticamente todas as novas informações negativas sobre ele e aderindo somente a uma avaliação inicial. No entanto, até mesmo esse eleitor fiel pode, diante de informações esmagadoras contrárias às suas expectativas, acordar para a realidade e revisar suas crenças de acordo com ela.[10]

A analogia entre candidatos políticos e crenças empíricas é sedutora, pois permite-nos imaginar que pessoas que anteriormente tivessem sido apegadas a uma crença específica – digamos, de que a Terra é plana –, sob as circunstâncias certas, mudariam de ideia. Isso significa que, diante de um ataque violento e repetitivo de informações negativas, até mesmo os negacionistas da ciência mudariam de ideia? Com tapas na cara certeiros, isto é, com informações que não confirmem ou neguem o que pensam, eles acabarão por atualizar suas crenças de maneira racional?

Talvez, mas ainda não sabemos. O problema é que nem os estudos de Kuklinski nem os de Redlawsk lidam com crenças explicitamente científicas. Embora seus resultados sejam sugestivos, esses estudos não fornecem suporte empírico direto para a ideia de que fatos e evidências podem ser usados para superar o negacionismo da ciência. Ainda assim, trazem conclusões encorajadoras: é claro que os fatos importam! Caso contrário, por que alguém mudaria de ideia sobre alguma coisa?

Mas todo esse otimismo foi colocado em xeque por um estudo histórico de 2010 publicado por Brendan Nyhan e Jason Reifler, intitulado "When Corrections Fail: The Persistence of Political Misperceptions" ["Quando as correções falham: a resistência dos equívocos políticos"], que propôs algo popularmente conhecido como "efeito *backfire*".[11] Nesse caso, o experimento envolveu a exposição dos eleitores fiéis a informações corretivas que desafiariam suas crenças equivocadas. Para os conservadores, era a ideia de que o Iraque tinha armas de destruição em massa antes da Guerra do Iraque. Para os liberais, era a ideia de que o presidente George W. Bush havia imposto uma proibição total de todas as pesquisas com células-tronco. Ambas as afirmações são factualmente falsas.

Todos os participantes foram inicialmente preparados com artigos falsos de jornais que pareciam corroborar esses dados. Isso foi feito para fornecer aos conservadores e aos liberais motivos para pensar que as afirmações eram verdadeiras. Mas,

Como fazer alguém mudar de ideia?

quando mais tarde foram apresentadas informações corretivas confiáveis – por exemplo, uma citação de um discurso que Bush fizera, no qual ele admitia que não havia armas de destruição em massa no Iraque –, os resultados foram divididos em linhas partidárias. Talvez sem surpresa, liberais e moderados aceitaram a informação corretiva e mudaram suas crenças. Os conservadores, não. Na verdade, os pesquisadores observaram que, diante das correções, alguns conservadores ficaram até "mais" convencidos de que sua crença original (errada) era a verdadeira. Esse fenômeno perverso é o "efeito *backfire*", uma espécie de "tiro pela culatra" em que, quando se tenta persuadir pessoas que acreditam em uma determinada coisa do contrário, elas não apenas se recusam a desistir de suas crenças originais, como também se apegam a elas com mais força ao serem desafiadas.

Quando chegou a hora de fornecer informações que corrigiriam a crença dos liberais – de que Bush impusera uma proibição total de todas as pesquisas com células-tronco (quando, na verdade, ele impusera uma proibição limitada apenas à pesquisa financiada pelo governo federal em linhagens de células-tronco criadas antes de agosto de 2001, sem proibição de pesquisa privada) –, a correção funcionou para conservadores e moderados, mas não para liberais. Notavelmente, no entanto, os pesquisadores não encontraram nenhum efeito *backfire*. Embora a informação corretiva não tenha convencido os liberais a desistirem de sua crença equivocada, ela não os levou a mantê-la com mais força. Isso quer dizer que, tanto no caso dos conservadores quanto nos dos liberais, as informações corretivas falharam em convencer os partidários, mas apenas entre os conservadores elas os fizeram dobrar seu apego ao equívoco.

Essas descobertas surpreenderam a comunidade de checagem de dados. Após a eleição presidencial de 2016, houve em pânico total, com várias manchetes chamativas, como as já mencionadas "Este artigo não vai fazer você mudar de ideia" (*Atlantic*) e "Por que os fatos não nos fazem mudar de ideia" (*New Yorker*), o que levou as pessoas a concluírem não apenas que não conseguiriam mudar a opinião dos outros com fatos concretos, mas também que, ao tentar fazer isso, poderiam na verdade piorar as coisas.[12] Diante disso, seria um erro pensar que podemos (ou deveríamos) tentar desafiar as crenças dos negacionistas da ciência?

Foi então que, em 2017, tudo foi revisado novamente, quando Ethan Porter e Thomas Wood concluíram que o efeito *backfire* não poderia ser replicado.[13] É importante deixar claro que Porter e Wood "não" enfraqueceram a principal descoberta do estudo de Nyhan e Reifler. Os fiéis partidários ainda resistiram à informação factual e acharam difícil mudar de opinião com base nela. Mas o efeito *backfire* havia desaparecido. Os pesquisadores especularam que talvez isso significasse que o efeito era como um duplo arco-íris que não aparece com muita frequência. Nyhan e Reifler concordaram em apontar que, em seu estudo original, a descoberta do efeito *backfire* fora apenas uma parte muito pequena de seus resultados gerais e revelou-se apenas em circunstâncias limitadas, no caso de participantes fiéis ultrapartidários. Os quatro pesquisadores concordaram, porém, que a maioria dos participantes não mudou de ideia com base em informações corretivas. Como disse um comentarista: "Somos resistentes aos fatos, mas não imunes aos fatos".[14]

Em uma atitude de abertura e integridade científica, Nyhan e Reifler juntaram-se a Porter e Wood para compartilhar e promover esse resultado. Quando confrontados com a contestação de sua descoberta original, eles cooperaram plenamente em sua revisão.[15] É claro que a notícia não se espalhou imediatamente para o público em geral, e a percepção de que podemos estar fazendo mais mal do que bem ao tentar mudar a opinião das pessoas com fatos ainda persiste. Mas, para a comunidade científica, a nuvem agora havia se dissipado, o que também possibilitou novos trabalhos sobre a melhor forma de fazer alguém mudar de ideia.

Um dos novos estudos mais intrigantes foi realizado, justamente, por Nyhan e Reifler. Em um artigo de 2017 intitulado "The Roles of Information Deficits and Identity Threat in the Prevalence of Misperceptions" ["Os papéis da falta de informação e da ameaça à identidade na prevalência de percepções equivocadas"], Nyhan e Reifler abordaram duas das questões mais espinhosas que encontramos até agora: se crenças equivocadas sobre questões empíricas podem ser mudadas, ao se corrigir a falta de informações das pessoas que as detêm; e se isso depende de considerações sobre ameaças potenciais à "identidade" (autoestima, autoconceito) dessas pessoas.[16]

Esse novo estudo procurou responder a duas perguntas específicas. Uma delas referia-se à importância da forma de apresentação da informação corretiva de modo a superar a falta de informação que presumivelmente está por trás das crenças equivocadas. A outra dizia respeito a uma menor resistência por parte dos participantes às informações corretivas caso a opinião de si mesmos fosse melhorada. Aqui, novamente, o tópico de maior preocupação era a mudança de crenças políticas, mas em "um" dos três experimentos a crença "política" escolhida questionava se os participantes estariam

Como falar com um negacionista da ciência

dispostos a aceitar informações corretivas sobre a realidade do aquecimento global. Finalmente, uma conexão com o negacionismo da ciência! Nesse estudo, os participantes já haviam sido examinados quanto à sua propensão a achar tais informações corretivas ameaçadoras: todos eram republicanos. A informação sobre a verdade da mudança climática estaria, portanto, em conflito direto com sua identidade.

Nyhan e Reifler descobriram que a forma como as informações corretivas eram apresentadas tinha um impacto estatisticamente significativo. Gráficos funcionavam melhor que textos. Na verdade, os gráficos sozinhos eram tão eficazes, que não precisavam ser aprimorados com suporte textual. Infelizmente, nenhum esforço foi feito para investigar por que os gráficos eram tão eficazes. Talvez parecessem mais objetivos? Talvez apresentassem menos oportunidade para o tipo de retórica ou linguagem divisiva que pode ameaçar o ego de alguém?

Os pesquisadores também mediram se fazia diferença a maneira como os participantes se sentiam quando recebiam informações corretivas, gráficas ou não. Com base em sua hipótese sobre a ameaça à identidade, os pesquisadores conjecturaram que, se os participantes fossem confrontados com uma crença que ameaçasse a opinião própria, eles estariam mais propensos a rejeitá-la; portanto, se de alguma forma eles pudessem se sentir menos ameaçados, talvez ficassem mais dispostos a aceitar informações corretivas. Para reduzir a probabilidade de ameaça à identidade, Nyhan e Reifler realizaram com os participantes um exercício de autoafirmação imediatamente antes de apresentar informações corretivas. Em suma, tentaram fazer com que os participantes se sentissem bem consigo mesmos. Os resultados foram um tanto ambíguos. Embora tenham encontrado algum efeito

Como fazer alguém mudar de ideia?

em certas circunstâncias (dependendo de quão fortemente os participantes identificavam-se com os valores do Partido Republicano), esses resultados foram ofuscados pela forma de apresentação. Os gráficos sempre venciam. Embora Nyhan e Reifler tenham encontrado um efeito positivo para a autoafirmação, este foi fraco.

A essa altura, é tentador arriscar encontrar falhas na metodologia dos pesquisadores. Mesmo que sua hipótese sobre ego ou ameaça à identidade estivesse correta, por que supor que isso poderia ser mitigado pela autoafirmação? Citando estudos anteriores precisamente sobre essa questão, os pesquisadores observaram que ficaram "desapontados" com seus resultados. Outros, no entanto, podem achar que suas descobertas eram completamente previsíveis. Devemos mesmo acreditar que os fiéis eleitores republicanos – que podem ter sido alimentados com informações erradas, repetidas à exaustão, já que a rejeição à mudança climática faz parte da identidade central de seu partido – derrubariam suas crenças com um simples exercício que os faz se sentirem melhores consigo mesmos? É pedir demais. De fato, talvez a melhor evidência para a hipótese sobre a importância da ameaça à identidade estivesse bem debaixo do nariz dos pesquisadores – o que pode ser mais neutro e menos conflituoso do que linhas ou barras em um gráfico? Talvez o modo de apresentação "fosse" o contexto social. No fim, Nyhan e Reifler observam que "esses resultados sugerem que as percepções errôneas são causadas pela falta de informação, bem como pela ameaça psicológica, mas [...] esses fatores podem interagir de maneiras que ainda não são bem compreendidas".[17]

Essa é uma grande oportunidade para mais pesquisas empíricas. Nyhan e Reifler provavelmente estão certos ao

Como falar com um negacionista da ciência

afirmarem que a formação e a mudança de crenças não são apenas uma questão de ter informações factuais corretas, mas do contexto emocional, social e psicológico dentro do qual as crenças são formadas. Como vimos nos experimentos anteriores de Kahan e Mason, a identidade pode fazer uma diferença crucial. O próprio fato de que uma questão científica tão árida quanto a Terra estar ou não se aquecendo tenha se tornado um conflito político reflete o poder da política ao moldar crenças empíricas. Como todos sabemos, com a motivação certa (aliada à desinformação), até questões factuais podem ser polarizadas. O resultado é que algumas verdades podem ameaçar nossa identidade ou pertencer a um determinado grupo.[18] Portanto, não apenas os fatos são importantes, mas como eles são apresentados e por quem. Posso confiar na fonte? Essa fonte tem interesse político ao demonstrar que estou errado? Como vimos, até mesmo as crenças científicas podem ser transformadas em uma questão de identidade. Se somos republicanos, a verdade sobre a mudança climática nos ameaça? Provavelmente, sim. Então, se quisermos fazer alguém mudar de ideia sobre um tópico factual permeado por argumentos partidários ou advindos de outra identidade ideológica, qual é a melhor forma de abordar a questão?

É importante lembrar do senso comum. Se estamos tentando fazer alguém mudar de ideia sobre qualquer assunto que seja, um toque pessoal pode fazer maravilhas. E a forma de apresentação certamente também tem um impacto. Devemos gritar com a pessoa ou xingá-la? Insultar a inteligência dela? Provavelmente, não. É muito mais eficaz abordar o assunto de maneira não ameaçadora. Devemos procurar construir confiança, mostrar respeito, ouvir com calma e mantê-la. Ser hostil com alguém de quem discordamos só erguerá sua

Como fazer alguém mudar de ideia?

guarda. Uma vez que a formação de crenças demonstrou ser um amálgama de informação e afeto, por que a mudança de crença seria diferente? No entanto, a eficácia de tais táticas é mal estudada na literatura experimental, sobretudo no que diz respeito ao negacionismo da ciência. Em seu ensaio citado anteriormente, Michael Shermer sugere bom senso para compensar o vazio experimental. Ele parte do mesmo ponto de Nyhan e Reifler: "pessoas parecem dobrar a força de suas crenças diante de uma esmagadora prova contra elas. A razão está relacionada à percepção de ameaça, por parte de dados conflitantes, contra sua visão de mundo".[19] A base de evidências para isso na literatura não está em questão e, de fato, remonta à descoberta clássica de Leon Festinger sobre a dissonância cognitiva.[20] Quando são suficientemente motivados – e sentem como se seu ego ou sua identidade estivesse sob ameaça –, os participantes resistem a todos os esforços de convencê- -los de que estão errados. Após reconhecer o clássico efeito *backfire*, Shermer oferece conselhos importantes – já citados na Introdução deste livro – sobre como convencer as pessoas: mantenha as emoções sob controle, não ataque, ouça com atenção e sempre demonstre respeito.[21] Visto que Shermer é um cético profissional com décadas de experiência, que considera negacionistas da ciência como algo natural, seria sensato seguir seu conselho. Embora a literatura experimental ainda não corrobore a eficácia dessas táticas na prática, elas certamente são confirmadas ao observar como as pessoas de fato mudam de ideia no mundo real. Mas, uma vez que o efeito *backfire* for driblado, quanto mais devemos esperar? As temperaturas globais continuam a aumentar. O movimento antivacina ameaça não se vacinar contra a covid-19. Então, por que não sair por aí e tentar fazer ao menos alguns mudarem de ideia?

Como falar com um negacionista da ciência

Foi nesse ponto que peguei a estrada e tentei seguir o conselho de Shermer em uma série de encontros cara a cara com negacionistas da ciência. Se é verdade que uma parte importante da mudança de crenças envolve lidar com questões de identidade, talvez seja melhor sair do laboratório e lidar com isso pessoalmente. Podemos fornecer informações corretas *online*, por telefone ou em um ambiente experimental de simulação, mas também podemos construir uma relação de confiança cara a cara.

Talvez, nas circunstâncias certas, possamos fazer alguém mudar de ideia como parte de um experimento, como Kuklinski e Redlawsk demonstraram. Mas isso poderia ser feito no dia a dia e, especificamente, no caso do negacionismo da ciência? Foi isso que fui descobrir na Feic de 2018.

Avanço

No verão de 2019, sete meses depois de eu retornar de uma conversa com terraplanistas, um estudo verdadeiramente inovador de Cornelia Betsch e Philipp Schmid foi publicado na *Nature Human Behaviour*, fornecendo a primeira evidência empírica de "como fazer" com que negacionistas da ciência mudem de ideia.[22] Eles até forneceram um roteiro para o que dizer. Estou exagerando só um pouco quando digo que poderia ter lido esse artigo mesmo se meu cabelo estivesse pegando fogo. Embora já tenha mencionado esse estudo na Introdução, vale a pena revisar seus resultados com um pouco mais de detalhes, agora que estamos preparados para começar a usá-los.

Schmid e Betsch realizaram seis experimentos *online* com 1.773 indivíduos nos Estados Unidos e na Alemanha sobre temas como mudança climática e movimento antivacina. E o que eles descobriram foi surpreendente. Lutar contra o negacionismo da ciência não só teve um efeito positivo na mudança das crenças dos participantes, como o efeito foi maior nos subgrupos que tinham as ideologias mais conservadoras. Como Porter e Wood, eles não enfrentaram nenhum efeito *backfire*. No decorrer do trabalho, Schmid e Betsch testaram quatro maneiras possíveis de responder aos participantes expostos a desinformação científica: nenhuma resposta, refutação de conteúdo, refutação técnica e ambos os tipos de refutação. A refutação de conteúdo consistia em fornecer-lhes informações para corrigir o conteúdo falso de uma mensagem que tinham acabado de ouvir. Por exemplo, se os participantes tivessem encontrado uma alegação de que as vacinas não eram seguras, isso poderia ser contestado destacando o excelente histórico de segurança das vacinas.[23] Uma segunda estratégia era recorrer a uma descoberta anterior – já discutida no capítulo 2 – de que existe um roteiro comum para praticamente "todos" os negacionistas da ciência. Schmid e Betsch chamam essa técnica de refutação, e envolve apontar as cinco técnicas perigosas – evidências seletivas, confiança em teorias da conspiração, confiança em falsos especialistas, raciocínio ilógico e busca por níveis impossíveis de precisão do raciocínio científico –, de modo a mitigar seu impacto sobre suas crenças potencialmente negacionistas. Por exemplo, em resposta à mesma mensagem sobre como as vacinas são inseguras, os experimentadores podiam responder apontando que não é razoável esperar que as vacinas sejam 100% seguras, já que nenhum medicamento – nem mesmo a aspirina – atinge esse nível de segurança.[24]

O resultado claro desse estudo foi que não fornecer nenhuma resposta à desinformação era a pior coisa que você

Como falar com um negacionista da ciência

poderia fazer; sem mensagem de refutação, os participantes mostravam-se mais propensos a serem influenciados por falsas crenças. Em um resultado mais encorajador, os pesquisadores descobriram que era possível mitigar os efeitos da desinformação científica usando refutação de conteúdo ou refutação técnica, e que ambas eram igualmente eficazes. Além disso, não havia vantagem adicional: quando a refutação de conteúdo e a refutação técnica foram usadas juntas, o resultado foi o mesmo. Isso significa que os defensores da ciência podem escolher qual estratégia preferem. Você não precisa ser um especialista no conteúdo da ciência para se opor ao negacionismo da ciência. Como Cornelia Betsch disse em uma entrevista: "O problema com a refutação de conteúdo é que você realmente precisa conhecer bem a ciência, e isso é pedir demais, já que há uma tonelada de pesquisa, e às vezes é difícil saber tudo".[25] Mas, uma vez que conhece as cinco técnicas empregadas por negacionistas da ciência, você pode usá-las como uma "estratégia universal" para combater a desinformação científica onde quer que você a encontre.[26]

Essa é uma ótima notícia para aqueles que desejam lutar contra os negacionistas da ciência. Eu me senti pessoalmente justificado por esse estudo, porque eu já vinha adotando a refutação técnica por conta própria havia mais de um ano, mas sem nomeá-la.[27] Schmid e Betsch também descrevem um roteiro claro para os cientistas lutarem contra o negacionismo da ciência. Eles não devem mais reclamar que estão perdendo tempo ao falar com negacionistas. Quantas vezes você já ouviu um cientista dizer "não vale a pena falar com essas pessoas" ou apenas fornecer suas evidências e depois – ao primeiro sinal de resistência – ir embora? De acordo com Schmid e Betsch, essa é a pior estratégia possível! A evidência em seu estudo mostra que tais conversas podem ser bastante eficazes, mas primeiro devemos tê-las. Então, o que os cientistas devem fazer agora?[28] Rejeitar as evidências encontradas por Schmid e Betsch e tornar-se eles próprios negacionistas da ciência?

Infelizmente, Schmid e Betsch descobriram que, embora a refutação de conteúdo e a refutação técnica fossem úteis para mitigar os efeitos corrosivos da desinformação científica, elas eram insuficientes para combatê-la completamente. Após as pessoas serem expostas à desinformação científica, percebeu-se um efeito prolongado nelas. O melhor cenário possível é que as pessoas não sejam expostas a nenhuma desinformação. O pior é que a desinformação seja compartilhada e não contestada de forma nenhuma. Ou seja, se você sabe que a desinformação científica está circulando, é melhor tentar combatê-la do que não fazer nada. Aqui, Schmid e Betsch contam uma história engraçada sobre o que fazer se você souber de um debate no qual provavelmente será apresentada desinformação científica:

> [...] não comparecer à discussão parece resultar no pior efeito. Pode haver uma exceção a isso: se a recusa do especialista em participar de um debate sobre fatos científicos levar ao seu cancelamento, esse resultado deve ser preferido, de maneira a evitar um impacto negativo na plateia.[29]

No entanto, mesmo isso é preocupante. Embora pareça possível fazer com que as pessoas mudem de ideia após serem expostas à desinformação, é difícil. Mesmo que o método delineado por Schmid e Betsch seja útil, não é uma panaceia.[30]

Como vivemos em um mundo no qual a desinformação científica é onipresente, não é de surpreender que haja mais trabalho por fazer. Por um lado, "como" fazer uso dos resultados do estudo de Schmid e Betsch permanece uma questão em aberto. E há várias limitações potenciais para esse estudo. Por outro lado, tudo o que eles mostraram é que era possível mitigar os efeitos da desinformação científica em um público que acabara de ser exposto a essa abordagem.[31] Mas, presumivelmente, algumas pessoas já tinham formado suas opiniões com bastante antecedência, tendo estado mergulhadas na desinformação por muitas décadas. Um fator não medido nesse estudo foi se a refutação de conteúdo ou a refutação técnica teria algum efeito sobre os negacionistas da ciência "radicais", que teriam moldado seus pontos de vista com base na exposição repetida e de longo prazo à desinformação científica muito antes de qualquer experimento ter começado. Uma coisa é intervir imediatamente e tentar impedir que a desinformação afete a crença de alguém. Outra totalmente diferente é fazer com que alguém mude de ideia sobre uma crença importante, que pode ter se fortalecido com o tempo. É claro que, mesmo que um trabalho posterior mostre que é impossível conseguir isso, usando qualquer tática de refutação que seja, ainda assim seria bom saber em que vale a pena investir nossos esforços. O alvo da estratégia de Schmid e Betsch deveria consistir apenas no "público" ainda persuasível? É uma perda de tempo tentar convencer um negacionista da ciência já comprometido?[32] Com base no estudo desses autores, ainda não sabemos.

Outra possível preocupação é como qualquer abordagem deve ocorrer. Conforme observado, o trabalho de Schmid e Betsch foi todo realizado *online*. Suas estratégias de refutação ainda funcionariam – ou talvez funcionassem ainda melhor – se fossem empregadas cara a cara? Aqui, as coisas complicam-se pela necessidade de levar em conta o contexto social e emocional que rege as interações pessoais. Como vimos,

Como fazer alguém mudar de ideia?

precisamos considerar até que ponto desafiar as crenças de alguém pode envolver certo grau de ameaça à identidade, o que pode ser um fator em qualquer circunstância, mas especialmente cara a cara. Se estamos tentando persuadir alguém *online*, certamente é difícil. Mas, em um encontro presencial, quais fatores cognitivos, sociais e interpessoais adicionais devem ser levados em consideração ao moldar uma estratégia de refutação eficaz? Assim como visto em Kuklinski e Redlawsk, converter pessoas no laboratório é uma coisa, mas o que fazer na vida real? Por mais empolgante que seja o trabalho de Schmid e Betsch, ficamos à deriva quanto à questão prática mais relevante.

Mais uma vez, somos confrontados com a necessidade de considerar como crenças incorretas são formadas. Se as pessoas se radicalizam não apenas com base em desinformação, mas por se cercarem de colegas e outras pessoas que as alimentam, poderíamos tentar recuperá-las por meio da intervenção com um grupo diferente, em que elas possam confiar, para lhes dizer a verdade? Isso combina com a ideia absolutamente central de identidade e valores para formar crenças, que vimos no capítulo 2. Se as crenças negacionistas são criadas dentro de um contexto de identidade e valores, não é lógico que é assim que você também as mudaria?[33]

Dan Kahan diz-nos que "as pessoas adquirem seu conhecimento científico consultando outras pessoas que compartilham seus valores e, portanto, em quem confiam e que compreendem".[34] De fato, é provavelmente assim que funciona para cientistas também. Então será que cientistas e negacionistas da ciência simplesmente confiam em pessoas diferentes? Talvez o objetivo de conversar com um negacionista da ciência não seja apenas fornecer-lhe os fatos para que se

Como falar com um negacionista da ciência

decida, mas fazê-lo confiar novamente nos cientistas.[35] Em uma discussão sobre a melhor forma de resistir aos teóricos da conspiração, Mick West fala sobre a importância da confiança e do respeito na formação de crenças:

> Você pode deixar claro desde o início que realmente não acredita na teoria deles, mas pode (honestamente) dizer que, se houvesse alguma evidência convincente, certamente a consideraria. Dê a eles a oportunidade de convertê-lo. Isso abre a porta para que eles expliquem por que acreditam no que acreditam e, se você ouvir genuinamente o que eles dizem, obterá uma perspectiva muito útil e também aumentará as chances de que mais tarde eles também terão a disposição de ouvi-lo. Se você os respeitar e fizer um esforço para entender seus argumentos, eles apreciarão essa atitude e, por sua vez, respeitá-lo-ão mais. É provável que eles já tenham passado por muitas situações em que suas ideias foram categoricamente rejeitadas ou ridicularizadas; e, portanto, se forem tratados com respeito, isso ajudará muito a ganhar sua confiança.[36]

Estamos muito longe do modelo do déficit de informação. Schmid e Betsch fornecem uma base sólida para a ideia de que podemos fazer o público mudar de ideia em seu negacionismo da ciência logo após ter entrado em contato com a desinformação científica. (Sander van der Linden e outros mostraram que o mesmo raciocínio vale para tentar descartar tais crenças antes que as pessoas as ouçam.) Mas e no caso daqueles em que a desinformação já moldara sua identidade? Fornecer informações corretas – ou desafiar informações erradas – provavelmente não funcionará. De certa forma, o modelo de Schmid e Betsch ainda está enraizado na ideia de que o problema com o negacionismo da ciência é a falta de informação. Com a refutação de conteúdo, obviamente estamos compensando a falta de informação. (Embora se observe que, ao fazê-lo, podemos nos dar a oportunidade de construir confiança e respeito.) Porém, mesmo no caso de refutação técnica, estamos fornecendo aos negacionistas informações sobre como raciocinar. Estamos tentando educá-los.

Mas isso realmente mudará a identidade deles? Talvez, se fizermos da maneira certa. Cara a cara. Ao longo do tempo. Com mais de uma conversa, na qual realmente ouvimos – o que pode transformar a interação em um relacionamento em que nossa evidência é bem-vinda. Isso soa como muito trabalho duro, mas acho que, sobretudo se estivermos tentando converter as crenças de um negacionista da ciência convicto, devemos nos comprometer com o trabalho de tentar mudar sua identidade, provavelmente de modo presencial – tentando construir confiança por meio de um relacionamento. Portanto, Schmid e Betsch estão certos sobre o que fazer, mas a chave para a persuasão real pode estar em outro lugar.

No livro citado anteriormente, *How to Have Impossible Conversations*, Peter Boghossian e James Lindsay explicam que, como espécie, evoluímos para ter conversas – e provavelmente persuadir uns aos outros – cara a cara. No instante em que coloca informações em um texto no papel ou *online*, você está pegando o que já pode ser uma conversa delicada e colocando-a no "modo difícil".[37] Se você quiser convencer alguém, por que faria isso? Não discuta a questão da identidade *per se*, pois está implícito que a confiança e o respeito são a chave para fazer alguém desistir de suas crenças incorretas, e que isso é feito melhor no contexto de um encontro pessoal. Engajamento, confiança, relacionamentos e valores são as chaves para a verdadeira mudança de crença. Não se deve apenas praticá-la no laboratório ou *online*. Se você conhece alguém pessoalmente, está construindo confiança. E então pode trabalhar com suas evidências. Como Boghossian e Lindsay colocam:

> A maneira de fazer alguém mudar de ideia, de influenciar pessoas, construir relacionamentos e manter amizades é através da bondade, compaixão e empatia, tratando os indivíduos com dignidade e respeito e exercitando essas considerações em ambientes psicologicamente seguros. É natural para todos nós responder favoravelmente a alguém que nos ouve, mostra gentileza, nos trata bem e parece respeitoso. Uma maneira segura de fortalecer as pessoas em suas crenças existentes, causar desunião e semear a desconfiança é por meio de relacionamentos adversários e ambientes ameaçadores.[38]

Não é de admirar que eu não tenha conseguido converter ninguém na Conferência da Terra Plana. Fiz a escolha certa de ir lá pessoalmente, mas precisava ouvir mais. E fazer mais de uma visita. E eu deveria ter dado continuidade aos contatos que fiz. Não é de admirar que a literatura do campo da psicologia mostre um sucesso tão limitado no uso de fatos e estratégias de raciocínio para refutação. São encontros pontuais, em geral conduzidos *online*, em ambiente experimental. Sim, isso pode funcionar, mas quanto mais sucesso poderia ser obtido se usássemos essas técnicas pessoalmente, dentro do contexto social certo, se tentássemos construir alguma confiança?

Estou convencido de que essa é a única coisa que pode funcionar para persuadir um verdadeiro negacionista da ciência. Talvez nada funcione, e nesse caso nossas perspectivas de fazer algum progresso real quanto às mudanças climáticas ou à vacinação parecem bastante sombrias. Mas esse método tem a melhor chance de funcionar, se é que funciona. Pode não ser suficiente (como foi demonstrado), mas passei a acreditar que provavelmente é necessário.

Mudando cabeças no mundo real

Costuma-se dizer que são as histórias, não os argumentos, que realmente convencem as pessoas. Nesta seção, compartilharei alguns relatos positivos de como os negacionistas da vacinação e da mudança climática mudaram suas crenças depois de serem expostos a informações factuais de uma fonte confiável. Meu objetivo aqui não é simplesmente argumentar que os negacionistas da ciência às vezes mudam de ideia – nem afirmar que o fazem ouvindo histórias –, mas "mudar a opinião dos leitores" que duvidam que poderiam desempenhar um papel na promoção da ciência com negacionistas.

O desafio é que isso deve acontecer na ausência de qualquer suporte empírico, porque infelizmente superamos a literatura existente. Que eu saiba, não há nenhum estudo empírico que mostre a eficácia de conversas cara a cara para convencer os negacionistas da ciência radicais a desistirem de suas crenças.[39] Claro, acabamos de revisar vários estudos empíricos que sugerem que "podemos" influenciar o "público" negacionista, e essa é uma coisa muito boa. Mas onde estão os estudos que mostram que isso funciona com negacionistas convictos? Como praticar a refutação de conteúdo ou a refutação técnica fora do laboratório, onde muitas vezes ocorrem mudanças reais? Encontramos negacionistas da ciência não apenas *online*, mas às vezes em locais públicos, na rua ou até mesmo no jantar do Dia de Ação de Graças. Porém esses estudos simplesmente não existem.[40]

Como falar com um negacionista da ciência

Há, no entanto, uma quantidade relevante de literatura anedótica, que relata muitos casos de negacionistas da ciência convictos e firmemente comprometidos que mudaram suas crenças. Todas essas histórias são basicamente as mesmas. Acontecem dentro do contexto de um relacionamento pessoal de confiança. Como eu sempre disse, fatos e evidências podem ter impacto, mas devem ser apresentados pela pessoa certa no contexto certo. Isso porque, como agora reconhecemos, para mudar as crenças de alguém, não precisamos apenas preencher uma falta de informação, mas também tentar remodelar sua identidade. Alguns dos relatos mais convincentes da conversão de negacionistas da ciência ocorreram no âmbito da vacinação. Até agora, não falei muito sobre o movimento antivacina. Em parte, porque já existe uma literatura excelente e robusta sobre o assunto, e incentivo meus leitores a consultá-la.[41] Até escrevi um pouco sobre isso.[42] Porém a maioria das pessoas já conhece a origem da história.

Em 1998, na Inglaterra, um médico chamado Andrew Wakefield publicou um pequeno e falho estudo no qual alegava haver uma relação causal entre a vacina tríplice viral e o autismo. Desde o início, outros profissionais duvidaram desse trabalho, com base em várias irregularidades metodológicas e fragilidades no estudo de Wakefield. Como resultado, todos, exceto um de seus coautores, acabaram retirando seus nomes do estudo, e a prestigiada revista médica que o publicou posteriormente o retirou da edição. De fato, o trabalho de Wakefield era tão desleixado, que ele acabou perdendo sua licença médica. Mais tarde, descobriu-se que os problemas com o estudo não eram apenas acidentais, mas o resultado de uma completa fraude. A essa altura, no entanto, isso não importava mais para milhares de pais de crianças com autismo, que viam Wakefield como um

Como fazer alguém mudar de ideia?

herói que os defendia. E, enquanto isso se agitava na imprensa popular, o ceticismo infundado sobre a vacinação cresceu a ponto de popularizar o movimento antivacina.[43] Apesar de numerosos estudos de acompanhamento que não encontraram nenhuma relação entre vacinas e autismo – e desmentiram por completo a descoberta original de Wakefield –, milhares de pais passaram a não vacinar seus filhos. Em 2014, um surto de sarampo começou na Disneylândia e espalhou-se por 14 estados nos Estados Unidos. Centenas de crianças foram infectadas. Um surto semelhante ocorreu no Brooklyn, em Nova York, e mais recentemente em Clark County, Washington, em 2019.[44] O movimento antivacina continuou a se espalhar por todo o mundo.

A melhor notícia é que agora existem inúmeros casos em que pessoas antes contrárias à vacinação mudaram de ideia. Como isso ocorreu? Em todos os casos que li, porque alguém se sentou com elas, ouviu todas as suas perguntas e explicou as respostas em um contexto de paciência e respeito. Algumas dessas histórias já foram apresentadas na Introdução. Você se lembra daqueles agentes públicos de saúde no Condado de Clark, em Washington, que se reuniram com os pais em pequenos grupos, incluindo um médico que passou duas horas explicando, em um quadro branco, a interação celular de uma forma factual, mas "muito calorosa"?[45] Aquilo funcionou. Lembra-se de Rose Branigan, que escreveu um artigo de opinião no *Washington Post* sobre sua própria conversão, porque ela tinha encontrado um grupo de pessoas que estavam dispostas a discutir o assunto de maneira gentil e racional?[46]

Em um terceiro relato, Arnaud Gagneur, professor e médico da Universidade de Sherbrooke do Quebec, realizou entrevistas motivacionais com puérperas na maternidade

Como falar com um negacionista da ciência

do hospital. Ele e um assistente de pesquisa conduziram entrevistas de 20 minutos nas quais ouviam as preocupações e respondiam às perguntas delas. Depois de 3.300 entrevistas desse tipo, verificaram que as mães tinham 15% mais chances de dizer que vacinariam seus recém-nascidos. Gagneur relata: "Elas disseram: 'É a primeira vez em que me sinto respeitada por minha opinião sobre a vacinação, é a primeira vez que alguém fala assim comigo'". Uma mãe é citada dizendo: "É a primeira vez que tenho uma discussão como essa, sinto-me respeitada e confio em você".[47]

Com o negacionismo da mudança climática também se encontra uma dinâmica semelhante. Lembra-se de Jim Bridenstine, também apresentado na Introdução, que mudou de ideia sobre o aquecimento global semanas depois de começar seu novo trabalho como administrador-chefe da Nasa? Quando você começa a almoçar com seus adversários e a conversar com eles nos corredores, coisas milagrosas podem acontecer.[48]

Vale a pena observar aqui – embora certamente seja descartado por alguns como irrelevante e possivelmente ofensivo – que, em minha busca por pessoas que mudaram de opinião sobre crenças relacionadas ao negacionismo da ciência, também encontrei vários casos daqueles que desistiram de suas crenças ideológicas quanto a tópicos ainda mais virulentos. Em um dos relatos mais notáveis que já li, um jovem chamado Derek Black, uma estrela em ascensão no movimento supremacista branco – cujo pai fundou o *site* Stormfront e cujo padrinho é David Duke –, ingressou na faculdade e fez amizade com um grupo de estudantes judeus que o convidavam para o jantar de Shabat todas as semanas. Incrivelmente, isso deu início a uma cadeia de eventos que o acabou levando a abandonar seus pontos de vista.[49] Depois de iniciar um relacionamento pessoal com uma das mulheres do grupo – que ficou horrorizada ao saber de sua ideologia –, ela o ouviu e fez perguntas, depois forneceu material para refutá--lo ponto por ponto. Isso levou à sua conversão completa.[50] Em um livro de Eli Saslow que conta a história completa, Black reflete sobre sua conversão:

> As pessoas que discordavam de mim foram cruciais nesse processo. [...] Especialmente aquelas que seriam minhas amigas independentemente da divergência, mas que me avisaram quando conversamos sobre isso que achavam que minhas crenças estavam erradas e deram-se ao trabalho de fornecer evidências e argumentos educados. Nem sempre concordei com seus pontos de vista, mas as ouvi e elas me ouviram.[51]

"Não" estou, é claro, comparando os negacionistas da ciência com os supremacistas brancos. O que estou dizendo é que, se alguém pode convencer outro ser humano a sair de uma ideologia cheia de ódio e com o peso de décadas, como o nacionalismo branco ou a supremacia branca, simplesmente por meio de escuta e amizade, não deveria ser possível usar as mesmas táticas em um contexto sem ódio, como o negacionismo da ciência? Ao ler o relato de outra conversão de um supremacista branco, fiquei intrigado quando vi a descrição do homem de como era antes de mudar suas crenças. Ele disse que estava "perdido nessa ideologia" porque se sentia "marginalizado ou quebrado". Ele explicou que suas crenças estavam profundamente enraizadas em um senso de identidade nascido do isolamento, da demonização e do ódio que levou ao ataque contra o "outro lado".[52]

Como falar com um negacionista da ciência

Conversões menos dramáticas, mas ainda importantes, ocorreram em toda a divisão política. Um ex-autodescrito "trolador pró-Trump" escreveu um relato de como ele "saiu de seu transe" depois de ser contatado pela comediante liberal Sarah Silverman, a quem ele havia atacado *online*. Ele disse que ela foi gentil com ele e não discutiu, inclusive compartilhando de seus valores. Mesmo que ele tenha sido terrível com ela, ela foi respeitosa com ele. E isso levou, por fim, à conversão de suas crenças anteriores sobre reformas relacionadas ao controle de armas, ao aborto e à imigração, culminando em sua declaração: "Agora reconheço que o privilégio branco existe".[53] De novo, não estou tentando traçar uma conexão entre negacionismo da ciência e outras ideologias, a não ser para dizer que, na medida em que as crenças de uma pessoa são baseadas em uma falta de informação, exacerbada por sua identidade atual, ela pode ser recuperada por meio de escuta, empatia e respeito.

Aqui é importante enfrentar o efeito polarizador que as fontes de informação podem ter sobre a perspectiva de alguém. Se a sua principal fonte de notícias sobre a pesquisa de vacinas são vídeos da internet, ou se sua principal fonte de informações sobre mudanças climáticas é a *Fox News*,[54] fica mais fácil não apenas ser mal-informado, mas demonizar ou mesmo odiar aqueles que estão do "outro lado". Se você nunca conheceu um cientista, como terá a chance de saber que eles podem ser calorosos e cativantes? Mesmo que a principal forma de combater o negacionismo da ciência não seja fornecendo mais informações, é importante estar ciente de que o efeito silo[*]

---

[*] O efeito silo refere-se ao isolamento de grupos que não interagem entre si. No mundo corporativo, o termo com frequência é empregado para descrever como a compartimentação entre departamentos gera ineficiência. (N. da T.)

pode afetar não apenas a compreensão de uma pessoa, mas também sua tolerância para ouvir pontos de vista alternativos que ameacem sua identidade.

Aqui estão alguns pontos importantes a serem lembrados antes de um encontro com um negacionista da ciência:

1) O negacionismo da ciência existe em um espectro

Se agruparmos todos os negacionistas da ciência, nossa tarefa pode parecer impossível. Mas há vários graus de conhecimento e comprometimento. Com as pessoas antivacina, por exemplo, um dos melhores conselhos pode ser parar de pensar nelas como integrantes do movimento antivacina (e, ao falar com elas, não usar o termo "antivacina"). Em um estudo canadense, estimou-se que as mais radicais nesse sentido representam apenas de 1% a 3% da população, enquanto as "hesitantes" com relação à vacinação representam 30%. Obviamente, essas últimas seriam mais fáceis de convencer.[55]

O mesmo certamente se aplica às mudanças climáticas. Um artigo do *Yale Climate Connection* aconselha que o primeiro passo para tentar converter um negacionista deve ser diferenciar aqueles que são persuasíveis daqueles que não são. No "espectro de persuasão", são listados: informados, mas ociosos; desinformados; militantes partidários; ideólogos; e troladores.[56] Obviamente, como já sabemos com base no estudo de Schmid e Betsch, quanto mais cedo chegarmos a alguém, mais chances teremos. Devemos começar com os informados, mas ociosos, e então abrir caminho até chegarmos aos militantes? Já que nossa energia e nossos recursos não são ilimitados, por que não focar no que podemos fazer melhor? Mas não acabamos de elencar exemplos que mostram que a conversão do mais duro do núcleo duro também é possível? Não vale a pena tentar alcançar os ideólogos e os troladores? Certamente, sim, devido à sua influência descomunal.

2) A informação equivocada e a desinformação são amplificadas nas mídias sociais

Mesmo que existam muito poucos negacionistas radicais da ciência, eles são bastante barulhentos. Como disse um ex-integrante do movimento antivacina:

> Pessoas contra a vacinação existem há muito tempo, mas a mídia social torna mais fácil entrar em uma bolha. Uma vez lá, é difícil ver o que está fora dela. Os algoritmos apenas mostram mais do que você já está procurando. Se você começar a pesquisar notícias contra a vacinação, é isso que começa a aparecer na sua página. Você começa a pensar: "Oh, meu Deus, há todas essas pessoas e há tanta coisa acontecendo!". Mas, se você tiver a chance de se afastar disso, verá que na verdade é uma parcela muito pequena da população que fala muito, muito alto. O medo deixa você com raiva e o faz atacar. Depois de entrar nesse estado, é fácil permanecer ali.[57]

A disseminação do negacionismo da ciência pode parecer maior do que é, sobretudo se forem ideólogos radicais conduzindo a agenda. Em *The Conspiracy Theory Handbook* [Manual da teoria da conspiração], Stephan Lewandowsky e John Cook apresentam alguns conselhos sábios sobre a melhor forma de falar com um teórico da conspiração – mostrando empatia e evitando ridicularizá-lo – e depois oferecem esta pérola:

Como fazer alguém mudar de ideia?

Os teóricos da conspiração também têm uma influência descomunal, apesar de seu pequeno número. Uma análise de mais de 2 milhões de comentários, no fórum virtual Subreddit r/conspiracy, descobriu que, embora apenas 5% dos usuários exibissem pensamento conspiratório, eles foram responsáveis por 64% de todos os comentários. O autor mais ativo escreveu 896.337 palavras, o dobro da trilogia *O Senhor dos Anéis*![58]

Diante disso, pode valer a pena tentar ocasionalmente se envolver com os negacionistas da ciência mais comprometidos, pois, uma vez que você encontrar a (talvez pequena) fonte de desinformação, talvez ela possa ser neutralizada. Também é importante lembrar a superficialidade da desinformação. Se você se envolver em algumas interações simples com pessoas menos comprometidas para apresentar informações que elas não ouviram dos superdisseminadores, talvez você tenha a chance de impedir mais pessoas que começam questionando, mas acabam negando.

3) Seja persistente e siga em frente

Mesmo que você ache que promoveu uma conversão bem-sucedida, você não pode simplesmente ir embora. Mais uma vez, podemos aprender com pesquisas anteriores sobre a conversão de crenças políticas. Um estudo descobriu que

> [...] houve uma grande mudança bipartidária na crença após a verificação dos fatos, sugerindo que tanto conservadores quanto liberais podem mudar de ideia se receberem informações convincentes e imparciais. Mas houve também um problema: após um período de uma semana, os participantes "acreditavam" parcialmente nas declarações falsas e esqueciam-se parcialmente de

Como falar com um negacionista da ciência

que a informação factual era verdadeira. [...] "Mesmo que os indivíduos atualizem suas crenças temporariamente, as explicações sobre fatos e ficção parecem ter uma data de validade."[59]

Atualizar as crenças de alguém com base em uma verificação de fatos pode parecer um progresso, mas a conversão total não é apenas uma questão de superar a falta de informações. O árduo trabalho de mudança de identidade aguarda-o.

E sabemos que algumas pessoas "podem" mudar de ideia com base apenas em evidências. Lembra do estudo de Kuklinski, que falava sobre o tapa na cara? Em 2016, James Cason tornou-se o prefeito republicano de Coral Gables, Flórida... E em três dias ele mudou de ideia sobre a mudança climática ser real. Ele disse: "Sabe, eu li alguns artigos aqui e ali, mas não percebi o quão impactante seria para a cidade da qual agora sou o líder". Aparentemente, o problema era o seguinte: Coral Gables é uma cidade rica que possui 302 iates, muitos dos quais estão ancorados nas casas de seus proprietários. Mas há uma ponte entre essas casas e o mar aberto. Com a mudança climática, o nível da água começou a subir, e as pessoas estavam tendo problemas para colocar seus barcos sob a ponte. Como observou Cason: "São casas de 5 milhões de dólares com belos barcos que de repente veem seus valores de mercado caírem porque não conseguem mais guardar um barco. Portanto, esse será um dos primeiros indicadores [do aumento do nível do mar] e um alerta para as pessoas". Ideologia é uma coisa; não conseguir tirar o barco da marina é uma emergência.[60] Mais tarde, junto com o prefeito de Miami, Tomas Regalado, Cason escreveu um artigo de opinião publicado no *Miami Herald*, pouco antes de um dos debates presidenciais republicanos. Dizia um trecho: "Para nós e para a maioria dos outros funcionários públicos no sul da Flórida, a mudança climática não é um ponto de discussão partidário. É uma crise iminente com a qual devemos lidar – e logo".[61]

Quando o interesse próprio está em jogo, as pessoas podem mudar de ideia rapidamente. Agricultores e pescadores agora parecem estar aceitando a realidade da mudança climática.[62] E até mesmo alguns integrantes do movimento antivacina estão mudando de opinião devido ao crescente medo do coronavírus. Uma coisa é ser contra vacinas quando uma doença como o sarampo é relativamente rara e você pode não conhecer ninguém que tenha tido; outra coisa é enfrentar uma pandemia com risco de morte sem proteção. De acordo com um ex-integrante do movimento: "Eu tinha tanto medo das vacinas quanto das doenças contra as quais elas protegem. [...] [Mas] desde a covid-19, vi em primeira mão o que essas doenças podem fazer quando não são combatidas com vacinas".[63]

Tudo isso é reconhecidamente anedótico, mas nem por esse motivo deixa de ser importante. As histórias de como os verdadeiros negacionistas da ciência são convertidos têm uma semelhança muito grande entre si para serem descartadas. Em praticamente todos os relatos que li, de negacionistas antivacina, contra as mudanças climáticas e outros ideólogos que mudaram de ideia, eles o fizeram com base em conversas cara a cara, encontros presenciais em que as provas foram apresentadas por alguém com quem mantinham uma relação de confiança. Bondade, empatia e escuta funcionam. Essas são as chaves para ajudar alguém a mudar suas crenças, porque são o caminho para ajudá-lo a remodelar sua identidade. E também são os meios pelos quais você pode conquistar a atenção de um negacionista da ciência por tempo suficiente para lidar com evidências e superar qualquer falta de informação.

Como um filósofo que tem grande respeito pela ciência, dói em mim não poder apontar nenhum trabalho empírico que justifique essas especulações. Fico animado com o fato de que outros têm se debruçado sobre esse debate, como Michael Shermer e Stephan Lewandowsky corroboraram o conselho de Peter Boghossian e James Lindsay de que uma conversa cara a cara respeitosa é a melhor maneira de tentar converter alguém em qualquer situação, sobre "qualquer" assunto.

E quanto aos negacionistas da ciência? Falei com Cornelia Betsch por telefone, e ela se interessou pela possibilidade de trabalhar comigo em um experimento futuro.

CAPÍTULO 4

Encontros imediatos com as mudanças climáticas

O negacionismo da mudança climática representa o maior e mais importante caso de negacionismo da ciência em nosso tempo. A razão para isso não é apenas o fato de os negacionistas da crise climática já estarem tão enraizados e difundidos (em especial nos Estados Unidos), mas de os custos da inação projetados para o futuro serem catastróficos.

A conclusão de um relatório recente do IPCC divulgado pela ONU em 2018 foi chocante. O mundo não está apenas falhando no cumprimento da meta de não "ganhar mais que" 2 °C de aumento geral da temperatura – o que exigiria cortar mais emissões globais de poluentes –, como em 2017 a emissão global de dióxido de carbono aumentou para o mais alto nível recorde.[1] E, em 2018, subiu novamente.[2] Os dados completos para 2019 ainda não estão disponíveis, mas, com base em análises preliminares, espera-se que atinjam outro recorde histórico.[3] "Estamos com um sério problema com as mudanças climáticas", concluiu o secretário-geral da ONU, António Guterres, na abertura da 24ª conferência anual da ONU sobre

Encontros imediatos com as mudanças climáticas

mudanças climáticas, ocorrida na Polônia, em 2018. A China registrou um crescimento de emissões de quase 5% em 2018, acompanhado por 6% na Índia. Como o segundo maior produtor de gases de efeito estufa (exacerbado pela agenda favorável ao carvão de Trump), talvez não seja surpreendente que os Estados Unidos tenham visto um aumento de 2,5% em suas emissões de dióxido de carbono em 2018. Para piorar a situação, os cientistas agora projetam que mesmo a meta de 2 ºC (conforme estabelecido no Acordo de Paris anterior) não é suficientemente ambiciosa. Para evitar os piores efeitos do aquecimento global, o mundo deveria ter como meta um aumento de não mais que 1,5 ºC.[4]

Talvez a conclusão mais alarmante, porém, tenha sido a de que, se continuarmos no ritmo atual, atingiremos a marca de 1,5 ºC até 2040. (Já percorremos dois terços do caminho; a temperatura global subiu 1 ºC desde a Revolução Industrial, na década de 1850.)[5] Além disso, se não fizermos nada, a temperatura global deverá subir de 3 ºC a 5 ºC até o final do século, o que seria devastador.[6] Nesse ritmo, os custos econômicos mundiais da mudança climática chegarão a mais de 54 trilhões de dólares,[7] o que engloba danos à infraestrutura, perda de salários, perda de propriedade e outras perdas econômicas. Mas os custos humanos e sociais seriam ainda mais trágicos e incalculáveis. Espera-se que efeitos ambientais como calor extremo, aumento de incêndios florestais, inundações, furacões, escassez de água e perda de colheitas resultem em milhões de mortes relacionadas ao calor, além de refugiados climáticos e colapso social em uma escala que o mundo nunca testemunhou.[8]

A pequena boa notícia é que, "se" cortarmos as emissões globais de dióxido de carbono pela metade até o ano de 2030, ainda poderemos atingir a meta de aumento de até 1,5 ºC.[9]

(Mas, para mantê-la, teríamos de cortar as emissões a zero até 2050.)[10] No entanto, como o relatório do IPCC coloca sem rodeios, "não há precedente histórico documentado" para a mudança radical necessária para energia, transporte e outros sistemas necessários para atingir no máximo 1,5 ºC.[11] A tecnologia pode ajudar? Claro. De acordo com Robert Socolow e Stephen Pacala, cientistas da Universidade de Princeton, "a humanidade já possui o *know-how* científico, técnico e industrial fundamental para resolver o problema do carbono e do clima no próximo meio século".[12] Incentivos econômicos podem fazer uma diferença? Sim. Um imposto mundial sobre o carbono pode ser o catalisador para modificar nossos hábitos de consumo para que possamos fazer melhores escolhas ambientais. E, mais importante que isso, teríamos de parar de usar carvão.[13] Embora seja doloroso, há todos os incentivos para aceitar esses custos "agora", enquanto eles são mais baixos, em vez de adiá-los para o futuro. Como afirmou o secretário-geral da ONU, Guterres,

> [...] é difícil exagerar a urgência da nossa situação. [...] Mesmo enquanto testemunhamos impactos climáticos devastadores causando estragos em todo o mundo, ainda não estamos fazendo o suficiente, nem agindo rápido o suficiente, para evitar mudanças climáticas catastróficas e irreversíveis.[14]

No entanto, qual é a probabilidade de que qualquer uma dessas coisas aconteça sem a vontade política de colocá-las em prática? Já vivemos em um mundo em que mesmo os países governados por políticos que reconhecem a mudança climática estão aquém de suas metas. Em 2018, o presidente francês Emmanuel Macron enfrentou grandes tumultos em

Encontros imediatos com as mudanças climáticas

seu país por impor um modesto imposto sobre o combustível, que mais tarde recuou, dizendo: "Nenhum imposto vale a pena de comprometer a unidade da nação".[15] Antes, ele tinha dito: "Não se pode protestar na segunda-feira em favor do meio ambiente e na terça-feira contra o aumento dos preços dos combustíveis".[16] No entanto, ele recuou. Nos Estados Unidos, temos um líder político incapaz de recuar, porque já fechou os olhos para a realidade das mudanças climáticas. Como foi amplamente divulgado, o presidente Trump retirou os Estados Unidos do Acordo de Paris na primeira oportunidade que teve (em novembro de 2020).[17] Nesse ínterim, ele fez tudo o que pôde para minimizar a questão das mudanças climáticas. Restabeleceu os subsídios para a produção de carvão.[18] Reverteu os padrões de emissões da era Obama para os carros novos.[19] Diante dos incêndios florestais de 2018 na Califórnia, ele descartou a ideia de que poderiam ter algo a ver com a mudança climática e recomendou que bombeiros gastassem mais tempo "limpando o chão da floresta com um ancinho".[20] Em uma entrevista de outubro de 2018, na qual Trump foi confrontado por um repórter que perguntou se ele ainda acreditava que a mudança climática era uma farsa, eles tiveram uma conversa um tanto inacreditável diante das câmeras:

STAHL: O senhor ainda acha que a mudança climática é uma farsa?

TRUMP: Acho que algo está acontecendo. Algo está mudando e vai mudar de novo. Não acho que seja uma farsa, acho que provavelmente há uma diferença. Mas não sei se é causada pelo homem. Eu vou dizer o seguinte: não quero gastar trilhões e trilhões de dólares, não quero perder milhões e milhões de empregos, não quero ficar em desvantagem.

STAHL: Eu gostaria que o senhor pudesse ir à Groenlândia para observar enormes geleiras despencando no oceano, elevando o nível do mar.

TRUMP: E você não sabe se isso teria acontecido ou não com ou sem o homem. Você não sabe.

STAHL: Bem, os cientistas, os cientistas...

TRUMP: Não, nós temos...

STAHL: da Noaa[*] e da Nasa...

TRUMP: Temos cientistas que discordam disso.

STAHL: O senhor sabe, eu... Eu estava pensando... E se ele dissesse: "Não, eu vi as situações de furacões e mudei de ideia. Realmente há mudanças climáticas". Aí pensei: "Uau, que impacto".

TRUMP: Bem, não estou negando.

STAHL: Que impacto isso causaria.

TRUMP: Não estou negando a mudança climática. Mas pode muito bem recuar. Você sabe, estamos falando de mais de um milhão...

STAHL: Mas isso é negar.

TRUMP: ...de anos. Eles dizem que tivemos furacões muito piores do que os que tivemos com Michael.

STAHL: Quem disse isso? Quem são "eles"?

TRUMP: As pessoas dizem. As pessoas dizem que no...

STAHL: Sim, mas e os cientistas que dizem que está pior do que nunca?

TRUMP: Você teria que me mostrar os cientistas, porque eles têm uma agenda política muito grande, Lesley.[21]

---

[*] Sigla em inglês para a Administração Oceânica e Atmosférica Nacional dos Estados Unidos. (N. da T.)

Encontros imediatos com as mudanças climáticas

Em meio a outros políticos estadunidenses fazendo especulações selvagens sobre o "resfriamento global" e outros comentários desdenhosos sobre o "alarmismo" entre os cientistas do clima,[22] é preciso também confrontar a covardia da decisão de Trump de, em 2018, divulgar na Black Friday – o dia seguinte ao Dia de Ação de Graças – um relatório do Congresso sobre a mudança climática exigido pelo governo, para que os repórteres pudessem perder a conclusão nua e crua dos próprios cientistas do governo de que, se algo não for feito logo, os Estados Unidos enfrentarão um golpe econômico de 10% do seu Produto Interno Bruto (PIB) anual até o fim deste século.[23]

Os terraplanistas podem parecer inofensivos, mas esse tipo de negacionismo da ciência pode nos matar.[24] Felizmente, a cada ano que passa, parece haver menos resistência à questão do aquecimento global. De acordo com uma pesquisa de 2018 da Universidade Monmouth, 78% dos estadunidenses agora acreditam na realidade da mudança climática e concordam que é um "problema muito sério". No entanto, esse número inclui apenas 25% dos republicanos. E a opinião pública geral permanece dividida sobre as causas da mudança climática, com apenas 29% dos entrevistados refletindo com precisão a visão consensual de 97% dos cientistas do mundo de que a atividade humana é quase completamente responsável pelo aumento da temperatura global.[25] Certamente nem todas essas pessoas negam a ciência. Algumas podem não conhecer os fatos, que foram obscurecidos por uma campanha de desinformação que chegou até nós por meio de *lobby* corporativo e interesses políticos. Mas é por isso que é tão importante para nós, que entendemos a importância e as consequências das mudanças climáticas e confiamos nos cientistas que as estudam, continuarmos a falar sobre isso.

As origens e causas do negacionismo climático

Há uma lacuna enorme entre a compreensão do público e a realidade das mudanças climáticas. Em meio aos nossos líderes eleitos, esse abismo talvez seja mais desafiador, dado o desequilíbrio de poder entre democratas e republicanos durante a presidência de Trump e a ampla postura de negacionismo da mudança climática no Partido Republicano.[26] Se vamos fazer alguma coisa sobre a mudança climática, os Estados Unidos devem assumir um papel de liderança. Mas, sem a vontade política entre nossos cidadãos de ver isso acontecer, que chance há de que nossos líderes deem o exemplo (ou que consigamos novos líderes que o façam)?

Agora, a pergunta inevitável: se a ciência é tão clara sobre a mudança climática, por que tantas pessoas a negam? Aqui, acredito que não seja necessário apresentar as evidências para mostrar que a mudança climática é verdadeira. Existem amplos recursos em outros lugares.[27] Assim como entendi que não era meu trabalho provar ao leitor que a Terra é realmente redonda no capítulo 1, não deveria ser meu objetivo aqui apresentar as evidências científicas para a mudança climática. O que precisa ser investigado, porém, são as motivações e estratégias adotadas pelos negacionistas da mudança climática. Por que os chamo de "negacionistas", e não de "céticos"? Porque as evidências são tão claras e formou-se um grande consenso entre os cientistas.

Em um estudo de 2004, Naomi Oreskes examinou todos os 928 artigos sobre o tema "mudança climática global" publicados entre 1993 e 2003 e descobriu que nenhum deles discordava da posição científica consensual sobre o aquecimento global.[28] Em um estudo de acompanhamento de 2012, James L. Powell descobriu que, de 13.950 artigos revisados por pares sobre

Encontros imediatos com as mudanças climáticas

mudanças climáticas entre 1991 e 2012, apenas 24 deles (0,17%) rejeitaram a ideia do aquecimento global.[29] Em uma atualização de 2.258 artigos adicionais em 2014, Powell descobriu apenas um artigo adicional que desafiou o consenso científico sobre a mudança climática.[30]

Atualmente, costuma-se dizer que 97% dos cientistas concordam que a mudança climática está acontecendo e que a atividade humana é a principal responsável. Uma fonte para essa afirmação é uma pesquisa de 2009 de Peter Doran e Maggie Zimmerman, que mostrou que, entre os especialistas em ciência do clima, 96,2% concordam que as temperaturas globais aumentaram desde 1800 e 97,4% concordam que a atividade humana foi um fator de contribuição significativo na alteração das temperaturas globais.[31] Essa descoberta foi corroborada em um artigo de 2013 de John Cook *et al.*, que examinou os resumos de 11.944 artigos sobre "mudanças climáticas" ou "aquecimento global" publicados entre 1991 e 2011 e descobriu que – entre os que expressaram uma opinião – 97,1% concordaram com a posição científica consensual sobre o aquecimento global antropogênico.[32] Depois, em outro estudo de acompanhamento impressionante de 2015, Rasmus Benestad e colegas examinaram o trabalho dos tais 3% de cientistas que rejeitavam o aquecimento global – que consistia em 38 artigos que haviam aparecido em periódicos revisados por pares na década anterior – e descobriram que "todos eles" eram metodologicamente falhos![33]

O resultado é que praticamente "não" há debate científico sobre a realidade da mudança climática. Ou melhor, a quantidade de discordância é exatamente o que se esperaria em qualquer questão científica em que há uma montanha de evidências, mas nenhuma possibilidade de prova: minúscula.[34]

Como falar com um negacionista da ciência

Há, entretanto, uma enorme disparidade entre o que os cientistas acreditam e o que o público "pensa" que os cientistas acreditam. Ou seja, o público está mal-informado não apenas sobre se a mudança climática está acontecendo (e quem é o responsável), mas sobre se os cientistas concordam que a mudança climática é real (e que os humanos são os principais responsáveis por ela). Esse é o resultado de uma campanha de desinformação que foi fabricada por interesses corporativos e políticos e levou o público a ser enganado.

Como Dana Nuccitelli (uma das autoras do estudo de Benestad) argumentou:

> Quando questionados sobre o relatório mais recente do IPCC, os legisladores republicanos transmitiram a mesma mensagem falsa – de que os cientistas do clima ainda estão debatendo se os humanos são os responsáveis. O relatório anterior do IPCC era bastante claro sobre isso, atribuindo 100% do aquecimento global desde 1950 às atividades humanas. Como disse a cientista atmosférica da Nasa, Kate Marvel: "Temos mais certeza de que o gás de efeito estufa está causando a mudança climática do que de que fumar causa câncer".[35]

"No entanto", Nuccitelli continua relatando, "como as pesquisas das universidades de Yale e George Mason mostraram, apenas cerca de 15% dos estadunidenses estão cientes de que o consenso climático de especialistas excede 90%".

Como isso aconteceu? A história política aqui é precedida por uma história econômica, devido a interesses corporativos que não são diferentes daqueles da relação entre tabagismo e câncer de pulmão na década de 1950. Lembra-se daquela reunião de executivos de empresas de cigarros na década de

Encontros imediatos com as mudanças climáticas

1950, quando elaboraram um plano para combater a ciência sobre o tabagismo e o câncer? Uma reunião quase idêntica aconteceu 40 anos depois, quando o Instituto Americano do Petróleo [API, na sigla em inglês], com membros como ExxonMobil, BP, Chevron e Shell Oil, reuniu-se em 1998 para criar um "Plano Global de Comunicação Científica do Clima" para combater a ciência sobre o aquecimento global. Com muitas nações tendo se comprometido a reduzir as emissões de carbono na reunião do Protocolo de Quioto em 1997, era hora de agir. Isso resultou em uma estratégia para criar confusão sobre a ciência por trás da mudança climática, seguindo o mesmo modelo que os executivos do tabaco haviam usado décadas antes. Lembre-se do infame memorando do tabaco que dizia: "A dúvida é o nosso produto". Dessa vez, o plano de ação da API vazou, mas não demorou décadas para vir à tona.[36] Ele dizia: "A vitória será alcançada quando os cidadãos comuns 'entenderem' (reconhecerem) as incertezas na ciência do clima" e "aqueles que promovem o tratado de Quioto com base na ciência existente parecem estar fora de contato com a realidade".[37] Mas dessa vez aquilo não importava. As linhas de batalha eram claras, e um memorando vazado não tinha o mesmo impacto. Anos depois, soube-se que a ExxonMobil conhecia a realidade da mudança climática já em 1977.[38] De fato, seguindo a própria definição de hipocrisia, a ExxonMobil estava fazendo planos para explorar novos campos de petróleo no Ártico assim que a calota polar tivesse derretido, mesmo enquanto aumentava os esforços para fomentar o negacionismo da mudança climática.[39]

Pode ser difícil de lembrar, mas nem sempre foi assim. Quando o aquecimento global chamou a atenção do público pela primeira vez, no final dos anos 1980, o presidente George H.

Como falar com um negacionista da ciência

W. Bush prometeu combater o "efeito estufa" com o "efeito Casa Branca". Um dos resultados foi a criação do IPCC, que tanto fez para aumentar a conscientização pública sobre o aquecimento global.[40] Mesmo em 2008, ainda havia alguma aparência de concordância entre os partidos: observe um anúncio de serviço público na televisão, em que o republicano Newt Gingrich e a democrata Nancy Pelosi se sentaram em um sofá e prometeram uma abordagem unificada para combater o aquecimento global.[41] É claro que, àquela altura, Al Gore já tinha voltado aos holofotes com suas apresentações de *slides*, que culminaram depois no livro e no filme *Uma verdade inconveniente*, de 2006. A questão das mudanças climáticas já estava em vias de ser politizada, embora ainda não tivesse atingido o nível de fervor partidário que encontramos hoje. Primeiro, os políticos tinham de medir os interesses corporativos daqueles em alto risco de perdas ou ganhos conforme os "debates" avançavam.[42]

No livro de 2016 *Dark Money* [Dinheiro corporativo], Jane Mayer argumenta que o negacionismo climático foi iniciado por aqueles com investimentos em combustíveis fósseis, como os irmãos Koch e a ExxonMobil.[43] De fato, apenas o dinheiro vindo de Charles e David Koch já era impressionante: "De 2005 a 2008, uma única fonte, os Kochs, despejou quase 25 milhões de dólares em dezenas de diferentes organizações que lutavam contra a reforma climática".[44] Isso significa que eles gastaram três vezes mais do que a ExxonMobil. Em outro lugar, Mayer escreve: "Se houver qualquer incerteza persistente de que os irmãos Koch são os principais patrocinadores da dúvida sobre a mudança climática nos Estados Unidos, ela deve ser eliminada pela publicação de *Kochland*".[45] Outros concordam que "poucos humanos têm mais responsabilidade pela crise climática que se desenrola do que David Koch".[46]

Encontros imediatos com as mudanças climáticas

Claro, também havia dinheiro de empresas de combustíveis fósseis. Em um artigo da *Forbes* de 2019, foi revelado que,

> [...] todos os anos, as cinco maiores empresas públicas de petróleo e gás do mundo gastam aproximadamente 200 milhões de dólares em *lobby* destinado a controlar, atrasar ou bloquear políticas motivadas pela crise climática. [...] A BP tem o maior gasto anual em *lobby* climático, com 53 milhões de dólares, seguida pela Shell, com 49 milhões, e a ExxonMobil, com 41 milhões. A Chevron e a Total gastam cerca de 29 milhões de dólares cada por ano.[47]

Ao todo, a *Smithsonian Magazine* estima que "quase 1 bilhão de dólares por ano é direcionado para o movimento contra a mudança climática".[48]

O que todo esse dinheiro compra? *Think tanks.*[49*] Conferências.[50] Lobistas. Pesquisas de cientistas amigos da indústria. Cobertura da mídia. Em uma palavra: dúvida. Em *Dark Money*, Mayer relata que Theda Skocpol, cientista política de Harvard, marca 2007 como um ponto de virada na luta contra a mudança climática. Isso foi logo depois de Al Gore receber o Prêmio Nobel da Paz e *Uma verdade inconveniente* ser lançado. As pesquisas mostraram que o público estava começando a se preocupar mais com o aquecimento global. Nesse ponto, as forças do negacionismo climático começaram a revidar com mais vigor. Rádio, TV, livros e depoimentos perante o Congresso contribuíram para uma pressão por mais ceticismo sobre

---

* *Think tanks* são "grupos de reflexão" ou "gabinetes estratégicos". Reúnem de maneira formal ou informal especialistas e pensadores de uma determinada área (em geral, na esfera político-econômica), para discutir, produzir pesquisa e/ou desenvolver estratégias. (N. da T.)

Como falar com um negacionista da ciência

a crise climática. Skocpol estima que durante esse período o negacionismo foi disseminado entre 30% e 40% da população dos Estados Unidos em sua mídia diária.[51] E o resultado era previsível: "em pouco tempo, as pesquisas de opinião pública mostraram que a preocupação com a mudança climática entre todos, exceto os liberais convictos, entrou em colapso".[52]

O efeito sobre os políticos estadunidenses também era previsível. Com a mudança da opinião pública, para não mencionar os milhões de dólares em contribuições políticas em nome dos interesses de combustíveis fósseis ao longo dos anos,

> [...] o Partido Republicano, particularmente no Congresso dos Estados Unidos, logo se voltou fortemente para a direita em questões climáticas. As diferenças partidárias permaneceram pequenas entre o público em geral, mas transformaram-se em um grande abismo entre as autoridades eleitas.[53]

Christopher Leonard, em uma entrevista sobre seu livro *Kochland*, disse:

> A rede Koch desempenhou um papel vital e incomparável ao incendiar a ala moderada do Partido Republicano, que reconhecia a realidade da mudança climática. E isso mudou para sempre o discurso político, a ponto de, agora, qualquer político republicano credível que queira arrecadar dinheiro suficiente para a sua reeleição não pode sequer reconhecer os fatos básicos da ciência.[54]

Hoje, enfrentamos o legado de todo esse negacionismo e desinformação. Mesmo quando a opinião pública sobre a realidade da mudança climática começou a se intensificar

Encontros imediatos com as mudanças climáticas

novamente, os políticos permaneceram impassíveis.[55] Por quê? Porque a mais nova forma de negacionismo não diz respeito à "existência" de uma mudança climática, mas se sabemos o suficiente para que possamos (ou devamos) tentar fazer algo a respeito.[56] E isso é mais partidário do que nunca.

Na última pesquisa do Pew, descobriu-se que, pela primeira vez, a maioria dos estadunidenses (52%) disse que tomar alguma atitude sobre a mudança climática deveria ser uma prioridade para o presidente e para o Congresso. Mas há uma profunda divisão partidária. Nos últimos quatro anos, o apoio dos democratas a mais ações políticas para a mudança climática cresceu de 46% para 78%, porém os republicanos permaneceram essencialmente impassíveis, com um aumento de 19% para 21%.[57] Em vez de uma questão de conhecimento, parece que a crença na mudança climática se tornou uma questão de identidade.[58] Assim como com a Terra Plana, não se trata mais nem mesmo das evidências – trata-se do time em que você está.

***

Agora, como posso lidar com tudo isso? Não há fundamento para o debate sobre as mudanças climáticas como uma questão científica? O que aconteceu com o bom e velho ceticismo? A evidência da mudança climática é realmente tão clara quanto a da forma da Terra? Se sim, por que eles não conseguem "provar"? Ah, mas aqui estamos de volta a um lugar-comum, e você já viu esse roteiro antes. Como sabemos, tudo na ciência está aberto à discordância. Há sempre uma hipótese alternativa que pode ser verdadeira, porém isso não prejudica a garantia. A quantidade de evidências para o aquecimento global antropogênico é "gigantesca". Você se lembra daquela história da Reuters sobre como as evidências para a mudança climática atingiram o nível de confiança de 99,9999%?[59] Diante de evidências esmagadoras, é irracional não acreditar em algo só porque a alternativa "pode" ser verdadeira. Existem unicórnios listrados no polo Sul? Como sabemos se nunca estivemos lá? Cá estamos na Terra Plana novamente. A rejeição de uma quantidade tão grande de evidências científicas e do consenso científico não é ceticismo, é negacionismo.

Então, por que deixamos as corporações com interesse nos combustíveis fósseis e os políticos conservadores explorarem tão efetivamente a questão da dúvida, como se tivessem descoberto alguma falha enorme no raciocínio científico? É hora de recuar. O antídoto para os negacionistas é expor toda a natureza de sua corrupção financeira e ideológica, e a semelhança de sua estratégia argumentativa em outros movimentos negacionistas: evolução, vacinas e o formato da Terra. Porém aqui surge uma questão interessante. Entendemos que o negacionismo climático tem muitas semelhanças com a campanha contra a relação entre tabagismo e câncer, mas o que isso tem em comum com a Terra Plana? Não consigo descobrir quem está se beneficiando com a Terra Plana. Sim, algumas pessoas que aderiram ao movimento podem ganhar 1 dólar ou 2 dólares, ou até mesmo ganhar a vida, com suas camisetas, *sites*, bonés e livros. Mas a Terra Plana foi criada de maneira maliciosa, com esse propósito em mente? Eu duvido.

Às vezes, é assim que funciona o negacionismo da ciência. Em alguns casos, pode surgir de um óbvio interesse próprio, mas em outros pode surgir aparentemente do nada. No caso do negacionismo das mudanças climáticas, há poucas dúvidas de como ele foi criado. Os trabalhos de Oreskes, Conway, Leonard, Mayer, Mooney, Hoggan, Coll e outros deixam claro

Encontros imediatos com as mudanças climáticas

o quão profundamente cínicas e corruptas foram as origens desse negacionismo, e como foi reforçado ao longo dos anos por aqueles que lucram com ele ou estão em dívida com aqueles que o fazem. Sim, algumas pessoas realmente acreditam que não existe mudança climática, ou que não se pode fazer nada com relação a ela. Porém elas são os peões na história. Mas isso significa que os criadores da dúvida também são céticos?

Em uma entrevista sobre *Kochland*, Christopher Leonard reflete sobre a questão de David e Charles Koch acreditarem ou não, mesmo enquanto financiavam e espalhavam desinformação:

> Não estou tentando soar cafona aqui; esta é a verdade honesta. [...] Como jornalista, não posso sentar aqui e dar uma resposta satisfatória. Eles realmente acreditam que a mudança climática é... falsa ou exagerada? Realmente acreditam que as forças do mercado vão agir e resolver esse problema? [...] Charles Koch não quis falar comigo oficialmente, nem respondeu minhas perguntas sobre esse assunto; a empresa não o disponibilizaria. Mas tenho de dizer que entrevistei executivos seniores da Koch Industries que estavam lá havia décadas, que acreditavam de coração que a mudança climática é uma farsa. Portanto, não sei quanto disso é um sistema de crenças reforçado quando você vive no mundo da indústria do petróleo e quanto se evitam intencionalmente as evidências científicas. Eu simplesmente não sei.[60]

Isso significa que o negacionismo do clima não segue o mesmo roteiro da Terra Plana? Que o manual fica diferente, a depender de sua criação cínica ou orgânica, se se está tentando enganar outras pessoas ou se realmente acredita no que diz? Claro que não. O negacionismo da mudança climática segue o manual em todos os seus cinco erros, tanto quanto o da Terra

Como falar com um negacionista da ciência

Plana. Mesmo que os cinco erros de raciocínio de negacionismo da ciência não tenham sido projetados conscientemente para levar as pessoas a acreditarem na Terra Plana, ainda é a espinha dorsal de seu raciocínio. Da mesma forma, embora o negacionismo climático tenha sido diabolicamente criado por aqueles com interesses corporativos e ideológicos, ele segue o mesmo manual. Trata-se de um esquema preexistente, herdeiro da estratégia do tabaco da década de 1950 e que se encaixa convenientemente em quase todas as formas de negacionismo da ciência. Portanto, não devemos nos surpreender que o negacionismo do clima se encaixe nesse padrão clássico.

Evidências seletivas

Claro que sim. Já vimos isso com Ted Cruz e outros, que deliberadamente escolheram 1998 como o ano-base para uma falsa afirmação de que as temperaturas globais não aumentaram em um período de 18 anos. Notavelmente, mesmo quando isso foi desmascarado, eles continuaram a fazer essa reivindicação.[61]

Teorias da conspiração

Claro. O presidente Trump fez inúmeras afirmações ao longo dos anos sobre como a mudança climática é uma farsa perpetrada pelos chineses para prejudicar a manufatura estadunidense, que os cientistas são politicamente tendenciosos etc.[62] Durante o desastre do Climategate de 2009, os negacionistas aproveitaram alguns *e-mails* inapropriados enviados por cientistas da Universidade de East Anglia e tentaram usá-los para mostrar que havia uma conspiração mundial de cientistas do clima.[63]

Encontros imediatos com as mudanças climáticas

Confiança em falsos especialistas

Aqui a questão é um pouco mais sutil. Parte do trabalho citado pelos céticos do clima foi feito por cientistas reais (alguns com credenciais em ciência do clima), mas seus trabalhos foram escolhidos a dedo, com grande preferência por visões preexistentes contrárias à mudança climática. Em alguns casos, os negacionistas do clima confiaram em pessoas sem credenciais na ciência do clima; em outros, concentraram-se naquelas que podem concordar com o consenso científico de que a mudança climática é real e de que os humanos a estão causando, mas que duvidam que o aquecimento global seja um grande problema. Esses cientistas são homenageados em convenções que reúnem opositores à mudança climática, em que são tratados como estrelas do *rock*. Se você quiser ir a alguma delas, essas convenções parecem acontecer anualmente.[64]

Raciocínio ilógico

Exemplos disso são numerosos, e já encontramos um. Você se lembra da falácia do espantalho do capítulo 2, em que o negacionista do clima disse que a atividade humana não era a única causa das emissões de gases de efeito estufa? Pode até ser, mas não deixa de ser a causa principal.[65]

Insistência de que a ciência deve ser perfeita

Acabamos de examinar isso. Os negacionistas do clima dizem rotineiramente que as projeções sobre o aquecimento global são apenas modelos e que, se houver alguma incerteza ou erro, devemos esperar por mais evidências. Claro, essa é uma expectativa ridícula, e eles sabem disso. É o negacionismo 1.0. Explorar qualquer dúvida, não importa quão pequena seja, como uma razão legítima para descrença.[66] Lucrar com o atraso gerado.

O ceticismo climático, portanto, não é realmente um ceticismo. Diante de uma avalanche de evidências, continuar a defender um ponto de vista contrário apenas porque você espera que esteja certo é puro negacionismo. Pode parecer mais razoável do que a Terra Plana, mas não é. Baseia-se na dúvida fabricada e reforçada pelos processos de desinformação e distorção que foram criados para nos impedir de chegar a uma conclusão razoável, apesar do consenso científico. Essa é uma estratégia idêntica àquela usada pelos terraplanistas. Como já vimos muitas vezes, todo negacionismo da ciência é basicamente o mesmo.

Maldivas: marco zero para a mudança climática

Em março de 2019, minha esposa, Josephine, e eu viajamos para o outro lado do planeta, para a pequena nação insular das Maldivas. As Maldivas são o país mais baixo e plano da Terra, situado bem no meio do oceano Índico, cerca de mil quilômetros da costa do Sri Lanka. Sua elevação média é de pouco mais de 1 metro acima do nível do mar; seu ponto mais alto fica a 2,5 metros acima do nível do mar, que é o ponto alto mais baixo de qualquer nação do mundo. Com cerca de 500 mil habitantes, espalhados por 1.200 ilhas (200 delas habitadas), as Maldivas são talvez a nação mais vulnerável do mundo às consequências das mudanças climáticas. Como tal,

Encontros imediatos com as mudanças climáticas

desempenha um papel proeminente em trazer a ameaça do aquecimento global à atenção mundial.

O principal risco é a inundação. Se as tendências atuais continuarem, a massa de terra das Maldivas desaparecerá literalmente, e seus habitantes terão de ser evacuados e realocados para outro lugar até 2050. Como disse Tony deBrum, ex-ministro das Relações Exteriores das ilhas Marshall: "Qualquer aumento além de 2 °C é uma sentença de morte para os nossos países".[67] Mesmo antes de as ilhas desaparecerem, no entanto, elas podem se tornar inabitáveis. A única fonte de água doce nas Maldivas é a da chuva, que reside nos aquíferos subterrâneos. Com a inundação da tempestade do mar, eles ficam contaminados com sal e, por fim, haverá um ponto em que as chuvas, ocorrendo cada vez mais tarde a cada ano, não serão suficientes para eliminar essa contaminação. Quando se chegar a isso, uma decisão terá de ser tomada.

Os maldivos são engenhosos, e uma de suas primeiras ações anos atrás foi trazer sua situação à atenção do público. Seu quarto presidente (e o primeiro eleito democraticamente), Mohamed Nasheed, realizou a primeira reunião de gabinete subaquática do mundo (com equipamento de mergulho e uma equipe de filmagem) para capturar a atenção externa. Ele também estrelou um documentário chamado *O presidente das ilhas*, que relatou os esforços do país para fazer o mundo concordar com a meta de 2 °C no Acordo de Paris. Enquanto isso, ele se comprometeu a tornar as Maldivas neutras em emissão de carbono, como um exemplo para os países mais ricos (e mais poluentes). Embora Nasheed tenha sido deposto em um golpe em 2012, uma de suas principais estratégias para lidar com a mudança climática sobreviveu, já que as Maldivas embarcaram em um plano para poupar para o futuro. Cético

Como falar com um negacionista da ciência

de que as outras nações do mundo farão o suficiente para resgatá-lo, o governo das Maldivas está reservando uma parte significativa de sua receita anual de 2 bilhões de dólares gerada pelo turismo para um fundo soberano destinado à compra de um novo território em algum lugar do mundo, caso a nação inteira tenha de se mudar.[68]

Saímos de Boston às 23 horas em um voo noturno para Dubai, onde tínhamos uma escala para conexão de sete horas antes do próximo voo para Malé, capital das Maldivas. Malé é uma das cidades mais densas do mundo, com quase um quarto de milhão de pessoas amontoadas em pouco mais de 3 km^2. No voo, você pode ver toda a ilha de Malé, atarracada e cheia, no meio da água mais azul que você já viu na vida. Durante nosso tempo nas Maldivas, testemunhamos isso várias vezes, mas com densidade oposta. Enquanto Malé responde por quase 40% da população do país, o restante está espalhado por pequenas ilhas que se estendem por 965 mil km^2, dos quais apenas 185 km^2 são de terra. As Maldivas são verdadeiramente uma nação insular, na qual os únicos meios de transporte são barco ou avião.

Cada ilha habitada é uma espécie de mundo em si mesmo, mas todas devem obedecer a leis estritas relativas à maneira de se vestir, ao consumo de álcool e a demonstrações públicas de afeto nesse país 100% muçulmano. Além das 200 ilhas habitadas, existem 132 "ilhas turísticas" (que são consideradas desabitadas porque nenhum maldivo mora lá). Estas são administradas pelos hotéis e tendem a ter regras mais flexíveis – com relação a biquínis, carne de porco e consumo de bebida em público –, mas ainda há um oficial do governo para cada ilha, que garante conformidade às leis locais.[69] Isso significa que há uma segregação quase completa entre habitantes locais

Encontros imediatos com as mudanças climáticas

e turistas. Praticamente não há hotéis em ilhas habitadas por maldivos, e nenhum maldivo (além dos funcionários do hotel) que more nas ilhas turísticas. Aliás, é comum que cada um dos grandes hotéis tenha sua própria ilha particular. Um hotel, uma ilha. Portanto, são 1.200 ilhas, 200 habitadas por maldivos e 132 administradas por hotéis.

Um dos pontos turísticos mais interessantes de Malé, que você pode avistar do aeroporto internacional (que fica em sua própria ilha, Hulhule), é uma ilha gêmea sendo erguida sobre o mar bem ao lado de Malé, chamada Hulhumalé. Hulhumalé – ou "Nova Malé" – é uma ilha artificial que está sendo construída em resposta à superlotação de Malé e à crescente ameaça das mudanças climáticas. Imagine viver em Malé, sabendo que um dia uma onda – ou uma simples inundação – poderia atingir uma das cidades mais densas do mundo.[70] Para onde você iria? Hulhumalé já é habitada e tem uma economia própria em desenvolvimento, mas está sendo construída, sobretudo, como um local de "fuga", para o dia em que Malé estiver ameaçada. A elevação média em Malé é de 1 metro. Hulhumalé está sendo construída a uma altura de 2 metros. Em meio às preocupações com os efeitos das mudanças climáticas em cidades estadunidenses como Nova York, imagine se a resposta fosse construir uma ilha totalmente nova (um pouco mais alta) chamada "Nova Manhattan" bem ao lado dela.

Os muitos guindastes no topo dos edifícios em Hulhumalé sugerem um ritmo febril de construção. As enormes pilhas de areia na beira da água fizeram-me pensar na história de Back Bay, em Boston (perto de onde moro), e em outros esforços de recuperação de terras. Mas será que isso vai durar? Hulhumalé é um paliativo, construída para o alívio temporário daqueles que serão deslocados das ilhas mais baixas devido às mudanças

Como falar com um negacionista da ciência

climáticas nos próximos anos. É uma apólice de seguro. Mas será suficiente? A canalização de tantos dólares turísticos para o fundo soberano sugere que não, pois é provável que um dia até mesmo Hulhumalé seja tomada pela água. Se isso acontecer, os residentes terão de fugir para países como Sri Lanka, Índia, Austrália, China ou Estados Unidos, como refugiados climáticos, a menos que consigam encontrar uma nação que lhes venda terras suficientes para reconstituir as Maldivas em outro lugar.

Nosso segundo voo foi para a ilha de Kooddoo, em um minúsculo avião a hélice. Do ar podíamos ver ilhas por toda parte, conectadas em anéis conhecidos como atóis, que estavam separados por muitos quilômetros. Nuvens brancas espessas encheram o céu enquanto olhávamos para a água azul brilhante. Assim que chegamos a Kooddoo, tivemos uma pequena espera pelo barco que nos levaria à nossa ilha de destino, Hadahaa. Chegamos a Hadahaa cerca de 36 horas depois de deixarmos Boston e, embora eu não tivesse dormido bem, estava mais empolgado com essa viagem do que com qualquer outra que já fizera na vida. Você sabe como, depois de muitos anos viajando, todos os lugares começam a parecer iguais? Este não.

O barco parou no cais em Hadahaa, e não conseguíamos parar de sorrir. Não havia estradas. A ilha inteira é tão pequena, que você pode percorrê-la em 20 minutos. Não há outras ilhas próximas, embora você possa ver algumas no mesmo atol no horizonte distante. Hadahaa fica a 54 km do equador, perto da ponta sul das Maldivas. Queríamos ir o mais longe possível, porque as ilhas ultraperiféricas são as mais vulneráveis às alterações climáticas, e tínhamos combinado de ficar, em um *resort*, com um biólogo marinho residente, com quem planejava estudar os efeitos locais das alterações climáticas.

Encontros imediatos com as mudanças climáticas

Agora, não vou mentir para você: Hadahaa é um refúgio maravilhoso. É uma daquelas ilhas que pertencem a um hotel, onde o visitante é tratado com serviço de primeira classe e tem diante dos olhos uma das mais belas paisagens que já viu em sua vida. Estávamos entre os casais que pagaram uma quantia chocante de impostos para o fundo soberano – e também compensamos toda a nossa viagem com créditos de carbono quando voltamos –, então todo o dinheiro foi para uma boa causa ambiental. Porém eu estava lá para trabalhar. Meu objetivo era entender não apenas os efeitos físicos, mas também culturais da mudança climática; então eu precisava ver aquilo ali em primeira mão. Além de trabalhar com o biólogo marinho, também conversei com nativos das Maldivas que trabalhavam no hotel e com pescadores e fiz uma excursão de mergulho para ver a morte de corais no meio do oceano Índico. Mas não precisamos ir tão longe para ver os efeitos da mudança climática. Houve uma dragagem devido à erosão em uma das praias de Hadahaa, com o hotel tentando lidar com o fato de que a praia estava diminuindo lentamente. Havia coletes salva-vidas no armário do nosso quarto e bancos de areia em abundância logo abaixo da área da praia. Durante uma excursão, especialmente organizada, pelos bastidores, também pudemos ver como os funcionários viviam na ilha.

Hadahaa possui 200 funcionários para 100 hóspedes. Os funcionários moram em dormitórios, três em cada quarto, no centro da ilha, com hospedagem e alimentação inclusas, assistência médica, 30 dias de férias e gorjetas compartilhadas. São principalmente jovens, que estão ali por um ano ou dois, alguns dos quais mandam dinheiro para casa. Por lei, metade dos funcionários devem ser maldivos nativos, mas os outros vêm de países próximos. Fica imediatamente claro que – apesar de

Como falar com um negacionista da ciência

uma renda anual relativamente alta nas Maldivas em comparação com os países vizinhos – há uma grande desigualdade ali. Os empregos em hotéis são cobiçados. Eu também lutei com o fato preocupante de que aquelas ilhas – mais ameaçadas pela mudança climática do que qualquer outro lugar do mundo – são forçadas a operar uma grande quantidade de equipamentos de ar-condicionado e a usar muitos outros recursos para os seus hóspedes, o que certamente contribui para o aquecimento global. Mas essa é a realidade nas Maldivas. Na verdade, existem apenas duas indústrias: turismo e pesca. E 90% da receita tributária nas Maldivas vem do turismo, sem o qual não poderiam se dar ao luxo de contemplar a sobrevivência aos efeitos do aquecimento global. Não é irônico que os maldivos tenham que usar tantos recursos para gerar renda, para então se salvar dos efeitos do consumo desses mesmos recursos demandados por seus hóspedes? Mas isso é culpa dos maldivos? Com certeza, não. Se os grandes países industrializados do mundo exploraram os recursos de carbono há centenas de anos, o que levou ao acúmulo de grandes riquezas, por que esperar que as Maldivas e outros países em desenvolvimento sejam os únicos a carregar o fardo e nos salvar das mudanças climáticas? E ainda assim eles tentam. Com o objetivo já mencionado de neutralidade de carbono, em Hadahaa eles trabalham constantemente para reduzir o desperdício. Durante nosso passeio, vimos a instalação de uma fazenda solar e projetos de reciclagem de água. Foi difícil não sentir um pouco de culpa por estar nas Maldivas, apreciando um *resort* de luxo, ainda mais quando o objetivo da viagem era aprender sobre as mudanças climáticas. Mas, enquanto estávamos lá, aproveitamos a praia, demos gorjetas generosas e preparamo-nos para o componente de pesquisa de nossa viagem.

Encontros imediatos com as mudanças climáticas

***

Conhecemos nosso biólogo marinho, Alex Mead, na loja de mergulho, onde tivemos que nos equipar com roupas especiais, coletes salva-vidas e equipamento antes da aventura. Alex era um instrutor de mergulho certificado com muitos anos de experiência e também um cientista com treinamento na Universidade de Plymouth, na Inglaterra. Fiquei imediatamente impressionado com sua semelhança mais do que passageira com Henry Golding, o ator principal do filme *Podres de ricos*, lançado no verão anterior. Alto e atlético, ele até falava com sotaque britânico ao explicar seu passado.

Nosso primeiro compromisso era assistir a uma breve apresentação sobre o papel dos recifes de coral na formação de ilhas. As Maldivas começaram como rochas vulcânicas que afundaram, formando uma barreira de recifes. Com o tempo, essa barreira também afundou e deixou para trás um anel de ilhas, que formaram os atóis. Estes são compostos por corais vivos (que são animais, não plantas), que foram se acumulando até a superfície da água. Eles não conseguiriam subir além disso, mas podem acompanhar o nível do mar, então, quanto mais alta a água, mais alto o coral. Os peixes então construíram a partir do coral, com areia de suas excreções e usando seus dentes para roer o material morto. A areia foi se acumulando lentamente e oferecendo alguma proteção ao que estava atrás dela. Com o tempo, isso permitiu que a flora e a fauna crescessem e formassem a ilha. Todo esse processo levou cerca de 10 mil anos, mas a ilha pode desaparecer em cerca de 50 anos (ou antes), devido ao aquecimento global.

As mudanças climáticas representam duas ameaças principais.[71] Uma delas é que a água mais quente acabe levando

Como falar com um negacionista da ciência

à dissolução dos recifes de coral. Ela literalmente mata o coral (que fica branco), e assim não haverá mais proteção para a ilha, pois as praias sofrerão erosão. No fim, a própria ilha se desintegrará. Isso se deve à temperatura da água e não tem nada a ver com o aumento do nível do mar. Mas o segundo perigo vem do transbordamento – devido ao aumento do nível do mar – quando as ilhas são inundadas pela água. Em casos extremos, isso pode ocorrer na forma de inundações ou *tsunami*, que se tornam mais comuns à medida que a temperatura global aumenta. Conforme ocorrem mais tempestades, aumenta a chance de transbordamento: uma onda rola sobre o solo baixo da ilha e destrói tudo em seu caminho. Portanto, não são apenas as inundações, mas também as tempestades extremas que podem causar erosão. E, à medida que se tornarem mais comuns, as ilhas ficarão inabitáveis.[72]

Agora era hora de ir para o barco e ver tudo isso em primeira mão.

Nossa tripulação consistia em três jovens magricelas das Maldivas, que estavam descalços e, a princípio, disseram que não falavam inglês. Eles pareciam estar no fim da adolescência. Dirigiram o barco enquanto Alex guiava o passeio. Nossa primeira parada foi na ilha de Nilandhoo. Ali viviam cerca de mil pessoas, todas nativas das Maldivas. Que contraste chocante com a ilha turística! Apesar do cenário ser lindo, a qualidade de vida dos moradores devia ser bem difícil. Havia prédios abandonados com pichações e uma estrada de terra que ia de uma ponta à outra da ilha. Parado no meio da rua ao meio-dia, olhando primeiro para um lado e depois para o outro em direção ao mar, era fácil ver por que a mudança climática era uma ameaça tão grande. Alex disse que uma onda

Encontros imediatos com as mudanças climáticas

alta poderia facilmente passar de um lado da ilha para o outro, em um piscar de olhos.

Não havia tráfego na rua, exceto por algumas bicicletas. Não havia carros. Os homens estavam sem camisa, mas as mulheres usavam longos mantos escuros e hijabes naquela ilha não turística. Trombamos com o posto de saúde local, que parecia limpo, mas com cateteres intravenosos um tanto antiquados. Não entramos. Chamamos muita atenção durante todo o tempo em que estivemos na ilha. Embora estivéssemos vestidos modestamente, os visitantes deviam ser raros em Nilandhoo, e um homem em uma bicicleta dirigiu-nos um olhar severo o tempo todo, até que nossa tripulação partiu do porto.

Nosso próximo passo foi o destaque (e também a parte mais assustadora) da viagem para mim: mergulhar com *snorkel* no Doragalla Thila. Foi ali que Alex disse que nos levaria para ver o coral morto. A princípio não consegui entender como íamos ver qualquer coral no meio do oceano. Corais ficavam perto da costa, certo? Mas suponho que o fundo do mar varie em altura – afinal, é por isso que havia ilhas no meio dele –, então coloquei meu equipamento e aproveitei o passeio. A tripulação pareceu gostar de fugir de Nilandhoo o mais rápido que podiam em águas abertas, mas de repente eles diminuíram a velocidade e pararam. Não consegui ver nada. Estávamos muito longe da costa e a água parecia de um azul uniforme, quando Alex anunciou: "Este é o local".

Alex, claro, foi o primeiro a entrar na água. Minha esposa foi a próxima. Bem, não sou um bom nadador e, na verdade, só aprendi a nadar quando tinha 30 e poucos anos. Naquela época, eu acabara de me tornar pai e queria aprender a nadar porque, se minha filha caísse na água, de uma forma ou de outra eu iria atrás dela. Meu instrutor de natação na pequena faculdade de artes e humanidades onde eu lecionava entendeu minha motivação, então me colocou em uma classe com os alunos do último ano, que precisavam passar no teste de natação para se formar. Depois de três meses praticando na parte rasa, ou ficando perto da borda da piscina quando tinha que ir para a parte funda, aprendi a nadar. Mas então veio o meu grande momento. Jurei me tornar o primeiro membro do corpo docente na história da escola a fazer o teste de natação com os alunos do último ano. O teste envolvia mergulhar até o fundo, depois nadar quatro voltas, nadar na água por cinco minutos e depois nadar mais quatro voltas. Lembro-me de hesitar na beira da piscina. O instrutor disse: "Olha, Lee, você já sabe como fazer isso, mas lembre-se do porquê. Sua filha está na água. Você não tem tempo para pensar. Agora pule". Eu disse "seu desgraçado" e pulei. Então, passei no teste.

Mas isso acontecera havia 20 anos, e agora eu estava em águas abertas no oceano Índico. Não havia terra por perto. Por um momento hesitei dentro do barco. De repente, observando minha esposa e Alex flutuando mais longe na corrente, senti--me dominado por uma sensação de urgência. Se eu esperasse muito mais, teria de nadar mais para alcançá-los ou correr o risco de não os acompanhar, e nesse caso todo o propósito da minha viagem estaria arruinado. Se foi isso ou o fato de minha esposa, com quem era casado havia 32 anos, já estar na água com uma versão náutica incrivelmente bonita de James Bond, o fato é que eu pulei.

De repente, senti-me em apuros. Meu colete salva-vidas parecia me inclinar para a frente. Josephine gritou "vamos, Lee, você consegue" e acenou. Comecei a nadar. Respirar pelo tubo parecia estranho, mas pelo menos eu estava me movendo. Continuei olhando para cima para ver se estava progredindo.

Finalmente cheguei até eles e estendi a mão. Então ouvi um motor sendo ligado... E o barco partiu!

Eu estava no meio do oceano – com um instrutor de mergulho certificado e minha esposa, mas nada mais. Eu não poderia nem voltar para o barco se ficasse com medo.

"Alex, o que é isso?"

"O que... o que você quer dizer?"

"Para onde foi o barco?"

"Ah, eles vão voltar."

"Quando?"

"Você está bem?"

"Sim, mas eu gostaria de saber para onde foi o barco. Você tem uma estimativa de quando voltarão? Algo deu errado? Você organizou tudo?"

Alex hesitou por um momento e sorriu. "Não, eles sempre fazem isso. Não se preocupe. Eles têm que sair ou correm o risco de ficar com o fundo do barco preso no raso ao coral. Posso chamá-los de volta a qualquer momento. Está tudo bem." Eu me acalmei um pouco. Minha esposa já estava mergulhando, e Alex disse: "Vamos, não estamos longe do recife. Tenho muito para mostrar".

Eu balancei a cabeça e coloquei meu rosto na água novamente. E fiquei hipnotizado. Ao nos aproximarmos do recife, vi que havia muitos peixes! Peixe-palhaço. Peixe--papagaio. A panóplia de peixes mais notável que já vi fora de um filme da Disney.

Então, vi o gesto de Josephine. Era um tubarão. Alex contou-nos sobre a possibilidade de vermos tubarões-de--pontas-negras-de-recife. Ele disse que não eram perigosos, mesmo que parecessem. Mais perigosas eram as enguias negras, que eram raras.

Como falar com um negacionista da ciência

Nadamos até o recife de coral, e vi por mim mesmo o que Alex tinha mencionado na loja de mergulho. Estava ficando branqueado, de um branco puro. O que significava morte. A água era transparente, e não havia como confundir. A temperatura da água quente escaldara todo o coral, e assim acontecerá com o restante do coral em todas as Maldivas, caso a temperatura da água continue a subir nas próximas décadas.

Por um instante, esqueci meu medo e perdi-me no momento. Essa foi uma experiência única na vida, e tive a sorte de tê-la. Ali, bem diante de mim, estava a evidência em primeira mão dos efeitos da mudança climática.[73] E eu queria ver mais. Nadamos ao redor do recife por mais alguns minutos, quando a mão de Josephine se estendeu novamente. Com o canto do olho, vi um *flash* de movimento na água. Parecia uma grande serpente preta. Claro, era uma enguia.

Após um sorriso de Josephine e mais alguns minutos nadando, eu disse: "*Ok*, Alex, é hora de voltarmos para o barco".

"Você tem certeza?"

"Sim, eu adorei. Mas não quero abusar da minha sorte. Você pode chamá-los de volta?"

O barco não estava à vista, mas lutei contra uma sensação de pânico ao continuar a mergulhar por mais alguns minutos. A enguia havia desaparecido, e o arco-íris de peixes reapareceu. Quantos anos restavam para que outros pudessem ver aquilo? Se as Maldivas desaparecessem, também desapareceria qualquer esperança de testemunhar aquela generosidade da natureza. Para dizer a verdade, eu ainda não conseguia entender como podia ser tão raso no meio do oceano. Mas tínhamos acabado de aprender que fora assim que as ilhas se formaram, certo? Elevando-se um pouco com relação ao oceano, como resultado de a areia ficar presa no coral, em uma operação de dragagem

Encontros imediatos com as mudanças climáticas

natural ao longo de milhares de anos. Mas agora todo o coral estava morrendo.[74]

Levantei a cabeça para ver que o barco havia chegado.

De volta a bordo, paramos na pequena ilha desabitada de Odagalla, onde faríamos um piquenique. Alex e a equipe deixaram-nos explorar a ilha sozinhos por um tempo, mas dessa vez não me importei. Demorou exatamente cinco minutos para dar a volta na ilha, então outro barco de turismo parou e descobriu que a ilha desabitada deles já era habitada por nós.

Depois do retorno da tripulação após o almoço, fomos para a ilha de Dhaandhoo para mais um mergulho. A essa altura, eu já não aguentava mais mergulhos com *snorkel* e não havia mais coral. O objetivo agora eram as tartarugas marinhas, em águas muito mais profundas perto do porto, o que seria legal, mas eu tinha outro plano. Josephine e Alex escorregaram pela lateral do barco, mas eu permaneci a bordo e sorri para a tripulação.

De repente, com o chefe ausente, um deles podia falar inglês. Naquele momento, um alto-falante em Dhaandhoo fez o chamado do meio-dia para a oração. Como eles tinham que observar a água, explicou meu colega falante de inglês, eles não podiam se ajoelhar. Mas fiquei em silêncio, enquanto eram entoadas suas orações pelo alto-falante. Depois, conversamos.

Perguntei ao meu novo amigo se ele era originalmente das Maldivas. Ele disse que sim, e os outros também. Disse que tinham crescido em uma ilha vizinha e nunca tinham saído de seu atol. Expliquei que estava ali para estudar a mudança climática, e ele assentiu. Então, perguntei: "Ensinam sobre a mudança climática na escola nas Maldivas?".

Ele balançou a cabeça: "Todo mundo nas Maldivas já conhece as mudanças climáticas. O clima mudou muito ao longo da minha vida. Costumava haver duas estações, agora há apenas uma. Agora temos muitas tempestades".

Eu vi que Josephine e Alex estavam mergulhando alegremente e, a julgar pela voz dela, ela tinha acabado de ver uma tartaruga. Não foi preciso se afastarem muito do barco dessa vez, pois a água era funda, então fiquei sentado e continuei minha conversa com a tripulação.

"Isso é terrível", eu disse. "Você testemunhou a mudança climática em primeira mão, mas as pessoas nos Estados Unidos não sabem de tudo isso."

Ele balançou a cabeça bruscamente, como se quisesse ser educado e ao mesmo tempo se certificar de que eu havia entendido. "Fora das Maldivas, ninguém se importa."

Foi de partir o coração.

Conversamos por mais alguns minutos, durante os quais tentei contar a ele sobre o número de pessoas ao redor do mundo que se preocupam com as mudanças climáticas, mas todos me olharam com tristeza. Ao longo de nossa conversa, houve poucos sorrisos. Talvez eles entendessem o que nenhuma ciência poderia ensinar: que não se tratava apenas de acreditar, mas também de se importar.

Mudei de assunto e perguntei: "Então, quantos atóis existem nas Maldivas?".

Isso trouxe um sorriso, e ele olhou para os outros rapazes, então começou a cantar uma canção de ninar enquanto contava nos dedos. Por fim, ele disse: "26".

Nesse ponto, ouvi Josephine e Alex voltando para o barco. Ela disse ter visto várias tartarugas marinhas – que faziam parte de um projeto de pesquisa em andamento que Alex estava fazendo – e também outro tubarão. Nós nos sentamos na popa para tirar o equipamento de mergulho, enquanto a tripulação

Encontros imediatos com as mudanças climáticas

avançava pela água como se estivesse dirigindo o *Millennium Falcon*, voltando direto para Hadahaa.

***

Deixamos a ilha dois dias depois, com outra viagem de 36 horas pela frente. Enquanto caminhávamos com os outros turistas até o cais, para pegar o barco que nos levaria de volta a Kooddoo, toda a equipe da ilha fez fila para se despedir. Todo mundo apertou as mãos e sorriu enquanto caminhávamos até o cais. Entramos no barco e colocamos nossos coletes salva-vidas, e vimos que nossos colegas turistas pareciam tão encantados quanto nós. Quando o barco se afastou, todos no cais acenaram. Quilômetro após quilômetro, mesmo quando o barco atingiu a velocidade de cruzeiro, a equipe no cais continuou acenando. Por fim, quando não pude mais vê-los, imagino que tenham parado, mas não tenho certeza.

Foi alegre e doloroso em igual medida. Pois eu sabia que provavelmente nunca mais voltaria. E que, algum dia, eles também não.

CAPÍTULO 5

Luz no fim da mina de carvão

A história da mudança climática é em grande parte uma história de combustíveis fósseis, como carvão, petróleo e gás natural. Todos entendem que as vacas e outros rebanhos produzem metano em seu trato digestivo, e os que negam a mudança climática tiram grande proveito disso.[1] Mas a realidade é que as principais fontes de emissões de gases de efeito estufa (pelo menos nos Estados Unidos) são produção de energia, transporte e indústria, todos impulsionados principalmente por combustíveis fósseis.[2]

Em uma reportagem fascinante publicada no jornal *Guardian*, em 2017, descobri que apenas 100 empresas foram responsáveis por 71% das emissões globais entre 1988 e 2015. Pior ainda, mais da metade das emissões industriais globais são produzidas por apenas 25 empresas e entidades estatais (ver Tabela 1).[3]

Quando vi isso pela primeira vez, algumas coisas chamaram minha atenção. A primeira foi que ExxonMobil, Shell, BP e Chevron estavam entre as 12 primeiras. Mas espere

Luz no fim da mina de carvão

um momento – essas não foram as mesmas empresas que tiveram um papel crucial no apoio ao Instituto Americano do Petróleo, para criar campanhas de combate à ciência sobre a mudança climática, e doaram milhões de dólares todos os anos para a publicidade em apoio ao negacionismo?[4] Exatamente. Outra coisa que se destacou foi a enorme influência do carvão, que produz cerca de 20% das emissões mundiais de gases de efeito estufa. De fato, o produtor número um de gases de efeito estufa no mundo, "de longe" – respondendo por mais do que as seguintes cinco empresas "juntas" –, é o carvão chinês.

TABELA 1 – OS [25 PRIMEIROS DOS] 100 MAIORES PRODUTORES E SUAS EMISSÕES CUMULATIVAS DE GASES DE EFEITO ESTUFA DE 1988 A 2015

Classificação	Empresa	Porcentagem de emissões industriais globais de gases de efeito estufa
1	China (carvão)	14,32%
2	Saudi Arabian Oil Company (Aramco)	4,50%
3	Gazprom OAO	3,91%
4	National Iranian Oil Co	2,28%
5	ExxonMobil Corp	1,98%
6	Coal India	1,87%
7	Petróleos Mexicanos (Pemex)	1,87%
8	Rússia (carvão)	1,86%
9	Royal Dutch Shell PLC	1,67%
10	China National Petroleum Corp (CNPC)	1,56%
11	BP PLC	1,53%
12	Chevron Corp	1,31%
13	Petróleos de Venezuela S.A. (PDVSA)	1,23%
14	Abu Dhabi National Oil Co	1,20%
15	Poland Coal	1,16%
16	Peabody Energy Corp	1,15%

17	Sonatrach SPA	1,00%
18	Kuwait Petroleum Corp	1,00%
19	Total S.A.	0,95%
20	BHP Billiton Ltd	0,91%
21	ConocoPhillips	0,91%
22	Petróleo Brasileiro S.A. (Petrobras)	0,77%
23	Lukoil OAO	0,75%
24	Rio Tinto	0,75%
25	Nigerian National Petroleum Corp	0,72%

Dados do *CDP Carbon Majors Report 2017*.

Uma das poucas boas notícias ambientais dos últimos anos é a de que os Estados Unidos começaram a reduzir sua dependência do carvão. O uso de carvão no país caiu 18% em 2019, o que significa que terminou a década em menos da metade do nível inicial.[5] Ainda assim, o carvão representa cerca de 25% de toda a produção de eletricidade nos Estados Unidos, mesmo durante a transição para outros combustíveis mais limpos.[6] Mas isso deve ser contrabalançado com o agravamento do uso do carvão em outros países.

A Ásia responde por três quartos do consumo global de carvão hoje. Mais importante, é responsável por mais de três quartos das usinas de carvão que estão em construção ou em fase de planejamento. A Indonésia está cavando mais carvão. O Vietnã está abrindo terreno para novas usinas de energia movidas a carvão. O Japão, recuperando-se do desastre da usina nuclear de 2011, ressuscitou o carvão. O rolo compressor do mundo, porém, é a China. O país consome metade do carvão mundial. Mais de 4,3 milhões de chineses trabalham nas minas de carvão do país. A China elevou em 40% a capacidade mundial de uso do carvão desde 2002, um grande aumento em apenas 16 anos.[7]

Quando li isso, comecei a me perguntar sobre o nível de negacionismo da mudança climática fora dos Estados Unidos. Talvez o esforço de combater o aquecimento global devesse ter mais a ver com o combate ao negacionismo no exterior, e não apenas nos Estados Unidos? Depois de procurar um pouco, desisti dessa ideia porque, de acordo com uma pesquisa de negacionismo climático de 2014 separada "por país", a China apresentou o menor número de negacionistas.[8] Adivinhe quem era o número um?[9] O estudioso Chris Mooney observou não apenas que os Estados Unidos eram o número um em negacionismo nessa seara, como os três piores nesse sentido eram todos países de língua inglesa.[10] Claramente, não há uma ligação necessária entre o negacionismo do clima e o *status* de maior poluidor. Portanto, não se pode atribuir tudo ao raciocínio motivado, à ideologia e à dissonância cognitiva. E então?[11]

Ainda assim, devemos procurar nossas respostas onde está a luz. O que podemos fazer sobre o novo compromisso do governo chinês com o carvão? Que tal tentar remover o pretexto para a irresponsabilidade internacional como fruto da falta de liderança dos Estados Unidos (ou seja, do negacionismo da crise climática), tornando nosso país um exemplo melhor para os outros? Ao fazermos mais para ajudar os Estados Unidos a alcançarem seu compromisso com as metas do Acordo de Paris, podemos constranger a China e incentivá-la a dedicar mais esforços para cumpri-las também? Mesmo que a China não esteja cheia de negacionistas, a campanha de negacionismo que paralisou o governo dos Estados Unidos certamente teve um papel em permitir que a China e outras nações poluidoras escapassem do escrutínio por seus próprios pecados.

E há o fato de que, embora a China seja o maior produtor de emissões de gases de efeito estufa (de todas as fontes), os Estados

Unidos ainda ocupam o segundo lugar – e, historicamente, temos sido o maior produtor do tipo de poluição industrial que "colocou" o mundo nessa crise, para começar. Acrescente a isso o fato de as emissões dos Estados Unidos (de todas as fontes) ainda responderem por 14% da poluição mundial de dióxido de carbono, e há muito o que fazer sobre a mudança climática, mesmo sem voar para o outro lado do mundo de novo.[12] Os Estados Unidos são um grande poluidor e a desculpa preferida para muitos atrasos internacionais em um momento em que não temos um minuto a perder. E um dos principais problemas é e continua sendo o carvão.[13]

***

Quando voltei das Maldivas, estava ansioso para usar minhas evidências recém-adquiridas em primeira mão – e a estratégia da refutação técnica de Schmid e Betsch –, para tentar convencer meus primeiros negacionistas da ciência. Depois de pesquisar um pouco, descobri que a Pensilvânia é o terceiro maior estado produtor de carvão dos Estados Unidos, logo depois de Wyoming e da Virgínia Ocidental; então decidi ir até lá e conversar com alguns mineradores de carvão sobre mudanças climáticas. Dessa vez, não previ nenhum hotel exótico para minha viagem; então combinei de ficar com um amigo que mora em Pittsburgh e entrar em contato com os dirigentes de uma organização sem fins lucrativos chamada Hear Yourself Think [Ouça-se Pensando], que tem como objetivo encorajar um maior diálogo entre as divisões políticas, de maneira a ajudar a quebrar alguns dos silos de desinformação e ideologia que exacerbam o partidarismo e levaram a esse impasse característico da atualidade. David e Erin Ninehouser, a dupla de marido e mulher que iniciou a Hear Yourself Think, dão seminários sobre como lidar com a propaganda conservadora que mina iniciativas progressistas, como o comércio justo e a assistência médica universal. Mas eles não enfrentam o partidarismo com mais partidarismo. Em vez disso, eles nos ensinam como ter conversas mais respeitosas e produtivas sobre tópicos politicamente carregados.

Eu não poderia ter pedido uma melhor adequação ao meu plano para abordar os negacionistas do clima. David e Erin não eram apenas ex-ativistas políticos filiados a sindicatos, como também conheciam pessoalmente vários mineiros de carvão, como resultado de seus esforços de angariação de porta em porta para várias causas políticas ao longo dos anos. Como dizem em seu *site*, eles "bateram em mais de 100 mil portas" desde 2004, para ter conversas difíceis com concidadãos sobre causas progressistas. Além disso, desde 2015 passaram a frequentar os comícios de Trump e a filmar os resultados, para uso em seus seminários de treinamento. Antes de ir para Pittsburgh, assisti a alguns desses encontros, que podem ser bastante chocantes. Achei que tivesse passado por dificuldades com os terraplanistas![14] De qualquer forma, David e Erin eram as pessoas perfeitas para me ajudar a tentar marcar uma reunião com mineiros de carvão da Pensilvânia, para falar sobre a mudança climática.

Meu objetivo era escolher um ambiente e um formato que encorajassem uma conversa aberta e respeitosa. Eu não queria ser o professor especializado de Boston que viajou para dar uma aula. Diante disso, decidimos escolher o cenário menos controverso que poderíamos imaginar: um restaurante nos condados de Greene ou Washington. Este é o coração da região carbonífera da Pensilvânia e um lugar mais informal onde poderíamos relaxar, nada como um sindicato ou uma biblioteca, e debater. David e Erin ofereceram-se generosamente para ajudar com a publicidade e disseram que imprimiriam centenas de panfletos para distribuir durante a campanha. Erin também ligou para algumas pessoas que ela conhecia e ajudou a organizar a minha participação em um programa da NPR, chamado *The Allegheny Front*, para gerar algum interesse local.[15] Minha promessa era pagar o jantar para qualquer um que viesse falar comigo sobre suas opiniões a respeito da mudança climática. David e Erin sugeriram o Eat'n Park em Washington, Pensilvânia, que tinha uma sala nos fundos com muitas mesas que poderíamos usar para uma conversa animada, mas particular.

À medida que o dia se aproximava, eu já estava em Pittsburgh para dar algumas palestras na Carnegie Mellon e cruzando os dedos para o que estava por vir. Comecei a ficar um pouco nervoso. Minha suposição inicial era que a maioria dos mineiros de carvão provavelmente negariam a crise climática, com base na famosa sabedoria de Upton Sinclair, de que "é difícil fazer um homem entender algo quando seu salário depende de ele não entender".[16] Também li um artigo no *New York Times*, intitulado "People in Coal Country Worry about the Climate, Too" ["Habitantes da região do carvão também se preocupam com o clima"], o que me fez pensar um pouco. Quem era eu para prejulgar? Como dizia o artigo: "Nesta era hiperpolarizada [é] muito fácil confundir geografia com identidade".[17] Então decidi recuar em minhas expectativas e apenas ouvir o que as pessoas tinham a dizer. Também não haveria mais tentativas de conversão instantânea, como tinha feito na Terra Plana. Precisava ouvir e construir confiança.

Fico feliz por ter abordado dessa maneira, porque minhas duas primeiras conversas foram com mineiros de carvão que David e Erin me apresentaram, que disseram que queriam ir ao jantar, mas não tinham certeza se conseguiriam ir. Disseram que não haveria problema se eu ligasse para eles, então decidi rapidamente que seria um tolo se não me apressasse. Elaborei uma lista de sete perguntas, mas jurei não usar isso como roteiro ou entrevista. Eu só queria manter as perguntas em mente e ter uma conversa fácil, para aproveitar a oportunidade de falar com as pessoas individualmente. No próprio evento podia haver alguma polarização, mas essa foi minha chance de abordar o assunto em particular, senão pessoalmente, e de fato ouvir o que as pessoas pensavam. Estas foram minhas perguntas:

1) Há quanto tempo você trabalha na indústria da mineração? Já trabalhou nas minas de carvão?
2) As pessoas têm uma visão estereotipada de que nem todos os mineradores de carvão acreditam nas mudanças climáticas. O que você acha disso?
3) Qual é a sua opinião sobre as mudanças climáticas?
4) Que outras opiniões você ouviu de pessoas com quem trabalha?
5) Você tem familiares que têm uma visão diferente da sua sobre as mudanças climáticas?
6) O que seria necessário para que você mudasse de opinião sobre as mudanças climáticas?
7) O que você acha da política em torno da mudança climática? Você acha que algo será feito?

Minha primeira conversa foi com um homem que chamarei de Steve (nome fictício), que tinha sido mineiro

Como falar com um negacionista da ciência

de carvão por mais de 30 anos e representante sindical da United Mine Workers por mais de quatro décadas. Ele tinha se aposentado em 2006. Comecei com minha pergunta sobre como as pessoas tinham uma visão estereotipada de que os mineiros de carvão não acreditavam nas mudanças climáticas. Steve foi cauteloso. David e Erin tinham me dito que ele era um ex-funcionário do Partido Democrata local, então ele sabia como responder a uma pergunta. Steve explicou que os mineiros de carvão eram uma comunidade diversificada. Ele disse que um grande número de mineiros hoje em dia era bem-educado e que ele havia trabalhado com professores, enfermeiras etc. Ele disse que havia uma divisão de 50/50 entre democratas e republicanos. Perguntei se essa diversidade se estendia às suas opiniões sobre as mudanças climáticas, e ele disse que sim. Eles tinham visões em todo o espectro. Primeiro, havia os "Trumpers", fãs do presidente Trump, que acreditavam que qualquer coisa sobre mudança climática era uma notícia falsa. Depois, havia aqueles que diziam: "Sou mineiro de carvão; tenho de ser a favor do carvão". Em terceiro lugar, havia aqueles que estavam "conscientes do meio ambiente". Cautelosamente, perguntei em que ele se encaixava nesse espectro. Ele disse que achava que a Terra estava com problemas. Foi uma resposta cuidadosa, mas minha impressão é que ele provavelmente se colocava na categoria três.

Eu mencionei como provavelmente era difícil para ele manter esse ponto de vista, uma vez que o colocava em desacordo com algumas pessoas em sua profissão. Perguntei: "Como você concilia a ideia de que estava fazendo algo que prejudica a Terra, e você sabia disso, com a ideia de que tinha que fazer isso, de qualquer maneira?". Eu compartilhei, então, a citação de Upton Sinclair sobre como era difícil fazer

Luz no fim da mina de carvão

alguém acreditar em algo, quando seu salário dependia de não acreditar. Não seria mais fácil se ele não acreditasse nas mudanças climáticas? Então Steve disse algo tão profundo, que mudou minha perspectiva sobre todo o assunto: "Você precisa entender que os mineiros de carvão são fatalistas", disse ele. "O trabalho é uma espécie de morte lenta."

Infelizmente, eu soube por David e Erin que um mineiro de 25 anos tinha morrido no Condado de Washington, na sexta-feira antes do Dia do Trabalho, quando eles planejavam se encontrar com alguns mineiros de carvão e suas famílias, para falar sobre o nosso encontro. Minha conversa com Steve aconteceu menos de duas semanas depois disso. Fiz uma pausa para pensar nas implicações do que ele acabara de dizer. Se um mineiro estava disposto a ir trabalhar todos os dias e arriscar a própria saúde e até a "vida", por que pararia apenas por causa de um risco para a Terra ou para a saúde de outra pessoa, talvez do outro lado do mundo? Isso não era insensível; era a realidade. Não havia outros empregos, e eles tinham de alimentar a família. O que alguém esperava que eles fizessem?

Perguntei a Steve sobre a ideia de os mineiros de carvão estarem cientes do risco para si mesmos *versus* dos riscos para o clima, e ele disse que teria muitas histórias para mim quando nos encontrássemos no restaurante. Fiquei muito feliz por ter a chance de falar com ele pessoalmente e já estava ansioso pela continuação da conversa.

Minha segunda conversa foi com um homem que chamarei de Doug (nome fictício), que trabalhou na indústria do carvão por 40 anos e também era ativo no sindicato. Ele era atualmente funcionário público. David e Erin conheceram-no no desfile do Dia do Trabalho e contaram a ele sobre nosso encontro. Ele se interessou pelo assunto e disse que ficaria feliz em falar comigo

Como falar com um negacionista da ciência

e que poderia até participar da reunião. Com David e Erin, ele expressou frustração com a retórica de Trump sobre proteger os mineiros de carvão, e não fazer nada para apoiá-los. Mas ele estava igualmente frustrado com os ambientalistas "linha-dura", que ele achava que não entendiam o quanto seu condado dependia da indústria do carvão para gerar empregos.

Quando falei com Doug ao telefone, ele estava se preparando para ir a uma reunião local, então não tivemos muito tempo para conversar. Ele me disse que, em seus 40 anos na indústria do carvão, teve "sorte" de ter estado na superfície, trabalhando na sala de controle, soldando e processando. Mas, ainda assim, seu pulmão era preto. Na indústria do carvão, disse ele, a poeira está em toda parte, da extração ao processamento. Perguntei se todos os que estavam na superfície se sentiam afortunados, devido ao perigo nas minas. Ele disse que não, que havia mais dinheiro a ser ganho nas minas e que toda a mineração era perigosa.

Voltei-me para a minha pergunta sobre como muitas pessoas tinham uma visão estereotipada dos mineiros de carvão. Ele concordou inflexivelmente: "Você acertou!". Enfatizou então o papel da tecnologia e do controle remoto na mineração de carvão moderna. Não era mais um bando de caras com picaretas. Perguntei sua opinião sobre a mudança climática. Doug explicou que seu condado era sustentado por carvão e gás. Se os empregos no carvão fossem embora, a base tributária do sistema escolar seria dizimada. "Isso me assusta muito", disse ele. Já havia apenas 30 alunos formando-se no ensino médio. O número era pequeno e continuava a encolher.

Mas, então, ele disse: "Eu tenho netos. Eu vivi toda a minha vida aqui...".

Luz no fim da mina de carvão

Achei que isso significava que ele se enquadrava na terceira categoria de "conscientização" de Steve sobre os efeitos do carvão na mudança climática. Porém ele ainda não havia dito isso.

Doug continuou me falando que havia muitas coisas que poderiam melhorar as emissões de carvão, mas elas custam dinheiro. E quem queria pagar por isso? Os políticos não estavam fazendo muito para ajudar. Por fim, ele declarou: "Sim, eu acredito nas mudanças climáticas". E, então, ele disse a seguir: "Mas olhe para a China". Sua indústria de carvão era muito mais suja do que a estadunidense. E era responsável por uma parcela muito maior da poluição do mundo, devido à sua forte dependência do carvão. (Ele estava absolutamente certo sobre isso.) Porém não se poderia simplesmente eliminar o carvão nos Estados Unidos. Teríamos quedas de energia. Seria um perigo para a defesa nacional. Teríamos de ter um plano, e quem tem um?

Mencionei que, em 2016, Trump havia dito que era a favor do carvão e que salvaria a indústria. Eu queria saber se ele havia feito isso do ponto de vista de Doug. A resposta foi um resoluto não.

"Trump fechou mais usinas movidas a carvão do que qualquer governo anterior."[18]

Doug viu isso como uma traição. Ele disse que seu condado era democrata, mas que 70% deles votaram em Trump.

Estava quase na hora de Doug sair para a reunião, então não fiz mais perguntas e apenas o deixei falar.

Ele disse que os mineradores de carvão eram inteligentes e queriam melhorar as coisas, mas a solução tinha que ser mais do que apenas decidir eliminar o carvão. Ele alertou que meu evento poderia ter alguma representação do Center for Coalfield

Como falar com um negacionista da ciência

Justice [Centro para Justiça na Região Carbonífera; CFJ, na sigla em inglês], o qual caracterizou como uma organização ambientalista radical que podia dificultar uma conversa justa. Ele reiterou que a maioria das pessoas ignorava o que estava acontecendo nos bastidores e que os mineiros de carvão não eram estúpidos. Tínhamos que encontrar uma solução que funcionasse para todos. Ele então saiu para a sua reunião.

Fiquei em êxtase por ter tido a chance de conversar com duas pessoas que tinham uma vasta experiência na indústria e tinham pensado tanto sobre as questões. Também fiquei surpreso ao descobrir que os dois disseram acreditar na mudança climática. Mas por que eu deveria estar surpreso? A simples ideia de que as pessoas negariam algo só porque seu sustento dependia disso era uma suposição ingênua de minha parte. A questão era muito mais complexa do que isso. Mesmo que os mineradores percebessem o impacto que estavam causando na Terra, os problemas mais imediatos para eles eram empregos e dinheiro. Tinham de sustentar a família. E tinham de equilibrar os riscos e a realidade com a ideia de que as comunidades que eles amavam seriam destruídas se a indústria do carvão desaparecesse da noite para o dia. Aqueles mineiros estavam pensando sobre isso de uma maneira infinitamente mais honesta do que os titãs dos combustíveis fósseis que Jane Mayer descreveu em seu livro, que vinham se engajando em uma campanha de negacionismo por anos.[19] Os mineiros de carvão de que acabei de falar pareciam ter muito mais em comum com os garotos que conheci naquele barco nas Maldivas do que com os negacionistas da política corporativa. Todos estavam apenas tentando defender seus lares.

Verifiquei com Erin e David e descobri que, sim, poderíamos esperar na reunião alguma representação do

Luz no fim da mina de carvão

pessoal do CFJ. E um repórter local estava planejando vir também. A angariação deles tinha funcionado! Mas quais seriam os resultados? Eles explicaram que o pessoal do CFJ era ativista, mas não militante. Eu não devia temer nenhuma interrupção. Era surpreendente para eles que os mineiros e apoiadores locais do carvão sempre parecessem tão nervosos em se envolver com esse pessoal. David e Erin entraram em contato com o CFJ e explicaram a natureza do evento – que era uma conversa, não era para tentar converter ninguém –, e os ativistas desse centro pareceram concordar com isso. Mas queriam estar lá.

Depois que as coisas correram tão bem durante minhas entrevistas individuais, decidi tentar capturar o máximo de bom humor que pudesse para o jantar que se aproximava. Em conversa com David e Erin, decidi não tentar gravar nada, apenas conversar, por medo de influenciar o tom do evento. Já havia o risco de polarização, e o evento era para tentar romper com isso. Então, ocupei-me de me preparar para o programa de rádio e para o evento.

***

O Eat'n Park é um restaurante local bem conhecido, perto da rodovia no Condado de Washington, na Pensilvânia, cerca de 30 km da fronteira com a Virgínia Ocidental. Cheguei cedo com meu amigo Andy, um filósofo de Pittsburgh que escreve sobre razão e ideologia, e tentamos apenas descontrair.[20] Quando David e Erin chegaram lá, fomos para a sala dos fundos, pedimos um chá gelado e esperamos. Eles me disseram que tinham divulgado nos condados de Greene e Washington, até a Virgínia Ocidental. O folheto deles era ótimo, e fizemos

Como falar com um negacionista da ciência

tudo o que podíamos. Agora tínhamos que cruzar os dedos e esperar que pessoas aparecessem.

Meia hora depois, quando o jantar estava para começar, o comparecimento foi escasso. Além de Andy, David, Erin e eu, tínhamos Mike (que trabalhou 40 anos na indústria elétrica, 15 deles em uma usina de carvão), Nora (do CFJ), Trey (também do CFJ), Nancy (uma moradora local que tinha familiares que trabalhavam com aço e carvão e disse que "conseguia ver a questão de ambos os lados", mesmo sendo uma "abraçadora de árvores"), Zef (professora de escola pública local) e Steve (o mineiro de carvão com quem já havia falado ao telefone).[21] Havia também um repórter local, que não participou da discussão.

Pedi a David que abrisse a reunião porque ele tinha muita experiência em facilitar conversas difíceis. Ele fez, de fato, um ótimo trabalho. Falou sobre como o maior problema era saber em quem confiar. Não poderíamos ser especialistas em todos os assuntos. E tínhamos que descobrir como superar a fragmentação presente nas mídias sociais. Então, ali estávamos nós, encontrando-nos cara a cara, para compartilhar nossos pontos de vista. Mas não importa o quão diversos esses pontos de vista pudessem ser, a única pessoa que poderia mudar nossa opinião éramos nós mesmos.

Cada um se apresentou, e depois caímos na risada. Todos na sala acreditavam nas mudanças climáticas! Esqueça os 97% dos cientistas, tínhamos 100% de consenso naquela sala. Confesso que meu primeiro sentimento foi de decepção. Aquilo representava mesmo a indústria? Talvez eu devesse ter pedido para me encontrar em um sindicato, o que poderia ter parecido mais com um lar para os mineiros. Quem gostaria de ir a uma reunião em um restaurante – mesmo com a perspectiva de ganhar um jantar –, apenas para discutir seus pontos de

Luz no fim da mina de carvão

vista? Talvez todos os negacionistas do clima tenham ficado em casa. Erin e David pareciam um pouco preocupados. Eles sabiam que eu estava escrevendo um livro sobre negacionismo, e não havia nenhum negacionista ali. Mas como eu poderia reclamar de duas pessoas generosas, que haviam percorrido centenas de quilômetros para encontrar mineiros de carvão para um encontro com um estranho... E conseguiram! Minha tarefa era encontrar mineiros de carvão, não negacionistas das mudanças climáticas. Eu estava ali para saber o que as pessoas pensavam e talvez tivesse acabado de descobrir. Como tinha lido no *New York Times*,

> [a] ideia de que todos os mineiros ou todas as comunidades ligadas às indústrias extrativas são hostis à mudança climática é simplesmente falsa. Appalachia tem uma rica história de mineiros – e suas esposas – organizando-se em nome de sua saúde, seus empregos e seu meio ambiente; o sindicato dos mineiros foi fundado para proteger esses princípios.[22]

Essa era uma questão complexa e ainda tínhamos muito a aprender uns com os outros. Eu me senti agradecido.

Perguntei se poderíamos ouvir os mineiros de carvão primeiro, e Mike abriu a conversa. Ele disse que existem várias técnicas ambientais para tornar a mineração de carvão mais limpa, mas não parece haver muita pressão atualmente para que isso aconteça. Teríamos que ir atrás dos "bolsos fundos" para resolver isso. Sim, as pessoas envolvidas eram parte do problema, e não "todo" o problema. Partindo do princípio de que ainda dependemos do carvão, como resolveremos isso?

Steve veio em seguida e falou de novo sobre o "fatalismo" dos mineiros. Seu trabalho era tirar os mineiros da mina no final do turno. E só.

Nora (do CFJ) falou um pouco sobre a "hierarquia de necessidades". Uma vez que minhas necessidades básicas são atendidas, aí eu me preocupo com as necessidades de outras pessoas. Porém, em uma situação de crise (em que enfrentamos insegurança econômica e uma ameaça à vida e à saúde), talvez isso venha depois. Ela disse que tinha um tio que achava que a mudança climática não era real – que não era causada pelo homem. Mas, quando ela mencionou o efeito potencial da água potável, ele parou e pensou.

Steve disse que a coisa toda era política. Resumimos a questão das mudanças climáticas em frases de 15 segundos na televisão. O que seria necessário para mudar a opinião das pessoas? Que tal algo comparável ao que o filme *O dia seguinte*, de 1983, fez para aumentar a conscientização sobre os perigos da guerra nuclear? Por que não há mais filmes de Hollywood sobre a mudança climática? Fora isso, seria preciso algo financeiro, algo pessoal, para fazer com que a maioria das pessoas mudasse de opinião. E não apenas seus pontos de vista, mas seu comportamento. A pergunta em assuntos como esse é sempre: "Por que devo me importar?". (Como assim? Eu estava ouvindo a mesma coisa de um mineiro de carvão na Pensilvânia que ouvira a mais de 20 mil km de distância de um pescador nas Maldivas!)

Zef (que havia chegado um pouco atrasado) disse que ensinava debate nas escolas e que poderíamos mudar mais mentes dessa maneira também.

Mike apontou que a questão fora polarizada pelos partidos políticos. Se pudéssemos dizer apenas uma coisa que ficasse na cabeça de uma pessoa, cortando o barulho de fundo do partidarismo, já seria progresso. A mídia social é uma grande parte do problema.

Luz no fim da mina de carvão

Steve concordou que as pessoas não mais "acreditam" nas coisas, elas são "doutrinadas".

Nancy expandiu isso, dizendo que esse era o objetivo dos partidos políticos. Forçar-nos a escolher lados. Sentir que "alguém deveria estar cuidando disso", não nós.

Nesse ponto, já estava bastante satisfeito com a conversa, e partimos para uma discussão aberta e livre, em que todos tentamos pensar em algumas soluções. A ideia de nos encontrarmos como humanos – como estávamos fazendo – e plantar a semente da dúvida para que as pessoas pudessem mudar de ideia parecia fundamental. As pessoas preocupam-se com seus empregos e seu próprio bem-estar em primeiro lugar. E é mais difícil se importar com algo se você não consegue ver ou não conhece ninguém que foi afetado por aquilo. É por isso que é bom que as pessoas se conheçam. Contei algumas histórias sobre minha viagem às Maldivas, e as pessoas pareciam fascinadas. Vi a expansão de suas preocupações com o meio ambiente bem diante dos meus olhos.

Essa pode não ter sido a discussão que eu esperava quando planejei a viagem, mas foi bastante edificante. A comida chegou, e todos continuamos a conversar. Como tive que parar de fazer anotações, tudo de que me lembro é que tivemos uma discussão cordial e aberta. Mas, depois que acabou, minhas opiniões sobre as mudanças climáticas nunca mais foram as mesmas.

Eu tinha ouvido a mesma mensagem algumas vezes, de pessoas diferentes, com interesses diferentes na questão. Havia uma distinção entre "crenças" e "valores". A pergunta com a qual eu tinha começado era: "Como convenço alguém a acreditar em algo em que antes não acreditava?". Mas a questão que eu enfrentava agora era: "Como convenço alguém a se importar

Como falar com um negacionista da ciência

com algo – ou alguém – com que antes não se importava?".
Para fazer mais sobre a mudança climática, talvez a questão não
fosse apenas conseguir com que os negacionistas mudassem
suas visões irracionais, mas aprofundar-se um pouco mais na
compreensão de como essas visões existiam em função de seus
valores, para que pudéssemos incentivá-los a "se importar"
mais com algo que afetaria a todos nós. Aquele garoto no
barco nas Maldivas estava certo. Talvez eu tivesse ido até lá só
para ouvi-lo dizer: "Fora das Maldivas, ninguém se importa".
Mas por que não? Porque eles não sabiam que o problema
os afetava também? Ou porque não conheciam ninguém das
Maldivas? Como superar essa barreira – que afinal parece fazer
parte da mais nova estratégia negacionista, que evoluiu de "não
acredito" para "por que deveríamos destruir nossa economia
para fazer algo a respeito"?

O que as pessoas ganham com o negacionismo? Qual é
o papel da opinião própria e da identidade na hierarquia de
necessidades? Em algum nível, as pessoas sabem que suas
crenças estão erradas, mas elas simplesmente não conseguem
se motivar o suficiente para mudá-las, dada a dissonância que
isso criaria? Mas que exemplo corajoso encontrei em "três
mineradores de carvão", que entendiam, todos, a realidade do
aquecimento global e estavam preparados para admitir isso em
público, mesmo que conflitasse com a forma como ganhavam a
vida. Se a solução definitiva para a crise climática não é apenas
mudar as "crenças", mas também mudar o "comportamento",
como fazemos isso? O que mantinha aqueles mineiros nas
minas não era algum compromisso ideológico radical ou crença
motivada. Era a realidade econômica: eles precisavam para
alimentar sua família. Não havia alternativa prática. A indústria
do carvão e os políticos de Washington haviam falhado com

eles com a mesma certeza com que haviam falhado com os pescadores das Maldivas. Talvez a inação climática deva-se a algo maior do que o negacionismo da crise. Talvez o fato de haver negacionistas do clima fosse apenas um sintoma de um problema maior.

Quando saí de Pittsburgh, queria voltar e fazer mais entrevistas para dar continuidade – talvez da próxima vez em um sindicato – e consegui promessas de várias pessoas no restaurante de trazer alguns de seus amigos negacionistas do clima na próxima vez. Mas, então, a crise da covid-19 começou, e simplesmente não foi mais possível. Também comecei a me perguntar: qual era o objetivo? Mesmo se eu pudesse converter alguns negacionistas do clima para o meu lado, que bem isso faria? Como eu tinha visto, muitas pessoas que "já acreditavam" nas mudanças climáticas ainda trabalhavam na indústria. Eu esperava que eles entrassem em greve ou simplesmente saíssem?

Na verdade, eu me pergunto se isso não explica os resultados da pesquisa de negacionistas do clima na China. Só porque alguém está esclarecido sobre a questão do aquecimento global e acredita na verdade da ciência, isso não significa que as emissões vão parar. Precisamos de algo mais do que a conversão de crenças para fazer uma diferença na mudança climática. Mas o quê?

Situação atual

Em julho de 2019, a cidade de Anchorage, no Alasca, atingiu 32 ºC pela primeira vez na história registrada.[23] Em 20 de junho de 2020, o primeiro dia do verão, houve uma

Como falar com um negacionista da ciência

temperatura recorde de 38 ºC em Verkhoyansk, na Sibéria.[24] A mudança climática está em toda parte e está se acelerando. O próximo relatório do IPCC está previsto para 2022, e espera-se que mostre que o problema do aquecimento global é ainda pior do que a situação apocalíptica que o relatório descreveu em 2018. Embora a conscientização pública sobre o aquecimento tenha crescido nos últimos anos, um quórum de políticos estadunidenses parece firmemente entrincheirado no negacionismo. E, na ausência de liderança, o problema persiste.

Enfrentamos a realidade de que a conscientização não é suficiente. Que talvez a melhor maneira de resolver a crise climática não seja conversar com os negacionistas, mas buscar mudanças políticas. De certa forma, isso pode parecer mais fácil. Dado o que enfrentei na Conferência da Terra Plana, não há muita esperança de que possamos mudar as opiniões dos negacionistas da ciência – pelo menos na escala de tempo necessária para fazer a diferença no aquecimento global. Mas imagine se você não tivesse de convencer alguém a desistir de suas crenças negacionistas... Tudo que você precisasse fazer fosse tirá-los do cargo!

Mas isso ainda requer uma estratégia de comunicação eficaz, o que significa que temos de enfrentar a propaganda pró-combustíveis fósseis. Opositores radicais do aquecimento global – alguns dos quais estão no Senado dos Estados Unidos – são inundados com desinformação. Como podemos fazê-los driblar isso? E, mesmo se conseguirmos, que garantia teríamos de que a mudança de opinião levaria à ação? Estão em jogo valores e interesses pessoais que vão além dos fatos e da verdade. A identidade desempenha um papel no enquadramento não apenas das crenças, mas também dos valores. As coisas com as quais nos importamos. As coisas pelas quais estamos dispostos a agir. Não acredita em mim? Basta olhar para muitos outros países – especialmente a China – onde o negacionismo das mudanças climáticas está no seu nível mais baixo, mas as taxas de poluição estão nas alturas. Se superar o negacionismo fosse suficiente para motivar a ação, por que isso não funcionaria na China? Se a chave não é mais argumentos e gráficos, mais palavras e números, então o que é?

***

Após a pandemia da covid-19, comecei a me perguntar sobre as analogias óbvias com as mudanças climáticas. Aqui estava uma crise mundial que exigiria cooperação internacional para ser resolvida, em que nossa própria vida estava em jogo. De fato, a única diferença real parecia ser a linha do tempo acelerada. Embora o aquecimento global esteja acontecendo agora, em todo o mundo, às vezes é difícil fazer as pessoas perceberem isso. Elas dizem: "Ah, isso é no futuro" ou "Não vi isso onde moro". E seguem em frente. Não se importam, porque em sua percepção isso ainda não aconteceu com elas. Mas, com a covid-19, as projeções eram tão ruins, que prometiam afetar todos. Então poderíamos pelo menos aprender com isso a como enfrentar o problema análogo da mudança climática, certo?

Mas então, para a minha surpresa, a covid-19 começou a ser politizada e tornou-se a mais nova forma de negacionismo da ciência. Terei muito mais a dizer sobre isso no capítulo 8, mas, por enquanto, deixe-me simplesmente traçar alguns paralelos que parecem relevantes para a questão do aquecimento global:

1) Se não estamos dispostos a fazer sacrifícios econômicos e outras mudanças necessárias para salvar nossa

própria vida no presente imediato, por que estaríamos dispostos a fazer isso por outras pessoas em um futuro incerto (mesmo que esse seja um raciocínio falso), prevenindo uma grave crise climática?

2) Se não podemos convocar a vontade política de nos engajarmos na cooperação global para combater a pandemia agora, quando as pessoas em todos os países já estão sofrendo muito, o que nos faz pensar que teremos vontade política de fazê-lo para as mudanças climáticas?

3) Se interesses especiais podem ser politizados tão rapidamente com algo como o coronavírus – usando as teorias da conspiração mais ridículas e tolices partidárias –, que esperança temos para despolarizar o "debate" sobre a mudança climática?[25]

Essa é uma avaliação sombria, mas talvez a desconexão entre a opinião pública e nossa crise de liderança no caso do coronavírus possa nos ajudar a ver um caminho a seguir. Se não tivermos que convencer a teimosa minoria de "embusteiros" do coronavírus para resolvê-lo, se só precisarmos de uma liderança melhor, talvez isso também funcione para o aquecimento global.[26]

E, em uma estranha confluência de eventos, há algumas notícias descaradamente boas para o clima ligadas ao coronavírus. Durante as primeiras semanas da pandemia, as emissões globais caíram 17%, sem precedentes, no início de abril de 2020. De acordo com um relatório da ONU divulgado antes da pandemia (no outono de 2019), "as emissões globais de gases do efeito estufa devem começar a cair 7,6% a cada ano, começando em 2020, para evitar os piores efeitos da mudança climática".[27] E foi exatamente isso que aconteceu em 2020. Como resultado do *home office*, menos viagens aéreas, menos carros na rua e um *lockdown* total em alguns países, um estudo científico estima que "as emissões totais para 2020 provavelmente cairão entre 4% e 7% em comparação com o ano passado". Outro relatório, da Agência Internacional de Energia, projetou uma queda de 8% para 2020.[28] Isso atingiria a meta da ONU! É claro que, depois que a pandemia acabar, não se espera que isso dure. E, para atingir a meta do IPCC de 2 ºC até 2050, teríamos que sustentar esse nível de declínio todos os anos até 2030 (com novos cortes até chegar a zero em 2050). E quem pensa que – dada a enorme resistência ao aperto do cinto econômico nos Estados Unidos e em outros lugares, durante a pandemia – poderíamos fazer isso?

Nos Estados Unidos, houve *lobby* para "reabrir a economia" menos de um mês após a primeira onda do vírus. Nas palavras imortais de Donald Trump, que ele tuitou menos de duas semanas após o anúncio das primeiras ordens de permanência em casa, "a cura não pode ser pior do que a doença".[29] Em uma atitude ainda mais sombria, em abril de 2020 disse que era dever patriótico de alguns estadunidenses "morrer" para salvar a economia.[30] Isso certamente não é um bom indicador para a mudança climática. Se há tão pouca disposição para fazer sacrifícios econômicos agora para salvar vidas durante uma pandemia, por que haveria mais comprometimento (agora ou mais tarde) com as mudanças climáticas?

Como parece óbvio, a crise aqui não é apenas de doença e negacionismo. Nossa própria humanidade está em jogo. Em uma situação como essa, talvez a chave para seguir em frente "não" seja tentar convencer o negacionista da ciência na rua, mas enfrentar todo o sistema. Se as mudanças climáticas (e a

Como falar com um negacionista da ciência

covid-19) são tão politizadas, por que não ir atrás dos políticos? Eles parecem ser os únicos que podem fazer uma grande mudança sistêmica. E, com as pesquisas de opinião pública sobre mudança climática finalmente mostrando grande apoio público para alguma tomada de ação, por que não ser mais otimista de que algo pode ser feito?[31]

Não há dúvida de que a política do Partido Republicano é uma das principais causas de resistência em agir sobre as mudanças climáticas. Vimos no trabalho de Mayer como o maquinário de doações de campanha e influência corporativa leva a um impasse, mas como sair disso? Uma maneira segura é votar. Quando os negacionistas da evolução chegaram ao conselho escolar de Dover, Pensilvânia, e votaram em um currículo que buscava colocar o *design* inteligente lado a lado com Darwin, isso levou a um processo de 1 milhão de dólares por parte dos pais, e todos os oito membros do conselho foram tirados dos cargos na eleição seguinte.[32] Em vez de tentar convencer os políticos negacionistas de que eles estão errados, talvez possamos simplesmente votar em políticos melhores para o cargo. Uma vez que os 130 membros atuais do Congresso que negaram ou duvidaram da mudança climática – como James Inhofe, Ted Cruz e Mitch McConnell – estiverem fora do cargo, talvez possamos ter algum movimento.[33] Depois que Trump se for, talvez possamos voltar ao Acordo de Paris. Mas, enquanto isso, não devemos desistir de tentar convencer os que ficam. Quer isso signifique ou não conseguir mudar suas crenças ou seu "círculo de preocupação", tudo melhora com um pouco de esforço. As mentes precisam mudar para que a ação ocorra.

Vimos alguns exemplos inspiradores de conversão da crença republicana sobre a mudança climática no capítulo 3, com as histórias de Jim Bridenstine, James Cason e Tomas

Regalado, que começaram, todos, a mudar de ideia sobre a mudança climática assim que a questão de fato os atingiu, seja devido à experiência pessoal ou ouvindo pessoas em quem confiavam.[34] Não é possível fazer uso de algumas das técnicas que examinamos anteriormente neste livro sobre os remanescentes resistentes? Em vez de condenar os políticos democratas que "fazem concessões" ao inimigo, não deveríamos ficar felizes em ver mais amizades do outro lado do corredor? Se armarmos mais representantes e senadores democratas com técnicas de persuasão – e talvez alguns gráficos –, coisas boas não podem acontecer?

De acordo com um estudo recente publicado no *Journal of Experimental Social Psychology*, intitulado "Red, White, and Blue Enough to be Green" ["Vermelho, branco e azul o suficiente para ser verde"], a estratégia persuasiva de "enquadramento moral" pode fazer uma grande diferença ao tornar a questão da mudança climática mais palatável para os conservadores.[35] Ao enfatizar a ideia de que proteger o meio ambiente natural era uma questão de (1) obedecer à autoridade, (2) defender a pureza da natureza e (3) demonstrar o patriotismo de alguém, houve uma mudança estatisticamente significativa na opinião dos conservadores e em sua disposição para aceitar uma mensagem pró-ambiental. Em outro estudo, citado por Dana Nuccitelli no *Guardian*, foi demonstrado que enfatizar o consenso de 97% entre os cientistas climáticos fez uma diferença maior para convencer os conservadores do que outros. Aqui está um exemplo em que o problema não é simplesmente rejeitar fatos, mas uma comunicação científica eficaz que pode ter uma influência marcante nas atitudes conservadoras.[36]

Persuadir "e" votar. Mudar crenças "e" valores. Compartilhar fatos, mas também ampliar o círculo de preocupação. Esse

Como falar com um negacionista da ciência

é o desafio do nosso tempo. O problema da mudança climática é tão grande e urgente, que requer todas as mãos no convés. Lembra-se daquele relatório do IPCC de 2018, que dizia que tínhamos apenas 12 curtos anos para tentar prevenir os piores efeitos do aquecimento global?[37] Um consenso mais recente – conforme relatado pela *BBC* – parece estar se formando em torno da ideia de que "os próximos 18 meses serão críticos para lidar com a crise do aquecimento global".[38] Não é apenas que o relatório do IPCC de 2018 disse que "as emissões globais de dióxido de carbono têm de atingir seu pico máximo até 2020, para manter o planeta abaixo de 1,5 °C", mas que, se não tivermos um plano climático global em vigor até o final de 2020 – e a liderança política para executá-lo –, provavelmente não o alcançaremos. De acordo com Hans Joachim Schellnhuber, fundador do Potsdam Climate Institute, "a matemática do clima é brutalmente clara: embora o mundo não possa ser curado nos próximos anos, pode ser fatalmente ferido por negligência até 2020". Se pretendemos seriamente reduzir as emissões globais pela metade até 2030, não podemos esperar mais para começar.

A má notícia é que o artigo que acabei de citar é de julho de 2019, então os 18 meses já se passaram. A boa notícia é que, desde que esse artigo foi publicado, a já mencionada queda acentuada nas emissões globais devido ao coronavírus significa que podemos atingir a meta em 2020. Mas e no futuro? Espera-se que a pandemia termine o mais rápido possível, para que não se percam mais vidas. Porém isso significa que devemos imediatamente voltar nossa atenção para a crise persistente do aquecimento global, e é melhor termos um plano.

Para abordar a mudança climática – seja no nível de indivíduos, seja no de governos –, estou convencido de uma coisa: precisaremos começar a conversar uns com os outros novamente.[39] Neste livro, concentrei-me na importância do relacionamento pessoal e do contato cara a cara como o melhor meio de combater o negacionismo da ciência. Isso porque a melhor maneira de construir confiança e respeito – e, assim, mudar de ideia – é por meio de um relacionamento pessoal. Isso se deve em grande parte ao fato de que nossa identidade, nossos valores e nosso afeto estão todos envolvidos na formação de crenças. E o mesmo não vale para decidirmos aquilo com que nos "importamos"? Com a mudança climática, vimos que o melhor caminho para alcançar uma solução global pode não ser a mudança de crença por meio de conversas individuais com negacionistas do clima. No entanto, se, em vez disso, estivermos tentando fazer com que mais pessoas se preocupem com o problema, a receita pode ser a mesma. Se estamos tentando mudar o coração ou os valores de alguém, a melhor abordagem é por meio do envolvimento pessoal.

As pessoas preocupam-se com as pessoas que conhecem. Preocupam-se com os lugares que viram. Se pudéssemos ampliar seu círculo de preocupação para incluir tanto o mineiro de carvão da Pensilvânia quanto o pescador das Maldivas, a chance não seria melhor? Não é errado pensar que, em algum nível, o processo de tentar mudar as crenças é o mesmo de mudar aquilo com que nos importamos. Talvez não existam estratégias argumentativas ideais para isso, embora ainda seja uma boa ideia conversar. Se permanecermos em nossos silos, o problema só vai piorar.

CAPÍTULO 6

ORGANISMOS GENETICAMENTE MODIFICADOS: EXISTE UM NEGACIONISMO DA CIÊNCIA DE ESQUERDA?

Há quem tenha sugerido que o negacionismo da ciência é, em geral, um fenômeno da direita. Exemplos não são difíceis de encontrar. Acabamos de ver como a mudança climática foi politizada pelo Partido Republicano e tornou-se praticamente um teste de identidade política.[1] Outro exemplo notável é a crença na teoria da evolução pela seleção natural de Darwin, com relação à qual não apenas encontramos uma nítida divisão partidária, como também uma campanha velada praticada por cristãos evangélicos conservadores, que estão tentando revestir o criacionismo de uma suposta nova ciência de *design* inteligente, a fim de incluí-lo no currículo de ciências nas escolas públicas estadunidenses.[2] Os números são claros: apenas 27% dos republicanos (direita) acham que a mudança climática é uma grande ameaça, em comparação com 84% dos democratas (esquerda).[3] Sobre a evolução, apenas 43% dos republicanos (em comparação com 67% dos democratas) acreditam que os humanos evoluíram ao longo do tempo – e a porcentagem de republicanos que concorda com isso "tem diminuído" desde

Organismos geneticamente modificados...

a última medição.[4] Mas isso significa que não há exemplos de negacionismo da ciência em esferas em que a política é mais ambígua?[5] Ou mesmo invertida?[6]

Aqui devemos ter cuidado. Já vimos na obra de Lilliana Mason que há uma distinção plausível entre ideologia política e identidade partidária. Em alguns casos, aquilo em que acreditamos não é tão importante quanto quem acredita conosco. Até certo ponto, o negacionismo conservador da mudança climática e da evolução pode ser explicado pelo fato de que é exatamente isso que se espera dos conservadores, em vez de quaisquer convicções arraigadas sobre impostos sobre o carbono ou sobre como o olho é complexo demais para ter surgido pela seleção natural. Assim, uma vez que as mudanças climáticas e a evolução já foram politizadas, não é surpreendente encontrar uma divisão partidária entre liberais e conservadores quanto a outros tópicos. Depois que recebem o memorando sobre em que devem ou não acreditar, as pessoas podem incorporar as discussões de seu time aos seus pontos de vista.[7]

Mas todo negacionismo da ciência é assim? E, se for, isso não permite a possibilidade de que haja exemplos de negacionismo da ciência não apenas da direita política, mas também da esquerda? Os temas proeminentes aqui – levantados por estudiosos e especialistas – são o movimento antivacina e a oposição aos OGMs.[8] Em um ensaio de 2013 muito citado da *Scientific American*, Michael Shermer defende a tese de que a política tem o potencial de distorcer a ciência em ambas as extremidades do espectro.[9] Mais do que isso, ele sugere a ideia provocativa de que – além do conhecido problema do negacionismo da ciência por parte de republicanos – há também uma "guerra liberal contra a ciência". Em um ensaio posterior, ele explica:

> Pessoas de esquerda são igualmente céticas em relação à ciência bem estabelecida quando as descobertas entram em conflito com suas ideologias políticas, como os OGMs, a energia nuclear, a engenharia genética e a psicologia evolucionista – chamo esse último ceticismo de "criacionismo cognitivo", por endossar um modelo de tábula rasa da mente, em que a seleção natural opera nos humanos apenas do pescoço para baixo.[10]

Tudo isso parece testável, embora permaneça controverso. Shermer cita favoravelmente a psicóloga Asheley Landrum, que explica que "as pessoas com mais conhecimento só aceitam a ciência quando ela não entra em conflito com suas crenças e seus valores preexistentes. Caso contrário, usam esse conhecimento para justificar mais fortemente suas próprias posições".[11] Já sabemos pelo trabalho de Daniel Kahneman sobre o viés cognitivo que "todos nós" – democratas e republicanos, liberais e conservadores – temos, e que evoluiu por meio do processo de seleção natural ao longo de centenas de milhares de anos. Só porque alguém é de esquerda não significa que seja imune à influência de algo como viés de confirmação ou raciocínio motivado. Você se lembra do experimento de Dan Kahan citado no capítulo 2, em que liberais que eram "bons em matemática" não conseguiam chegar à conclusão certa a partir de um conjunto de dados, quando o assunto era o controle de armas?

Mas, agora, vamos à questão central: é verdade que existem algumas áreas de negacionismo da ciência de esquerda? Stephan Lewandowsky, em vários de seus muitos trabalhos sobre o tema das teorias da conspiração, o viés cognitivo e as razões pelas quais as pessoas rejeitam a ciência, defendeu que há "pouca ou nenhuma evidência para o negacionismo da ciência por parte

Organismos geneticamente modificados...

da esquerda"[12] e que a desconfiança na ciência "parece estar concentrada principalmente entre a direita política".[13]

Os riscos de considerar essa questão são altos, por isso é importante deixar claro o que pode significar dizer que o negacionismo de esquerda existe. Seria suficiente mostrar que há "alguns" negacionistas liberais em "alguns" tópicos científicos? Isso seria muito fácil, e já foi estabelecido. Basta mostrar que 16% dos democratas não pensam que a mudança climática é uma questão séria, ou que 33% têm dúvidas sobre a evolução – esses dados já seriam suficientes para mostrar que há (algum) negacionismo da ciência por parte da esquerda.[14] Mas isso não parece ser o que Shermer tinha em mente.[15] No extremo oposto, devemos encontrar algum tópico em que a rejeição de fatos ou evidências científicas seja exclusivamente liberal? É preciso ter rigor. Assim como o fato de haver alguns liberais que negam a realidade do aquecimento global não prejudicar nossa conclusão de que o negacionismo do clima é, sobretudo, um fenômeno de direita, não é preciso encontrar uma área em que 100% dos negacionistas sejam liberais para mostrar que há um negacionismo de esquerda.

Então, o que estamos procurando?

Que tal um caso em que a maioria dos negacionistas sejam de esquerda? Ou no qual a força motriz por trás do argumento apresentado contra algum consenso científico se baseie em um princípio liberal? Os perigos de procurar um caso que atenda a esses critérios são bem delineados por Chris Mooney, em seu envolvimento contínuo com essa questão.[16] A principal preocupação de Mooney é (com razão) uma falsa equivalência. Mesmo que descobríssemos alguma área de negacionismo da ciência que viesse da esquerda, isso "não" significaria que havíamos equilibrado as coisas contra o ataque violento do negacionismo da ciência vindo da direita.[17] Portanto, se vamos considerar integrantes dos movimentos antivacina ou contra OGMs, por exemplo, como negacionistas da ciência liberal, é melhor estarmos preparados para defender a ideia não apenas de que mais de seus adeptos são encontrados na esquerda, mas que eles são motivados por alguma ortodoxia liberal, da mesma forma que o negacionismo da mudança climática não apenas se inclina para a direita, como é motivado por visões conservadoras, a exemplo do ceticismo sobre o controle do governo ou de um compromisso inabalável com soluções de livre-mercado.[18] Ainda assim, como ponto de partida, mesmo que a pontuação geral para o negacionismo da ciência tenda fortemente para a direita – que é precisamente o que Mooney argumenta em seus livros *The Republican War on Science* e *The Republican Brain* –, será que há alguma área de negacionismo da ciência que se incline para a esquerda?[19]

Uma candidata popular para essa vaga é a oposição à vacinação. Mooney levantou a questão em seu ensaio "The Science of Why We Don't Believe in Science" ["A ciência de por que não acreditamos em ciência"], de 2011:

> Então, há um estudo de caso de negacionismo da ciência que ocupe amplamente a esquerda política? Sim: a alegação de que as vacinas para crianças estão causando uma epidemia de autismo. Seus proponentes mais famosos são um ambientalista (Robert F. Kennedy Jr.) e várias celebridades de Hollywood (principalmente Jenny McCarthy e Jim Carrey). O *Huffington Post* concede um megafone muito grande aos negacionistas. E Seth Mnookin, autor do novo livro *The Panic Virus*, observa que, se você quiser encontrar negacionistas de vacinas, tudo que você precisa fazer é ir ao Whole Foods.[20]

Organismos geneticamente modificados...

No parágrafo seguinte, porém, Mooney recua com a observação de que o negacionismo da ciência é "consideravelmente mais proeminente na direita política" e que "posições antivacinação são praticamente inexistentes entre os detentores de cargos democratas hoje". Uma visão pode ser política se os políticos do seu lado não a usam? Em trabalhos posteriores, Mooney recua ainda mais, aparentemente arrependido da ideia de ajudar ou dar conforto à turma da "falsa equivalência", ao escrever artigos com títulos como "There's No Such Thing as the Liberal War on Science" ["Não existe tal coisa como a guerra liberal contra a ciência"] e "Stop Pretending that Liberals Are Just as Anti-Science as Conservatives" ["Pare de fingir que os liberais são tão anticientíficos quanto os conservadores"].[21]

E se Mooney estivesse certo? Em relação não só à ideia de que as pessoas contra a vacinação são liberais, mas também à conclusão de que liberais são tão negacionistas da ciência quanto conservadores? Isso ainda se qualificaria como um exemplo de negacionismo da ciência de esquerda?[22] Depende. Nos últimos dados de pesquisa disponíveis, as coisas parecem ter mudado um pouco desde o artigo de Mooney de 2011. Em uma pesquisa do Pew de 2014, lê-se que "34% dos republicanos, 33% dos independentes e 22% dos democratas acreditam que os pais devem ter a palavra final sobre a vacinação".[23] Mas essa é apenas uma maneira de medir a resistência à vacinação. Outra pesquisa do Pew de 2015 mostrou que 12% dos liberais e 10% dos conservadores disseram que as vacinas não eram seguras.[24] Qual é a maneira correta de medir o sentimento antivacina? E essas diferenças partidárias são grandes o suficiente para causar confusão? Hoje, o movimento contra a vacinação não apenas parece ser expresso nos dois partidos, como parece ser não partidário.[25] Talvez a questão não tenha sido politizada. De fato, estudos recentes demonstram que, na medida em que liberais e conservadores representam parcelas aproximadamente iguais do universo antivacina, essas parcelas são retiradas da ala extrema de cada partido.[26] Como disse um comentarista: "Não importa qual seja a sua política, quanto mais partidária, maior a probabilidade de você acreditar que as vacinas são prejudiciais".[27] Outras pesquisas sugerem que, mesmo quando liberais e conservadores são céticos em relação às vacinas, isso pode se dever a razões diferentes.[28] O que isso diz quanto ao movimento antivacina ser um exemplo de negacionismo de esquerda?

A postura antivacinação é um tópico fascinante e presente em qualquer livro sobre negacionismo científico. Mas a política antivacina é assustadoramente equívoca, sobretudo na era do coronavírus.[29] E, como observado anteriormente, esse tópico já foi amplamente abordado nos últimos anos, com vários livros excelentes disponíveis. O já citado *The Panic Virus*, de Seth Mnookin, é um bom ponto de partida, juntamente com *Deadly Choices: How the Anti-Vaccine Movement Threatens Us All* [Escolhas mortais: como o movimento antivacina ameaça todos nós], de Paul Offit. Um relato ainda mais recente e completamente acessível é dado em *Anti-Vaxxers: How to Challenge a Misinformed Movement* [*Anti-vaxxers*: como desafiar um movimento mal-informado], de Jonathan Berman,[30] que examina os principais argumentos e as origens da resistência à vacinação. Então, vamos procurar em outro lugar.

O que precisamos é de um exemplo perfeito. Um campo em que os fatos sejam claros, os cientistas tenham chegado a um consenso "e" a população em geral rejeite essas descobertas em grande parte por motivos ideológicos liberais. Algo não apenas em que a maioria dos negacionistas sejam liberais, mas em que os motivos para o negacionismo estejam enraizados em uma visão de mundo de esquerda. (Como ponto de partida, seria bom encontrar argumentos táticos similares aos dos conservadores quanto à mudança climática, e que os liberais jamais tolerariam, como "precisamos de mais provas" e "o estudo definitivo não foi feito ainda".)

Em vez do movimento antivacina, proponho que adotemos um tópico alternativo, vergonhosamente negligenciado, que parece um candidato perfeito para a questão: os OGMs. Depois de aprendermos um pouco mais sobre eles – e conversarmos com algumas pessoas –, voltaremos à questão política ao final do próximo capítulo.

Organismos geneticamente modificados

A resistência contra organismos geneticamente modificados (OGMs) tem sido subestimada na literatura de negacionismo científico. Assim como, até recentemente, poucos falavam sobre a Terra Plana, poucos falavam sobre os OGMs. Mas as razões são diferentes. Com a Terra Plana, é em grande parte porque o número de adeptos era tão pequeno e as reivindicações eram tão ultrajantes, que ninguém levou a sério. Com os OGMs, é o oposto. A desinformação intuitivamente atraente é tão difundida e raramente contestada, que muitas pessoas realmente acreditam nela. Embora a maioria dos oponentes aos OGMs não tenha estudado a ciência relacionada, eles afirmam que os resultados são ambíguos. Que os especialistas não são confiáveis. Que é preciso ter mais dados. Soa familiar?

Há outra razão pela qual o negacionismo dos OGMs é uma boa escolha para este capítulo, o fato de que essa é provavelmente uma das áreas de teste mais fáceis para aqueles que querem falar com um negacionista da ciência, já que quase todo mundo conhece alguém que é contra os OGMs. Eu mesmo tenho amigos e parentes que ficam furiosos com a ideia de que as pessoas estejam "mexendo com a comida" e acreditam que, sem o clamor público, nunca saberíamos quais escolhas alimentares são seguras e quais não são. Eu entendo o argumento sobre pesticidas, herbicidas, corantes artificiais, antibióticos e até hormônios de crescimento, porque há pesquisas científicas legítimas que mostram que são um perigo potencial.[31] Mas os OGMs são? Não há estudos confiáveis que mostrem qualquer risco em consumi-los.[32]

"Mas os estudos ainda não foram feitos", queixam-se as pessoas. "Lembra-se da talidomida? As coisas escapam da verificação científica e depois se descobre que não eram seguras." Porém já vimos essa estratégia antes. Minha preocupação aqui não é que a cautela ou mesmo o ceticismo seja irracional, mas que essa questão já tenha ultrapassado a aversão ao risco e se tornado negacionismo total da ciência.[33] Uma coisa é dizer "Por que arriscar quando há uma chance de escolha?" (embora seja bom observar que pessoas contra vacinas usam a mesma retórica), mas outra é dizer: "Todo o trabalho para produzir OGMs foi feito por corporações malignas que estão tentando nos envenenar para obter lucro".[34] Argumentar que não há nenhum "benefício" em se consumir OGMs (em nossas ricas democracias ocidentais) é uma coisa, mas argumentar que foram criados deliberadamente para algum propósito malévolo é outra bem diferente.[35]

O que exatamente são os OGMs? São culturas que foram alteradas molecularmente para melhorar a nutrição, o vigor, o crescimento ou a resistência a uma série de ameaças das pessoas e dos animais.[36] Tudo começou em 1994 com o tomate Flavr

Organismos geneticamente modificados...

Savr (embora este em particular tenha parado de ser cultivado em 1997), que foi modificado para evitar a deterioração.[37] Muitas pessoas não percebem que a maioria dos alimentos que comem hoje foi geneticamente modificada.[38] O milho que as pessoas comiam no século XVIII tinha uma cara muito diferente da cara do milho que comemos hoje; 85% do milho atual é resultado de seleção artificial e alteração genética.[39] De fato, existe agora uma variedade de milho resistente a insetos para que os agricultores possam usar "menos" inseticida. A alteração genética praticamente salvou a indústria do mamão papaia, que já teria sido extinta.[40] As culturas mais comumente sujeitas à modificação genética são a soja, o milho e o algodão.[41] Mas a história de maior sucesso (potencial) dos OGMs é o arroz.

O "arroz dourado" foi desenvolvido por pesquisadores acadêmicos na década de 1990, para ajudar no problema da deficiência de vitaminas e insegurança alimentar.[42] O arroz é consumido diariamente por metade da população mundial. Estima-se que 250 milhões de crianças em todo o mundo tenham deficiência de vitamina A, o que pode levar à cegueira ou à morte.[43] Ao cruzar o arroz com um gene específico encontrado no narciso, os pesquisadores descobriram que o arroz resultante era muito rico em betacaroteno, que é uma excelente fonte de vitamina A. (Ele também mudou a cor do arroz de branco para amarelo, o que lhe deu sua aparência e nome distintos.) O arroz dourado também é mais resistente à seca do que outras variedades, um salto gigantesco na agricultura sustentável, sobretudo em um mundo ameaçado pelo aumento do calor e da seca devido às mudanças climáticas.

No entanto, tem havido uma resistência virulenta e bem organizada a "qualquer" alimento geneticamente modificado,

Como falar com um negacionista da ciência

inclusive o arroz dourado. O Greenpeace, em particular, posicionou-se contra o arroz dourado (por medo de que sua adoção abrisse caminho para a aceitação de outros alimentos geneticamente modificados).[44] Outros são avessos à ideia de que grande parte da pesquisa sobre OGMs é feita por grandes corporações da área agrícola, a maior delas a Monsanto.

Você já deve ter ouvido falar da Monsanto. Ela foi engolida pela Bayer em 2018 (e o nome original foi retirado), mas as pessoas ainda conhecem o legado: Agente Laranja, bifenilos policlorados (PCBs) e o herbicida suspeito de ser cancerígeno Roundup.[45] Parte das pessoas preocupou-se ainda mais quando um tipo de semente resistente a herbicidas, que sobreviveria ao uso agrícola do Roundup para matar as ervas daninhas ao redor, tornou-se um dos principais produtos geneticamente modificados da Monsanto. Isso permitiu que agricultores plantassem fileiras mais próximas, mas é claro que não amenizou as preocupações das pessoas que (1) não confiavam em nada do que a Monsanto fazia e (2) não queriam herbicida em seus alimentos – o que acabou culminando na Marcha contra a Monsanto (e os OGMs) em 2013. No entanto, pouco fez para chamar atenção para a importante distinção entre dizer que os OGMs não são seguros para o consumo e dizer que alguns OGMs permitem o uso de mais pesticidas e herbicidas e que "estes" não são seguros para o consumo.

Talvez a Monsanto mereça um certo nível de desconfiança devido à sua história corporativa.[46] Mas dizer que "todas" as diferentes maneiras pelas quais os OGMs podem ser criados são, portanto, suspeitas é levar o argumento longe demais. (Lembre-se, afinal de contas, que o arroz dourado foi descoberto e desenvolvido por pesquisadores universitários, não pela Monsanto nem por qualquer outra corporação.)[47] Como disse

Organismos geneticamente modificados...

um comentarista, seria "como ser contra todos os *softwares* de computador porque você se opõe à posição dominante do Microsoft Office".[48] Embora seja verdade que muitas das empresas que trabalham com OGMs sejam corporações agrícolas, não há evidências científicas de que quaisquer produtos modificados – não importa onde tenham sido criados – sejam inseguros.[49] Como apontou a Associação Americana para o Avanço da Ciência [AAAS, na sigla em inglês] em uma declaração recente:

> A ciência é bastante clara: o melhoramento das colheitas pelas modernas técnicas moleculares da biotecnologia é seguro [...]; a Organização Mundial da Saúde, a Associação Médica Americana, a Academia Nacional de Ciências dos Estados Unidos, a Sociedade Real Britânica e todas as outras organizações respeitadas que examinaram as evidências chegaram à mesma conclusão: consumir alimentos contendo ingredientes derivados de culturas GM não é mais arriscado do que consumir os mesmos alimentos contendo ingredientes de plantas cultivadas modificadas por técnicas convencionais de melhoramento de culturas.[50]

No entanto, a reação contra os OGMs persistiu. Na Europa, há rotulagem obrigatória de produtos geneticamente modificados.[51] Nos Estados Unidos e no Canadá, há uma campanha de rotulagem voluntária para produtos que não contenham OGMs (para que o consumidor decida), que beira o ridículo.[52] Certa vez, vi uma caixa de sal rotulada como produto "não transgênico", apesar de o sal ser um mineral e nem mesmo ter DNA.[53] Mas esse tipo de *marketing* baseado no medo talvez seja esperado em uma população que é ainda tão ignorante sobre o assunto.

Em uma pesquisa do Pew de 2018, foi descoberto que metade dos entrevistados achava que os OGMs eram uma grande ameaça à saúde humana.[54] Não à toa, é tentador comparar os OGMs com outras questões como a mudança climática, em que há uma lacuna igualmente grande entre a percepção pública e o consenso científico. Uma pesquisa anterior do Pew, em 2015, descobriu que 88% de todos os membros da AAAS achavam que os OGMs eram seguros para o consumo, enquanto apenas 37% do público em geral achavam que eram seguros.[55] Conforme relatado em um comentário, a "lacuna de 51 pontos torna essa a maior diferença de opinião entre os cientistas e o público".[56] E, sim, isso inclui a mudança climática.[57]

Por que as pessoas têm tanto medo dos OGMs?[58] Em alguns casos, nem elas sabem. Será que algo "antinatural" em nossa alimentação puxa um gatilho em nosso cérebro? A própria modificação pode ser mesmo o que leva a tanta resistência.[59] Em um estudo da Universidade Estadual de Oklahoma, os pesquisadores descobriram que 80% dos estadunidenses apoiavam a rotulagem obrigatória de alimentos "contendo DNA", apesar do fato de "todos" os alimentos conterem DNA![60] Essa "quimiofobia"[61] generalizada não foi ajudada por um cientista chamado Gilles-Éric Séralini, que publicou um estudo em 2012 no qual descobriu que ratos alimentados com o Roundup Ready Corn da Monsanto desenvolveram mais tumores e morreram mais cedo.[62] Na época em que esse estudo foi revisto devido a uma metodologia falha, a um conflito de interesses, a uma amostra pequena demais e a uma seleção de ratos que eram conhecidos por desenvolverem tumores espontaneamente à medida que envelheciam, o estudo já estava divulgado e havia feito seu estrago.[63]

Organismos geneticamente modificados...

Como outras formas de negacionismo científico, o negacionismo de OGMs é alimentado por uma dose saudável de pensamento baseado em conspiração, que tem pouco a ver com evidências científicas. As afirmações mais interessantes nesse caso são feitas pelo historiador Mark Lynas, que já foi um ativista anti-OGM confesso. Lynas agora mudou de lado e começou a dar palestras com o objetivo de chamar a atenção para a resistência anti-OGM. Ele escreve:

> Acho que a controvérsia sobre os OGMs representa uma das maiores falhas de comunicação científica do último meio século. Milhões, possivelmente bilhões, de pessoas passaram a acreditar no que é essencialmente uma teoria da conspiração, gerando medo e mal-entendidos sobre toda uma classe de tecnologias em uma escala global sem precedentes.[64]

De fato, Lynas escreveu um livro, *Seeds of Science* [Sementes da ciência], no qual ele oferece um relato completo de sua conversão junto com os detalhes e as evidências para apoiar o seu caso.[65] Como Lynas explica, alguns anos depois de seu ativismo anti-OGM, ele começou o estudo da literatura científica sobre mudanças climáticas, que culminou na publicação de dois conceituados livros sobre aquecimento global, um dos quais ganhador de um prestigioso prêmio. Seu respeito pela ciência aumentou, junto com sua frustração com os negacionistas da ciência. Quando surgiu a oportunidade de revisitar alguns de seus trabalhos anteriores sobre OGMs, ele ficou mortificado ao descobrir quão poucas evidências havia para apoiá-los. Enquanto ele procurava freneticamente por algo para justificar seus pontos de vista anteriores – e não conseguia encontrar –, a dissonância cognitiva tornou-se insuportável. Como Lynas explica:

Como falar com um negacionista da ciência

Não há [...] nenhuma evidência de que quaisquer alimentos geneticamente modificados existentes hoje representem um risco à saúde de qualquer pessoa [...], [mas] não podemos criticar os céticos do aquecimento global por negarem o consenso científico sobre o clima quando ignoramos o mesmo consenso sobre a segurança e os benefícios [...] da engenharia genética.[66]

Lynas, em seu livro e em outros lugares, expressou profundos sentimentos de culpa e arrependimento por seu papel anterior em menosprezar e minar o trabalho de tantos cientistas que tentavam resolver o problema da escassez de alimentos, que pode ter levado a milhares de mortes evitáveis por desnutrição. Em um discurso de 2013 que se tornou viral na internet, Lynas fez um mea-culpa completo diante de um grupo de agricultores, cujas colheitas ele disse ter provavelmente destruído durante seu ativismo anti-OGM.[67]

Isso marca uma das conversões negacionistas mais surpreendentes já registradas, mas o método pelo qual ela ocorreu foi igualmente notável. Ninguém do "outro lado" fez amizade com Lynas para pacientemente dar a ele os fatos sobre os OGMs. Em vez disso, por meio de seu próprio trabalho sobre mudanças climáticas, ele se tornou uma pessoa diferente e começou a se identificar mais com os cientistas. Como disse Lynas, o principal fator que explica sua conversão foi que "[ele] descobriu a ciência". Mais reflexivamente, ele admite:

> É provável que eu estivesse preparado para mudar de ideia sobre os OGMs apenas porque havia começado a mudar minha lealdade de um grupo, os ambientalistas, para outro, os cientistas. Ao receber o Royal Society Science Books Prize em 2008, fui presenteado, com ou sem razão, com um troféu de afirmação da comunidade científica. Se eu fosse um caçador tribal, seria o equi-

Organismos geneticamente modificados...

valente a trazer de volta o couro cabeludo de um chefe inimigo. E foi somente quando minha reputação foi ameaçada – porque meus escritos sobre OGMs se mostraram perigosamente não científicos para o tipo de pessoa com quem eu agora me sentia alinhado – que tive de reconsiderar seriamente minha posição. Em outras palavras, no fundo é provável que eu me importasse menos com a verdade do que com a minha reputação de verdadeiro dentro da minha nova tribo científica. [...] Não foi tanto que mudei de ideia, em outras palavras. Foi que mudei de tribo.[68]

Lynas aqui cita favoravelmente o trabalho de Jonathan Haidt sobre como a maioria das pessoas mantém suas crenças com bases "morais", embora tentem enfeitar isso com uma linguagem racional. Como vimos no capítulo 2, talvez seja por isso que é tão difícil fazer as pessoas mudarem de ideia com base em fatos: porque, para começo de conversa, as crenças não têm relação com fatos. Haidt escreve: "Se você pedir às pessoas que acreditem em algo que viole suas intuições, elas dedicarão seus esforços para encontrar uma saída de emergência – uma razão para duvidar do seu argumento ou conclusão. Elas quase sempre terão sucesso".[69] Lynas admite que, quando era um ativista anti-OGM, isso certamente se aplicava a ele. Ele conta uma história que aconteceu depois de sua "conversão", quando foi questionado por um professor de genética em Oxford "se havia algo que ele poderia ter dito de diferente na época para me convencer. Eu disse a ele que achava que não. Não que seus argumentos [científicos] carecessem de força. O erro dele foi pensar que seus argumentos tinham grande relevância".[70]

Em *Seeds of Science*, Lynas conta uma história conhecida sobre as origens do negacionismo dos OGMs. Como se pode imaginar, não começou com a ciência, mas com a ideologia.

Como falar com um negacionista da ciência

Quando a engenharia genética – tanto em animais quanto em plantas – estava apenas começando, na década de 1970, "alguns" cientistas expressaram dúvidas gerais. Estas eram baseadas, porém, não em qualquer evidência experimental, mas em preocupações éticas mais globais sobre a eugenia e o que significava para os cientistas aventurarem-se nesse terreno arriscado. Com o tempo, à medida que essas preocupações diminuíram diante dos resultados empíricos reais, a oposição aos OGMs transformou-se no reino da ideologia.[71] Lynas cita um ativista da EarthFirst!, que disse à *BBC*:

> Quando ouvi pela primeira vez que uma empresa em Berkeley estava planejando lançar esses [produtos geneticamente modificados] em minha comunidade, literalmente senti uma faca entrar em mim. [...] Aqui, mais uma vez, por 1 dólar, ciência, tecnologia e corporações iriam invadir meu corpo com novas bactérias que não existiam no planeta antes. Já havia sido invadido pela poluição, pela radiação, por produtos químicos tóxicos na minha comida, e eu simplesmente não aguentaria mais.[72]

Alimentados por tal certeza moral, os oponentes aos OGMs não estavam pedindo mais estudos científicos; o que eles queriam era uma proibição total. E o caminho para chegar lá foi por meio de ações judiciais, publicidade e ação direta. Essa última significava destruir as plantações com OGMs quando ainda estavam no campo, e foi disso que Lynas participou. Outros ativistas criaram uma campanha em toda a imprensa, incluindo anúncios em jornais nos principais meios de comunicação que alertavam sobre "os perigos da globalização, criticando a tecnologia avançada e denunciando a 'roleta genética' da biotecnologia agrícola".[73] A campanha foi

Organismos geneticamente modificados...

muito eficaz, em particular nos anos 1990, na Europa, onde primeiramente as pessoas tinham se mostrado ou a favor dos OGMs ou indiferentes. Mas, quando as táticas de medo se espalharam, "a porcentagem da população que se opõe aos alimentos transgênicos aumentou em 20 pontos. [...] No total, apenas um quinto dos europeus ocidentais continuou a apoiar os alimentos com OGMs".[74] E isso foi alcançado na ausência de qualquer evidência científica que sugerisse que esses alimentos não eram seguros para o consumo.[75]

Mas não era disso que se tratava. Não que os ativistas anti-OGM estivessem pegando carona em alguma descoberta científica suspeita. Em vez disso, a oposição original aos OGMs ocorreu "antes" que qualquer evidência empírica estivesse disponível e continua até hoje, apesar do fato de que ainda não há nenhuma evidência de que sejam prejudiciais. Mas, argumenta Lynas, a questão da segurança alimentar sempre foi uma espécie de cavalo de Troia, em que os fatos científicos foram distorcidos a serviço de uma objeção "moral" mais ampla à engenharia genética.[76] Em conversa com um de seus camaradas anteriores do ativismo anti-OGM, Lynas relata que George Monbiot admitiu que "é absolutamente verdade que há um consenso científico sobre a segurança dos OGMs, [mas] para mim tratava-se de puro poder corporativo, patenteamento, controle, escala e desapropriação".[77] Embora a oposição aos OGMs seja em grande parte política, ideológica, moral e teórica – não científica –, o resultado no mundo real do negacionismo dos OGMs tem sido devastador. "Quase 20 anos depois... Não houve uma única aprovação de uma cultura geneticamente modificada [na Europa] para cultivo doméstico."[78]

Enquanto isso, nos Estados Unidos e em outras partes do mundo, os OGMs que chegaram ao mercado tiveram um efeito

Como falar com um negacionista da ciência

surpreendentemente favorável sobre algumas das questões com as quais os ambientalistas se preocupam profundamente. Um estudo científico mostrou que a tecnologia de OGMs "reduziu" o uso de pesticidas em 37%. Outro estudo estima que a adoção de cultivos transgênicos diminuiu as emissões de gases do efeito estufa em 26 milhões de toneladas.[79] Mas e se o Greenpeace conseguir atingir seu objetivo de banir completamente os produtos transgênicos em todo o mundo? As consequências podem ser devastadoras. Por um lado, precisaríamos de mais terras agrícolas, o que exigiria desmatamento e produziria mais carbono.[80] De fato, como Lynas aponta, se resistíssemos a qualquer coisa que não fosse a tecnologia agrícola natural (praticada até por volta de 1960), precisaríamos de um território do tamanho de duas Américas do Sul para alimentar o planeta.[81] E as consequências humanas também podem ser terríveis. Lynas enfoca em particular nos efeitos nocivos que a campanha do Greenpeace contra o arroz dourado já pode ter causado em crianças com fome. Em uma passagem marcante, ele escreve:

> A campanha anti-OGM tem [...] indubitavelmente levado a mortes desnecessárias. O melhor exemplo [...] foi a recusa do governo da Zâmbia em permitir que sua população faminta comesse milho transgênico importado durante uma grande fome em 2002. Milhares morreram porque o presidente da Zâmbia acreditou nas mentiras de grupos ambientais ocidentais de que o milho geneticamente modificado fornecido pelo Programa Alimentar Mundial era de alguma forma venenoso.[82]

Certamente devemos encarar com certa desconfiança a palavra de um fanático reformado como Lynas, mas seu argumento foi confirmado por outros pesquisadores. A

Organismos geneticamente modificados...

ideologia anti-OGM está profundamente enraizada na ideia de que – dane-se a ciência – os OGMs são na verdade um perigo para a saúde humana.[83] Quando ouvimos afirmações de que os pesquisadores de OGMs estão suprimindo seus dados, de que a invenção dos OGMs foi feita deliberadamente para causar escassez de alimentos, de que se destina a tornar nossa comida "mais" vulnerável a pragas (para que a Monsanto possa vender mais Roundup), isso começa a soar como as teorias da conspiração que ouvimos dos terraplanistas e dos opositores à vacinação.[84]

Como vimos, o negacionismo da ciência prospera sob as condições de (1) pouca informação, (2) propensão a teorias da conspiração e (3) falta de confiança. Tudo isso é vivido por aqueles que insistem nos perigos dos OGMs, apesar do consenso científico em sentido contrário. E, talvez sem surpresa, alguns dos argumentos anti-OGMs mais comuns se encaixam no roteiro do negacionismo da ciência.

Evidências seletivas

Uma das técnicas favoritas dos negacionistas de OGMs é levantar dúvidas de que realmente exista um consenso científico. Isso é feito por meio de listas criteriosas de dissidentes, que podem ou não ter experiência na área. O relatório do Greenpeace *Twenty Years of Failure* [Vinte anos de fracasso] afirma que é um "mito" pensar que os OGMs são seguros para consumo e afirma que "não há consenso científico sobre a segurança desses alimentos". Mas, como Lynas argumenta,

[isso] requer um viés de seleção extremo. É a máxima expressão das evidências escolhidas a dedo. O Greenpeace destaca uma

Como falar com um negacionista da ciência

declaração de um pequeno grupo de dissidentes, ignorando a Academia Nacional de Ciências, a Associação Americana para o Avanço da Ciência, a Royal Society, a Academia Africana de Ciências, o Conselho Consultivo das Academias Europeias de Ciências, a Academia Francesa de Ciências, a Associação Médica Americana, a União das Academias Alemãs de Ciências e Humanidades e muitas outras.[85]

Crença em teorias da conspiração

Como vimos no trabalho de Stephan Lewandowsky, a adesão às teorias da conspiração é uma parte essencial do negacionismo da ciência. Não deveria ser nenhuma surpresa, portanto, que isso seja verdade para o negacionismo de OGMs. Como Lewandowsky coloca, "teorias da conspiração sobre organismos geneticamente modificados (OGMs) em geral afirmam que uma corporação de biotecnologia chamada Monsanto está envolvida em uma conspiração para dominar a indústria agrícola com alimentos venenosos".[86] De fato, em seu próprio trabalho, Lynas argumenta que todo o movimento anti--OGM é simplesmente "uma grande teoria da conspiração".[87]

Confiança em falsos especialistas ou pesquisas desacreditadas

Aqui devemos ter cuidado. Certamente não queremos afirmar que todo cientista que discorda do consenso sobre se os OGMs são seguros para o consumo é "falso" ou que sua pesquisa foi "desacreditada". No entanto, devemos explicar como é que um estudo como o de Gilles-Éric Séralini ainda é apresentado como uma boa evidência para a toxicidade dos alimentos modificados muito depois de ter sido desbancado.

Organismos geneticamente modificados...

Não tem como evitar paralelos com o trabalho de Andrew Wakefield sobre vacinas e autismo. Embora não houvesse nenhuma evidência de fraude no trabalho de Séralini, os erros eram numerosos.[88] Mesmo assim, alguns ativistas anti-OGM perguntaram-se se a retratação posterior não era parte de uma conspiração para encobrir a verdade sobre os OGMs.

Raciocínio ilógico

Existem inúmeras falácias lógicas nos argumentos de muitos negacionistas de OGMs. Listo aqui duas. A primeira é a ideia de que, se a Monsanto é corrupta, então todos os fabricantes de OGMs devem ser igualmente corruptos. Trata-se da chamada falácia da composição, que é amplamente ensinada aos alunos do primeiro ano de filosofia na aula de lógica informal. Uma segunda falácia informal é a da ladeira escorregadia, que basicamente sustenta que, se você der a eles um dedo, eles tomarão o braço todo. Vemos isso sendo usado pelos apoiadores da Segunda Emenda para se opor a qualquer tipo de controle de armas, como: "Se você permitir que eles proíbam os rifles de assalto AR-15, eles tirarão suas espingardas em seguida". Com os OGMs, o argumento é: "Se os deixarmos fazer arroz dourado, logo eles vão querer fazer outros alimentos modificados... É uma armadilha!".[89]

Insistência de que a ciência deve ser perfeita

Aqui o problema é óbvio. Dos terraplanistas aos negacionistas da mudança climática, estamos sempre ouvindo que "o experimento crucial ainda não foi feito" ou que "precisamos de mais evidências". A insistência na "prova" de algo em

Como falar com um negacionista da ciência

que alguém não quer acreditar é uma marca registrada do negacionismo da ciência. Com os transgênicos (e com os opositores à vacinação), muitas vezes ouvimos: "Não me importa o que os estudos mostraram até agora, algo ainda pode dar errado no futuro. Não há nenhuma prova de que eles são seguros". Mas essa é uma caricatura de como a ciência funciona. Será que tudo isso significa que qualquer um que questione a ciência por trás dos OGMs é automaticamente um negacionista? Não. Para aqueles que desejam aprender mais sobre algumas das questões científicas no debate sobre OGMs, há um livro excelente (e escrito de forma acessível) de Sheldon Krimsky chamado *GMOs Decoded* [OGMs decodificados].[90] Ele evita a política, as pesquisas e os argumentos culturais que giram em torno da questão e concentra-se apenas na literatura científica revisada por pares. Krimsky admite de antemão que, na estreita questão de saber se existe um consenso científico sobre a segurança dos alimentos geneticamente modificados, a resposta é sim. Ele escreve:

> Neste livro, aceito como ponto de partida que nos Estados Unidos os cientistas são amplamente favoráveis aos OGMs que atualmente são plantados e consumidos. Com base em declarações publicadas por sociedades profissionais e na literatura científica, quaisquer preocupações sobre a saúde humana ou os efeitos ambientais dessa nova geração de produtos agrícolas não foram maiores do que as relativas às culturas tradicionalmente cultivadas.[91]

Mas, como aponta Krimsky, essa não é a única questão. Várias preocupações metodológicas, normativas e regulatórias precisam ser levadas em consideração. Por exemplo, tecnicamente não é verdade dizer que não há danos que possam ser

Organismos geneticamente modificados...

associados a alimentos resultantes de reprodução molecular. Porém a questão – pelo menos nos Estados Unidos – é se esses alimentos são tão seguros quanto os produzidos tradicionalmente.[92] Sobre essa questão, se a resposta for sim, presume-se que isso signifique que os OGMs são seguros. Mas podemos saber isso com certeza sobre todo e qualquer produto modificado? Claro que não, porque a ciência não pode responder a nenhuma pergunta com certeza absoluta. Mas, se os OGMs como uma classe são tão seguros quanto os alimentos cultivados naturalmente, por que eles deveriam passar por um escrutínio tão rígido?

A questão passa a ser como nos sentimos confortáveis ao antecipar consequências não intencionais e avaliar o risco potencial. Nos Estados Unidos, seguindo as diretrizes estabelecidas pelas ONU e pela Organização Mundial da Saúde (OMS), a supervisão dos OGMs tem se centrado principalmente em saber se os alimentos que chegam até nós por meio da reprodução molecular são pelo menos tão seguros quanto os da reprodução tradicional. Se um alimento modificado for considerado "tão seguro quanto sua contraparte convencional", então ele pode ser considerado "substancialmente equivalente", apesar de quaisquer diferenças químicas subjacentes.[93] Na Europa, no entanto, o padrão é mais rígido e pode exigir mais testes. Como diz Krimsky:

> O ponto de partida para a avaliação de risco difere significativamente entre os Estados Unidos e a União Europeia. O FDA[*] presume que os alimentos desenvolvidos pela adição de genes es-

---

[*] Sigla para Food and Drug Administration (Administração de Alimentos e Medicamentos), agência federal estadunidense responsável pelo controle e supervisão da segurança alimentar. (N. da T.)

Como falar com um negacionista da ciência

tranhos são em geral considerados seguros (Gras)* [...], salvo prova em contrário; enquanto, na Europa, a designação Gras deve ser demonstrada após a conclusão do teste.[94]

Os alimentos podem ser os mesmos, mas a filosofia de como lidar com incertezas subjacentes e com a avaliação de risco é diferente. Nos Estados Unidos, um alimento modificado é considerado inocente até que se prove o contrário; na Europa, é considerado culpado até que (quase) seja provado inocente. Nos Estados Unidos, não há estudos de risco exigidos pelo governo federal. Ficam a cargo dos produtores de alimentos. Na Europa, testes em animais são necessários se a análise de composição for motivo de preocupação. E, mesmo após esses testes, todos os produtos com OGMs devem ser rotulados na Europa.

Como se vê, parece haver uma base para o ceticismo legítimo sobre a maneira como os OGMs são manipulados (pelo menos nos Estados Unidos), que não tem nada a ver com a alegação de que não há estudos científicos que comprovem que são menos seguros do que alimentos cultivados da maneira tradicional. Mas, se é assim, por que simplesmente não dizer isso, em vez de recorrer a alegações negacionistas sobre segurança alimentar? Se a questão for de cautela, não de evidência de riscos, não há necessidade de se envolver em teorias da conspiração ou questionar os motivos dos cientistas. Se desejamos um padrão mais elevado para testes e regulamentação de alimentos modificados nos Estados Unidos, isso não deve equivaler a ignorar a ciência. Krimsky levanta a questão do que pode significar dizer que existem "negacionistas dos OGMs":

---

* Sigla para Generally Recognized as Safe (Geralmente Reconhecido como Seguro), designação concedida pela FDA e por agências similares em outros países. (N. da T.)

Organismos geneticamente modificados...

É muito fácil dizer que um grupo segue a ciência e o outro segue uma ideologia. Isso leva alguns observadores a abraçar a ideia de "negacionistas dos OGMs", referindo-se a pessoas que deixam a ciência para trás em favor de uma oposição irracional (ou infundada) aos alimentos geneticamente modificados. Mas há um registro científico de estudos que apoiam um ceticismo honesto. Além disso, os cientistas europeus e estadunidenses veem os problemas e os riscos de maneira diferente, o que pode explicar por que seus respectivos sistemas regulatórios são distintos.[95]

Justo. O livro de Krimsky é uma análise justa e imparcial de ambos os lados da questão. Ele aponta muitas vezes que não há evidências científicas para apoiar a hipótese de que os alimentos modificados não são seguros. No entanto, dadas as preocupações sobre consequências não intencionais e modos diferenciais de análise de risco, isso por si só justifica o ceticismo de alguns pesquisadores.[96]

Mas cético em relação a quê? À segurança do consumo de OGMs? É aqui que o ceticismo pode se transformar em negacionismo. Uma coisa é recorrer à incerteza de longo prazo, aos testes pouco metodológicos e à regulamentação favorável ao setor. Mas alegar que tais preocupações justificam proibições de OGMs convida a acusações de negacionismo. Aqui a comparação com o negacionismo da vacinação parece adequada. Com frequência, encontramos pessoas antivacina afirmando que também existem preocupações teóricas sobre as vacinas. Que a ciência é muito incerta para justificar a adoção de vacinas obrigatórias, porque há consequências e riscos não intencionais que ainda não conhecemos.

O problema é que, para que tais preocupações sejam cientificamente válidas – e, portanto, consideradas ceticismo, não negacionismo –, elas devem ser apoiadas por evidências. E, para os OGMs, em que estão essas evidências? Com as vacinas, existe o programa federal estadunidense Vaccine Adverse Events Reporting System [Sistema de Registro de Eventos Adversos de Vacinas; Vaers, na sigla em inglês], que documenta e cataloga o número cada vez menor de eventos "adversos" para que possam ser investigados. Mas, como os estatísticos sabem, a correlação não indica necessariamente causalidade. Só porque uma criança teve uma reação adversa perto do momento em que tomou a vacina, isso não significa que a vacina a causou. É por isso que os cientistas que têm acesso ao sistema Vaers devem investigar. Uma vez com os dados em mãos, devem então decidir o que fazer nos raros casos em que as pessoas apresentam uma reação adversa que pode ser atribuída a uma vacina. Ainda assim, a questão é se as reações adversas fazem parte de um padrão maior ou são incidentes isolados. Com um objetivo tão importante quanto a preservação da saúde pública, mesmo que uma criança tenha uma reação adversa (ou mesmo letal) a uma vacina, isso significa que todas as vacinas devem ser suspensas? Se todas as vacinas do país fossem suspensas toda vez que houvesse um relatório do Vaers, quantas crianças morreriam de sarampo ou coqueluche? Os riscos devem ser pesados em comparação com os benefícios.

Com os OGMs, um padrão semelhante pode ser seguido. Já sabemos que 250 milhões de crianças estão em risco de deficiência de vitamina A em todo o mundo, o que pode ser mortal. E 9 milhões de pessoas morrem todos os anos de fome.[97] Enquanto isso, o arroz dourado ficou no limbo, nos últimos 20 anos, devido a preocupações teóricas contra os OGMs, com base nas "vitórias" de algumas organizações ambientais sem fins lucrativos que pressionaram pela proibição de todos os

Organismos geneticamente modificados...

produtos geneticamente modificados.[98] Como se dá essa análise de risco-benefício?

Qual é a evidência de danos causados pela ingestão de OGMs? Como Krimsky admite, não há nenhum dano. Embora seja verdade que não existe um sistema Vaers para OGMs, temos ampla evidência baseada na população de que os OGMs são seguros. Centenas de milhões de pessoas têm consumido alimentos modificados por mais de 20 anos, sem evidência de efeitos nocivos nem ações judiciais contra os fabricantes, mesmo nos Estados Unidos, que é uma nação litigiosa. Se fossem uma ameaça à saúde, certamente já teríamos ouvido falar.[99]

Duas décadas de ativismo anti-OGM baseado apenas em preocupações teóricas, sem nenhuma evidência de qualquer dano: é assim que o ceticismo pode se transformar em negacionismo. Claro que podemos (e devemos) continuar buscando efeitos adversos. Mas a questão permanece: o que fazer enquanto isso? Os negacionistas de OGMs querem que proibamos esses produtos até que possam ser "comprovados como seguros". Mas como isso é possível? Os cientistas não podem "provar" que são seguros, assim como não podem provar que as vacinas são seguras. Nem que a aspirina, por exemplo, é segura. E, enquanto isso, as crianças estão morrendo de fome.

É impossível ter prova ou certeza na ciência, e esse é um nível ridículo de certeza a ser defendido para a crença racional em tópicos empíricos.[100] O consenso científico é baseado não em provas, mas em garantia com base em evidências. Ainda assim, pode ser verdade que alguns OGMs não são seguros? Sim. Na ciência isso é sempre possível. É uma das marcas do raciocínio científico que mais evidências podem sempre chegar para derrubar até mesmo a teoria mais bem-conceituada. Mas isso não significa que todo negacionista seja realmente um cético, ou que seja racional insistir em um julgamento até que "todas as evidências estejam disponíveis". Como já vimos com a questão das mudanças climáticas e de vacinação, chega um ponto em que o ceticismo se transforma em negacionismo.

O consenso científico é o padrão-ouro para a crença racional.[101] E, com os OGMs, certamente temos esse consenso. Como observa Krimsky, entre 1985 e 2016, as Academias Nacionais de Ciência, Engenharia e Medicina [Nasem, na sigla em inglês] emitiram nove relatórios sobre biotecnologia. Todos chegaram à mesma conclusão:

> Não há evidências de que os alimentos derivados de culturas geneticamente modificadas apresentem riscos qualitativamente diferentes daqueles dos dos alimentos produzidos por métodos convencionais de melhoramento. Tampouco há qualquer evidência de que os cultivos geneticamente modificados e os alimentos derivados deles não sejam seguros para consumo.[102]

Ainda assim, um cético pode perguntar: não deveríamos continuar preocupados com a possibilidade de riscos de longo prazo, como qualquer possível ligação entre OGMs e câncer? Sim, deveríamos. Mas o estudo das Nasem forneceu dados para amenizar essa preocupação. O Reino Unido (onde os OGMs são raros) e os Estados Unidos (onde não são) têm taxas semelhantes de câncer. As Nasem também relataram que "não houve aumento incomum na incidência de tipos específicos de câncer nos Estados Unidos, depois de 1996, quando os OGMs foram introduzidos pela primeira vez".[103] Estamos certos de nos preocupar com a "possibilidade" de uma ligação, mas não existe "evidência" de uma ligação, mesmo após estudo exaustivo.

Organismos geneticamente modificados...

Como comparação, pergunte-se: quantas vezes a falsa hipótese de Andrew Wakefield sobre uma ligação entre a vacina tríplice viral e o autismo deve ser desmascarada, para que o "ceticismo" da vacina se torne um "negacionismo" da vacina?

Talvez Krimsky esteja certo de que há algum motivo para ceticismo (ou devemos chamá-lo de "uma preferência por ser mais vigilante"?) sobre testes e regulamentação de OGMs. Mas isso significa que existem apenas céticos sobre os OGMs, e nenhum negacionista dos OGMs? Se assim for, aqui está a minha pergunta: quanta evidência seria suficiente? Se você está disposto a insistir em provas e certezas para os OGMs, por que também não para as vacinas, para a evolução, para as mudanças climáticas? Se as pessoas que insistem que os OGMs são perigosos e inseguros, não importa o que a evidência científica diga, não são elas negacionistas, caso o negacionismo exista mesmo?

CAPÍTULO 7

Construindo confiança

Seguindo o padrão que estabeleci até agora, gostaria de relatar algumas de minhas conversas com céticos no que diz respeito aos OGMs. Se possível, sempre prefiro falar com negacionistas dos organismos geneticamente modificados pessoalmente, cara a cara.

Meu plano original era ir ao mercado Whole Foods local, nas cercanias de Boston, onde moro. Por que lá? Porque conheço vários clientes desse mercado para os quais a devoção aos alimentos naturais é quase uma obsessão. Muitas pessoas pensam, inclusive, que a empresa Whole Foods pratica um banimento total de produtos transgênicos, mas isso não é verdade. Até o momento, nem rotulagem obrigatória a empresa exige. Em 2013, a Whole Foods anunciou que, dentro de cinco anos, exigiria rotulagem obrigatória em todos os produtos transgênicos, mas em 2018 essa exigência foi discretamente "pausada", sem que a empresa anunciasse uma nova data-limite.[1] No momento, como indica seu *site*, a política é de que todos os produtos em suas lojas rotulados como orgânicos

Construindo confiança

tenham a garantia de não conter transgênicos e, se um produto em sua loja for rotulado como não transgênico, isso deve ser verdade.[2] Mas isso não significa que, se não estiver rotulado, o produto não contém nenhum OGM. A Whole Foods parece estar trabalhando duro para ter o maior número possível de seus produtos com um rótulo de "sem OGM", mas a verdade é que ainda assim é possível, sobretudo nos alimentos embalados, que possa haver alguns elementos geneticamente modificados.[3]

Apesar de a Whole Foods não banir totalmente os OGMs, se você estiver à procura de uma população sensível ao problema, é provável que as lojas da rede sejam a melhor opção de destino. Aliás, já houve quem argumentasse que o compromisso da Whole Foods com a filosofia "natural é melhor" chega a beirar a pseudociência.[4] Se eu quisesse encontrar negacionistas dos OGMs politicamente liberais, é ainda mais provável que eu encontrasse alguns por ali. Como escreveu Michael Shermer: "Tente ter uma conversa com um liberal progressista sobre OGMs – os organismos geneticamente modificados – em que as palavras 'Monsanto' e 'lucro' não sejam lançadas como bombas silogísticas".[5] Eu mal podia esperar. Depois de dar meia volta ao mundo, para falar com pessoas nas Maldivas, pude ir a pé até um mercado Whole Foods. Contanto que eu não fosse expulso, esta seria a pesquisa mais fácil feita para este livro.

Então aconteceu a pandemia da covid-19, e meu plano foi para as cucuias. Dá para imaginar se aproximar de alguém em um mercado, mesmo usando máscara, e tentar iniciar uma conversa sobre qualquer assunto, ainda mais segurança alimentar? Mas eu ainda estava convencido da ideia de dialogar cara a cara, de preferência com devotos dos alimentos naturais. Por um lado, queria tentar mudar minha postura com relação àquela da Feic de 2018, que me deixou insatisfeito com o meu suposto sucesso e até com o meu tipo de abordagem. Eu tinha sido combativo demais. E minhas conversas, apressadas demais. A essa altura, eu já tinha lido o livro de Boghossian e Lindsay, *How to Have Impossible Conversations*, e estava ansioso para experimentar algumas de suas técnicas. Eu precisava ter mais empatia. Precisava realmente ouvir! Não apenas para conhecer as evidências da outra pessoa, mas para garantir que ela soubesse que fora ouvida. Essa era a melhor maneira de construir alguma confiança. Com o simples ato de fazer perguntas ao longo do caminho, talvez eu pudesse plantar algumas sementes de dúvida. Talvez eu pudesse até fazer algumas pessoas mudarem de opinião. Mas quem?

Percebi, então, que talvez o distanciamento social tivesse criado uma oportunidade. Por que falar com estranhos e tentar construir um relacionamento pessoal quando eu poderia dar um passo adiante e conversar com alguém com quem eu já tivesse um relacionamento pessoal? Se a confiança era uma característica essencial para mudar a cabeça de alguém, por que não começar com alguém que já confiava em mim e, de fato, poderia ter manifestado algum interesse em meu trabalho anterior sobre mudança climática e outros tópicos-alvo dos negacionistas?

Amizade nos tempos da covid

Eu conhecia Linda Fox por meio de amigos em comum havia mais de 30 anos, desde quando nos encontrávamos todos os anos no Dia de Ação de Graças, na casa de nossos amigos em Connecticut. Embora não nos víssemos com muita frequência, certamente tínhamos um relacionamento de longa data, baseado na admiração e confiança mútuas. Ela conhecia meus filhos desde que nasceram. Gostava da minha esposa, e eu também gostava do marido dela. Linda e eu podemos parecer opostos em muitos aspectos, mas a verdade é que gostamos da companhia um do outro e vínhamos compartilhando opiniões sobre variados assuntos por anos. Certa vez, quando tive uma dor de cabeça na véspera do Dia de Ação de Graças, Linda e alguns outros amigos que estavam hospedados na casa tentaram me convencer de que o problema era um desequilíbrio dos meus chacras. Ela disse que não era de ibuprofeno que eu precisava, mas de radiestesia. Linda identifica-se como médium e radiestesista e ofereceu-se para me ajudar. Eu já havia tomado um ibuprofeno, mas, em nome da amizade e de uma nova experiência, aceitei tentar. Não me lembro dos detalhes do que veio a seguir, mas logo comecei a me sentir melhor. Lembro-me do grande sorriso no rosto de Linda quando ela disse: "Veja, está funcionando." "Talvez", eu disse. "Você está se sentindo melhor?" "Bem... Sim." "Viu?", ela respondeu. "Eu falei." "Bem... Ok. Mas também tomei um ibuprofeno meia hora atrás."

Ela se aproximou do meu ouvido e disse: "O importante é que você está se sentindo melhor... Nem tudo é um teste científico".

Como eu mencionei, ela me conhece muito bem.

Posso ter apenas uma marcha, mas Linda tem duas. Ao longo dos anos, minha impressão é de que ela vive guiada tanto pela razão quanto pela intuição, e por um desejo profundo de se conectar com outras pessoas e sempre fazer a coisa certa. Não daria para encontrar uma pessoa mais sintonizada com as necessidades humanas e ansiosa para estender a mão e ajudar.

Como falar com um negacionista da ciência

Quando decidi ligar para Linda, no verão de 2020, para perguntar sobre sua opinião sobre os OGMs, já sabia muito sobre suas crenças com relação a outros assuntos. Eu sabia que (como eu) ela era liberal. Sabia que ela era firmemente contra qualquer tipo de negacionismo quanto à mudança climática. E sabia que fazia uma década que ela dirigia sua própria empresa de alimentos artesanais, chamada Sumptuous Syrups, em sua casa na zona rural de Vermont. Todos os anos, no Dia de Ação de Graças, é um prazer ganhar de presente seus produtos, que minha esposa e eu levamos para casa para desfrutar até recebermos um novo lote no ano seguinte. Antes de ligar para ela, desci até a geladeira para checar a embalagem e verifiquei o *site*. Lá estava: "De nossos agricultores para você – Orgânico e cultivado naturalmente – Concentrado – Sem glúten – Sem OGMs – Frete grátis". Agora sim eu estava preparado.

Linda e eu havíamos conversado por telefone na semana anterior, não sobre OGMs, mas apenas para colocar o papo em dia. Ela sabia que eu estava escrevendo um novo livro, então, no final de nossa conversa, perguntei: "Você poderia me ajudar se eu ligar na próxima semana, para um pouco de pesquisa para o meu novo livro?". Ela concordou com empolgação. Expliquei que seria sobre OGMs, e ela confessou que não era uma especialista no assunto. Mas tinha suas opiniões pessoais, e assegurei-lhe que era tudo que eu queria. Pedi a ela que não se sentisse compelida a fazer nenhuma pesquisa prévia. Eu só queria ligar de volta e entrevistá-la sobre seus próprios pensamentos, tanto como uma pessoa comum quanto como empresária. Ela concordou.

A semana passou voando, e eu liguei para ela de volta para conversar. Assim que atendeu o telefone, Linda estava pronta para abordar transgênicos e OGMs. Na verdade, naquela manhã

Construindo confiança

ela me enviou um artigo que achou que "resumia muito bem seus pontos de vista", então eu o li com antecedência. Eu me certifiquei de que ela soubesse, porém, de que eu estava atrás das opiniões "dela". Ela não precisava justificar nada. Então, mergulhamos de cabeça.

Linda contou que atuava na área de alimentos naturais havia 50 anos! Ela lia um pouco sobre os OGMs com interesse. Disse que a reação da maioria das pessoas a um tópico como este era intelectual ou emocional. Como uma meio canceriana, meio geminiana, ela reagia das duas formas ao mesmo tempo. Nesse ponto, honestamente, não tinha ideia do que ela diria a seguir, mas guardei minha lista de perguntas e decidi apenas ouvir. Eu sabia que ela era atenciosa, inteligente e uma das pessoas mais gentis que já conheci. Ela sabia o que eu estava fazendo e me contaria o que eu precisava saber.

Linda disse que estava mais preocupada com a "característica" que as pessoas estavam modificando do que com a ideia da modificação genética em si. Por que estavam fazendo isso? Com que propósito? E quem estava ganhando dinheiro com isso? As preocupações ambientais pareciam estar no topo de sua lista.

Ela então me contou uma história sobre si que eu nunca tinha ouvido antes, para enfatizar que ela era alguém que não apenas "cultivava" crenças, mas as "praticava". Ela disse que estava tão preocupada com a energia nuclear, que ela e seu primeiro marido tinham vivido fora das redes de distribuição por oito anos, sem eletricidade nem água encanada, apenas para ver como era e se eles conseguiriam fazê-lo. Isso fora na década de 1970, no auge da preocupação com a indústria nuclear nos Estados Unidos, e ela queria ver se era possível viver sem os recursos da energia nuclear. Fiquei impressionado.

Como falar com um negacionista da ciência

Será que eu acreditava tanto assim em alguma coisa? Sou um fanático das mudanças climáticas, mas ainda uso carro. E tenho ar-condicionado. Ela me lembrou de que não se trata apenas de crenças, mas de ações.

Linda afirmou que seus pontos de vista sobre os OGMs e transgênicos se resumiam a duas perspectivas: pessoal e comercial. Como pessoa, sua principal preocupação era o impacto no meio ambiente. Se estivessem sendo criados para tornar a comida mais nutritiva, tudo bem para ela. Mas havia uma grande distinção entre benefício humano e benefício corporativo. Não devia ser apenas para ganhar dinheiro. Afirmou que "não" gostava da Monsanto e de seu produto Roundup. Ela se opunha veementemente ao tipo de OGM que a Monsanto estava criando, apenas para que pudesse vender mais Roundup. Mas ela não tinha problema nenhum com o arroz dourado.

Perguntei se ela achava que os OGMs eram seguros para o consumo. Ela disse que tendia a não os comprar porque não se sabe se são seguros. Há muitas questões relacionadas a isso, então ela as abordou com cautela. "Você poderia consumir OGMs", ela disse, "mas por que faria isso?". Quando perguntei se ela já tinha consumido, porém, ela respondeu que sim.

Sua segunda perspectiva era a de empresária. Como proprietária de uma empresa de alimentos com sede em Vermont, ela queria ter um rótulo que indicasse sem OGMs, sem transgênicos. A questão aqui era o seu mercado. Quem eram seus clientes? O que eles desejavam? "É meu trabalho educá-los?", ela perguntou. Provavelmente, não. As pessoas têm diferentes níveis de conhecimento e diferentes níveis de confiança, e ela queria incluir um público o mais amplo possível para os seus xaropes de bordo, o que significava que

Construindo confiança

ela deveria ter um produto não modificado geneticamente. Isso não era apenas bom para os negócios, mas era a coisa certa a fazer para respeitar os desejos de seus clientes.

Perguntei se parte de sua decisão tinha algo a ver com a venda de seus xaropes na rede Whole Foods. Ela disse que não, porque não estava vendendo lá de qualquer maneira, não por causa dos OGMs, mas por causa do processo de aprovação pelo qual o produto tem de passar para ser estocado em suas lojas. Os critérios eram simplesmente rígidos demais. Ela preferia vender *online*. Então perguntei se ela mesma comprava na Whole Foods, e ela disse que raramente. Mas isso se devia, principalmente, ao fato de a loja mais próxima ficar a uma hora e meia de sua casa. (Eu mencionei que ela mora em uma área rural?) Ela disse que preferia fazer compras localmente. Compra alimentos orgânicos por opção, mas depende do que for. Ela evita soja e milho porque têm maior probabilidade de conter OGMs. Disse que é uma consumidora "consciente" e que uma das coisas de que tem consciência são os OGMs.

Ela me fez rir: "Mas não vou morrer se comer um produto transgênico".

Ela prefere alimentos locais e contou-me uma história sobre alguns produtores de leite em sua área que se uniram para renunciar aos hormônios de crescimento em seu leite, e ela queria apoiar essa iniciativa. Esse era o tipo de problema com o qual ela se preocupava, porque era local e pessoal. Ela conhecia aqueles fazendeiros. Eu perguntei: "Mas você ainda beberia leite de outros laticínios ou comeria um alimento transgênico?". Ela repetiu sua resposta anterior: "Sim, mas por que iria querer?". É uma ótima pergunta, que vai ao cerne do debate. Eu anotei para perguntar a ela mais tarde se esse tipo de escolha pessoal, porém, poderia ter um efeito cascata fora de sua comunidade local (como no caso das crianças com fome sem acesso ao arroz dourado em outros países).[6]

Pedi, daí, para que ela falasse um pouco mais sobre a Monsanto.

"Você quer dizer: sobre a empresa mais perversa do mundo?", ela disse.

E continuou falando sobre como eles queriam controlar toda a comida do mundo. Só estavam interessados no lucro. Ela disse que o pólen sopra de uma das plantações da Monsanto para uma fazenda orgânica, e que eles processam o agricultor orgânico. Ela também demonstrou grandes preocupações sobre o uso do Roundup. Contou que seu vizinho usava Roundup nas plantações dele, o que a deixava especialmente sensível ao assunto. O produto contamina o solo? Afeta a água que chega à propriedade dela? Quais são os efeitos desconhecidos?

Perguntei se ela achava que os transgênicos da Monsanto não eram seguros para o consumo. Ela não respondeu diretamente, mas disse: "Quanto você gostaria de consumi-los e por que gostaria de consumi-los?".

Ela explicou que tendia a ser "centrista" sobre essas coisas e tomava precauções. Quando vai a um restaurante, não é rígida. Não pergunta ao garçom se há alimentos transgênicos em seu cardápio e não menciona a Monsanto. Mas disse que pensa na frequência com que consome alimentos cuja origem desconhece.

A essa altura da conversa, ela mencionou algo que eu nunca tinha ouvido antes: que alguns fazendeiros colocam Roundup em seu trigo uma semana antes da colheita. "Por que eles fariam isso?", ela perguntou. Estariam criando um problema para a segurança alimentar, porque agora a comida tinha Roundup? Linda confessou que se perguntava se todas as pessoas com alergia ao glúten estavam realmente reagindo a alguma outra coisa. "Não é que não possam consumir glúten... Talvez não possam consumir Roundup." E, ela se perguntou, se a Monsanto estiver lucrando com a comercialização de produtos sem glúten? Ela disse não ter provas de nada disso, mas que era um de seus "pensamentos perversos", que a levara a questionar como sua comida era cultivada e processada.[7]

Estávamos chegando ao fim da nossa conversa. Até então eu "não" tinha notado traços de negacionismo por parte de Linda. Sua abordagem era cautelosa e reflexiva. Ainda não havíamos conversado sobre o consenso científico – e eu queria saber a reação dela a isso –, mas primeiro precisava estabelecer algumas coisas sobre suas opiniões sobre outros tópicos científicos.

Ela disse que era "a favor" de vacinas, apesar de não ir tão longe a ponto de afirmar que era uma militante pró-vacinação. Eu já sabia que ela era contra a energia nuclear, mas perguntei suas razões para isso. Ela disse que eram as seguintes: (1) não há como lidar com o lixo e (2) ela não gostava dos métodos de extração, que eram não apenas nocivos para a Terra, como um dano para os povos indígenas nos países de origem dessas matérias-primas. Sobre as mudanças climáticas, ela disse que, além da ciência, como médium que passara algum tempo em uma reserva nativa americana, ela podia ver o prejuízo criado, e que o problema do aquecimento global só iria piorar com o tempo.

Estávamos quase terminando, então me senti mais à vontade para contar um pouco mais a Linda sobre o meu livro, sem me preocupar em influenciar seus pontos de vista. Confessei que queria usar nossa conversa em um capítulo sobre a questão de saber se existe um negacionismo científico liberal. Expliquei que a maior parte do negacionismo científico parece

Como falar com um negacionista da ciência

vir da direita (com relação à mudança climática e à evolução), e que me perguntava se uma parte também poderia vir da esquerda. Ela riu alto. "Claro que sim", ela disse. "Os *hippies* têm praticado isso desde a década de 1960." Conversamos um pouco sobre o problema de tantas pessoas atualmente adquirirem suas crenças por meio de campanhas de desinformação, o que a levou a dizer algo tão profundo, que a fiz repetir para que eu pudesse escrever palavra por palavra: "Somos suscetíveis a teorias da conspiração quando não temos motivos para confiar".

Parei por um momento antes de fazer a pergunta óbvia: "Então, Linda, 'você' confia em cientistas?". "Confio em 'alguns' cientistas", respondeu ela, dizendo em seguida que sempre se pergunta: "Quem está ganhando para fazer essa pesquisa?".

É uma pergunta justa. Terminamos com a promessa de voltar a conversar na semana seguinte.[8]

✳✳✳

Minhas esperanças de encontrar um negacionista da ciência para converter estavam enfraquecendo rapidamente. Linda não gostava de OGMs, mas ela era uma negacionista? Não, na verdade. Eu procurei orientação com um dos meus amigos mais próximos, um biólogo ambiental que eu conhecia desde a infância. Mas, minutos depois de falar com Ted (nome fictício) sobre alguns dos fatos relativos aos OGMs, eu me perguntei se talvez não devesse entrevistá-lo! Ele certamente estaria na minha listinha curta de pessoas com quem tinha construído uma relação de confiança. Admiti a minha intenção, explicando que queria entrevistá-lo para o livro. Mas parte da nossa confiança era tal, que – com a condição de ele me contar o que "realmente" pensava sobre os OGMs e não se censurar – ele confessou que não tinha certeza se "queria" ser entrevistado. Eu ofereci, então, não usar seu verdadeiro nome. Faltavam alguns minutos para começarmos, e até aquele momento eu não sabia nem mesmo quais eram as suas opiniões sobre o assunto, então decidimos simplesmente ver aonde a conversa iria nos levar. Decidiríamos sobre o livro mais tarde. Prova do quanto ele confiava em mim.

Diferentemente do diálogo com Linda, esse foi acalorado. Ted disse que sua perspectiva fora influenciada por um livro de Jeremy Rifkin que tinha lido e que ele queria me enviar. Eu já tinha ouvido falar de Rifkin? Bem, sim, na verdade eu tinha. Era o contraponto no livro de Mark Lynas, que praticamente iniciou a campanha anti-OGMs e recrutou o Greenpeace para colaborar com a causa. Lynas era um crítico ferrenho de Rifkin. Por ora, guardei aquilo para mim e apenas respondi que sim.

A principal preocupação de Ted eram as consequências não intencionais. "É assim que funciona a tecnologia", ele disse. "Energia nuclear. Petróleo. Você começa pensando que tudo ficará bem, daí anos depois você descobre os perigos, e às vezes não há como voltar atrás." Ele confessou que isso até lhe despertara alguma simpatia pelas pessoas que eram contra a vacinação! (O que foi isso? Fazia 40 anos que eu conhecia o cara e nunca tinha ouvido ele falar "tal coisa".)

Em seguida, Ted lembrou-me de que ele era um "cientista"! Disse que entendia a evolução e como o genoma chegou a ser como era, isto é, graças à seleção natural ao longo de "muito" tempo. Cada passo deliberado fora dado por uma razão, em resposta ao ambiente. E, com a engenharia genética, fomos tentando mexer nisso. Como consequência, poderíamos acabar com efeitos ambientais e organismos nocivos. Estávamos despejando Roundup no solo, e a que isso nos levaria mais

Como falar com um negacionista da ciência

tarde? Nós praticamente arruinamos as asclépias, que eram o *habitat* das borboletas-monarcas. E ele se preocupava com as consequências não intencionais dos próprios produtos geneticamente modificados: "E se acabarmos criando uma bactéria que cause uma doença horrível depois?". E as agências reguladoras, que permitiram que centenas de pesticidas e produtos químicos perigosos persistissem no mercado por anos, sem estudos de segurança adequados ou mesmo depois que a ciência mostrara que não eram seguros? Ele voltou a Monsanto e a como ela queria buscar lucro em curto prazo, sem pensar sobre as consequências de longo prazo. Por que arriscar?

Até aquele momento eu estava muito animado e não queria interromper seu fluxo de pensamento, mas precisava fazer uma pergunta crucial. Pareceu-me que as preocupações de Ted até agora diziam respeito, sobretudo, (1) a efeitos não intencionais e (2) ao meio ambiente. Mas ele achava que os OGMs eram seguros para o consumo ou não?

Ted disse estar certo de que a ciência devia ter muita informação sobre isso e que talvez fosse seguro, mas que ele não tinha certeza. De fato, não sabia. Disse que tinha certeza de que o governo possuía padrões de segurança alimentar, mas que não confiava no governo para lhe dizer se sua comida era ou não segura. Como ter certeza do que aconteceria lá na frente? Daqui a dez anos, poderiam descobrir algo. E, mesmo que os produtos feitos agora fossem seguros, os futuros poderiam não ser. Por que abrir essa porta? Estavam introduzindo uma nova tecnologia que poderia ser usada para outros fins no futuro. Poderia ser perigoso.

Eu desviei a conversa de volta para a segurança dos alimentos modificados atuais. Ted disse que não os consumia por razões éticas e de princípios. Então, mesmo que a ciência dissesse que eram seguros, ele não os consumiria de qualquer maneira, por razões ambientais, mas também por uma objeção filosófica mais básica: "Uma coisa com a qual não concordo, que é mexer com processos naturais".

Ele fez uma analogia com a administração de hormônio de crescimento em vacas. (Eu juro que não trouxe esse assunto para conversa.) "Isso não é engenharia genética", ele disse, "mas uma espécie de interferência nos processos naturais. E, quando se faz isso, pode-se levar a efeitos prejudiciais no futuro. Você gostaria de beber esse leite?".

Não respondi, mas fiz minha primeira incursão real no diálogo. Eu esperava de coração que ele me deixasse usar todo esse conteúdo no meu livro.

> Ted, você é um cientista. Mas suas opiniões aqui estão muito desalinhadas com a perspectiva científica. Há um grande consenso de que os OGMs são seguros para o consumo. A diferença entre a opinião pública e a científica é ainda maior do que no caso da mudança climática.

Imediatamente, ele recuou na questão da segurança alimentar. Disse que não estava dizendo nem sim, nem não. Se eu precisasse de alguém para dizer que OGMs não eram seguros, esse alguém não era ele. Ele só estava dizendo que não sabia. E ele não iria consumi-los de toda forma, então era irrelevante. Ted declarou que, em geral, ele simplesmente não se sentia confortável com a ideia de alimentos geneticamente modificados. Pelo menos ainda não. Talvez daqui a dez anos. Mas até que se sentisse seguro, não iria consumir nada.

Arrisquei um palpite, perguntando se ele fazia compras na rede Whole Foods.

Ele fez uma breve pausa e respondeu: "Sim!".

Eu já sabia que, do ponto de vista político, ele era liberal. E um cientista! Depois da faculdade, Ted tinha viajado pelo mundo fazendo pesquisas ecológicas em primeira mão, depois voltou e terminou a pós-graduação. Agora, junto com sua esposa, ele dirigia um instituto de pesquisa de conservação dedicado a salvar espécies nativas e seus *habitats*. Quando doei dinheiro para as compensações de carbono após minha viagem às Maldivas, enviei um cheque a Ted para plantar mil metros quadrados de árvores em um de seus projetos.[9]

No que dizia respeito ao clima, suas crenças estavam solidamente de acordo com o consenso científico. Mas e quanto aos OGMs? Finalizamos com o meu apelo para que ele tirasse um dia e pensasse sobre isso, depois me dissesse se eu poderia usar a conversa em meu projeto. "Mas", eu o adverti, "se conversamos de novo, vou tentar convencê-lo". "Bem", ele rebateu, "talvez eu acabe convencendo 'você'".

Naquela noite, uma mensagem de texto bipou no meio da noite, dizendo *ok*. Poderíamos conversar no dia seguinte.

A conversa da minha vida

Tenho de admitir que estava um pouco nervoso para a minha conversa seguinte com Ted. Tínhamos "40 anos de amizade", mas, de alguma forma, era isso que fazia essa conversa parecer mais arriscada do que aquelas que tivera até o momento com estranhos. Depois de trocar gracejos por alguns minutos, decidi usar uma estratégia do livro de Boghossian e Lindsay: "*Ok*, Ted, convença-me".

Essa vez foi diferente. Em vez de investir em uma conversa casual e apressada com um amigo para perguntar como ele se "sentia" com relação aos OGMs, nesse dia eu estava com a cabeça mais fria. Meu lado cientista aflorou.

Ted disse: "Bem, tudo depende da pergunta que você está me fazendo. Se eu consumo OGMs? Ou se os considero seguros para o consumo?". Ele voltou ao tópico do dia anterior, dizendo que não gostava de alimentos modificados por causa das implicações gerais de mexer com a genética da nossa comida. Ele não tinha certeza se seria seguro no longo prazo. E recorreu a uma analogia.

"É como no caso de uma espécie invasora", disse ele.

Quando criamos algo para resolver um problema, sempre parece uma boa ideia. Mas depois sai do controle. Sempre há consequências não intencionais. Olhe para os mangustos. Foram introduzidos no Havaí para dar conta dos ratos, mas depois começaram a devorar "tudo". Isso desequilibrou a ecologia local. Agora os mangustos assumiram o controle. É sempre algo que não se esperava.

"Então", ele continuou, "o que acontece quando se mexe com a genética de um micróbio, e 'isso' acaba dando errado? Talvez a pesquisa sobre segurança alimentar esteja positiva por enquanto, mas isso não significa que não haverá problemas futuros".

Esse era um bom argumento, eu tinha que admitir, mas fiquei de boca fechada e deixei-o continuar. Ele mudou de assunto para o Roundup, falando sobre os efeitos colaterais que o produto tinha em outras espécies. E como o benefício gerado por ele era direcionado cada vez a menos pessoas, e a riqueza, cada vez a menos mãos. Havia muitos possíveis prejuízos para a segurança alimentar. E o sistema que regulava isso, ele sentia,

Como falar com um negacionista da ciência

era corrupto. Favorável demais à indústria. Se algo desse errado, eles descobririam a tempo? Ted resumiu: "Há uma boa razão para as pessoas não quererem comer alimentos modificados, mesmo que sejam ditos seguros".

Foi aí que fiz minha primeira pergunta séria: "Você já consumiu um OGM?". Ted disse que provavelmente já tinha consumido. Como ele saberia o que era servido em restaurantes, por exemplo? Mas ele não apoiava a indústria, porque ela não tinha como comprovar que era seguro. Em seguida, fiz uma segunda pergunta: "Mas como essa postura é diferente da daqueles que são contra as vacinas? Vacinas também são 'antinaturais'. E não podem ser 'comprovadas como seguras'. Você também é contra a vacinação?". Eu esperava que ele expandisse o que dissera no dia anterior sobre a "simpatia" pelas pessoas que eram contra a vacinação.

Ele disse que era uma boa pergunta, mas que sempre se deve equilibrar prós e contras. Com as vacinas, há um risco privado, pois você pode ficar doente se não se vacinar. Mas também há um risco público, pois você pode fazer outras pessoas ficarem doentes. Se não houvesse nenhum benefício em se vacinar, ninguém se vacinaria. Mas há um benefício nas vacinas que supera os riscos. "Mas", ele então deixou claro, "não há riscos se eu não comer um OGM. Tenho dinheiro suficiente para poder comprar orgânicos. Se eu fosse pobre e tivesse de comer alimentos modificados para sobreviver, provavelmente o faria. Mas não há desvantagem para mim em não comer transgênicos".

"Mas, Ted", eu interrompi,

[...] essa não é uma postura que resulta de um grande privilégio? Há crianças morrendo de fome no leste da Ásia, e algumas ficam cegas de tanta deficiência de vitamina A por não terem acesso

Construindo confiança

ao arroz dourado. Isso não é dado da Monsanto, mas de uma pesquisa universitária. O Greenpeace, porém, ainda se opõe. Então deixe eu ligar os pontos entre essas crianças e você. Você não apoia os transgênicos, e isso é bom para você, mas, se houvesse pessoas suficientes como você que apenas comprassem produtos orgânicos e enviassem cheques para o Greenpeace, aquelas crianças na Ásia iriam passar fome e ficar cegas. Portanto, há uma desvantagem em se opor aos OGMs, não apenas para você. É como a antivacinação que você acabou de mencionar. Você está causando um dano público ao se recusar a apoiar os OGMs.

Esse foi o ponto da conversa em que fiquei feliz por ter uma relação de confiança.

A amizade sobreviveria, não importa o quê. Eu não queria insultá-lo, mas, de uma forma ou de outra, Ted e eu vínhamos discutindo havia décadas.

"Acho que você poderia dizer a mesma coisa sobre qualquer inovação tecnológica", Ted disse calmamente. Ele deu o exemplo dos combustíveis fósseis. Se ele não apoiasse os combustíveis fósseis, alguém poderia perder o emprego. Mas isso era motivo para ele apoiar a indústria de combustíveis fósseis? Existem vantagens e desvantagens no uso de qualquer tecnologia. No caso do arroz dourado, é óbvio, há um claro benefício... Ele deixou esse ponto em aberto, então resolvi forçar.

"Então você apoia a produção de arroz dourado?" Ele respondeu com outra pergunta: "Eu apoiaria o carvão se isso ajudasse mineiros a manterem seus empregos?". Estava subentendido que não, e o mesmo valeria para os OGMs. Sempre há consequências não intencionais. Aumentar a produção de alimentos parece ser uma coisa boa, mas, em última análise,

Como falar com um negacionista da ciência

leva ao superpovoamento, que é a fonte da maior parte dos danos ambientais ao nosso planeta. O que, por sua vez, só leva a mais fome.

"Ninguém quer falar sobre isso, mas é verdade", disse Ted.

Estamos perto de exceder a capacidade de carga da Terra. Com a tecnologia, nós podemos continuar forçando. Mas queremos fazer isso? A superpopulação é um perigo ambiental real. E talvez os OGMs estejam apenas nos empurrando ainda mais por esse caminho.

"Espere aí, Sr. Malthus", eu disse. "Então aquelas crianças sem acesso ao arroz dourado devem simplesmente morrer?"

Ele falou que é provável que algumas morreriam, mas que a verdadeira questão era quando. Se destruirmos o planeta e ficarmos sem recursos, muitas outras morrerão em longo prazo. E ele sentia que os OGMs contribuiriam para isso.

Terminei a argumentação falando que isso era fácil para ele dizer, porque ele tinha dinheiro e não seria uma das pessoas que sofreriam com isso. Eu não estava tentando magoá-lo, era apenas um apontamento óbvio. Aquele era o cara que eu já testemunhara virando a carteira do avesso para dar dinheiro a pessoas em situação de rua. Que corria para intervir quando víamos alguém ser preso por causa de um furto, considerando isso uma violência. Que dedicava sua vida à agricultura sustentável porque queria ajudar o maior número possível de pessoas. Mas nós estávamos diante de um impasse.

Decidi recontextualizar a conversa e traçar uma distinção entre suas preocupações ambientais e suas preocupações com a segurança alimentar. Ele diria que suas objeções aos OGMs eram sobretudo relacionadas ao meio ambiente e não equivaliam a uma alegação de que não eram seguros para o consumo?

Construindo confiança

Ele tratou primeiro da questão ambiental. Ted disse que os transgênicos estavam causando danos de longo prazo ao meio ambiente. Isso não significava necessariamente que eram inseguros para comer no curto prazo, mas, ao apoiar a indústria de OGMs, ele estaria causando outros – presumivelmente piores – danos futuros.

Eu o cutuquei para trazê-lo de volta à questão da segurança alimentar e retomei a questão do consenso científico que mencionara no dia anterior, o que parecera pegá-lo desprevenido. Expliquei que 88% dos membros da Associação Americana para o Avanço da Ciência diziam que os transgênicos eram seguros para o consumo, enquanto apenas 37% do público em geral pensava assim. Havia uma lacuna maior entre o consenso científico e a opinião pública do que no caso das mudanças climáticas. Não havia nenhum estudo confiável que já tivesse demonstrado que os OGMs eram prejudiciais à saúde humana. Então, por que ele não acreditava nisso?

Ele disse que era porque era "compreensível que as pessoas desconfiassem de alimentos modificados", pois eram "antinaturais". Era como se humanos estivessem se metendo no abastecimento natural de alimentos. Em seguida, ele mencionou o "princípio da precaução" e fechou o ciclo com o que dissera no dia anterior. Imagine alguém mudando os genes de uma bactéria ou de um vírus. Poderia se tornar um pesadelo.[10] E agora estavam interferindo na evolução da alimentação de forma antinatural? "Estão fazendo algo que nunca foi feito antes", disse. "A evolução leva milhares de anos para acontecer, sempre em resposta a uma necessidade ambiental, mas agora estão trocando genes daqui para ali, em um dia. Como sabem que é seguro?" Ele explicou de novo que até poderia ser, mas que não tinha certeza. Não confiava na supervisão exercida pelo governo sobre as corporações que fazem esse tipo de pesquisa.

Peguei esse gancho para fazer a minha pergunta mais difícil.

Mas, então, como a posição que você acabou de assumir é diferente da dos negacionistas do aquecimento global? Eles sempre dizem: "Precisamos de mais estudos" ou "Não foi provado ainda". Mas a ciência nunca pode "provar" nada. E eu sei que você sabe disso. Tudo o que temos são evidências científicas. Mas os negacionistas sempre dizem: "Não é suficiente". De quanta evidência você "precisaria" sobre os OGMs?

Ted gostou muito da pergunta e aceitou o desafio.

Disse que tudo se resumia ao contexto. Com os OGMs, você está fazendo algo que nunca foi feito na natureza. E está pedindo que as pessoas concordem com a ideia de você promover inovações com a comida delas. Com a mudança climática, por outro lado, você está pedindo para que "não" façam algo. Está pedindo que "parem" de fazer o que estão fazendo. Seria como o princípio da precaução ao contrário. Não se pode provar que a mudança climática esteja acontecendo (embora os modelos teóricos indiquem que a chance de não estar acontecendo é de uma em um milhão), mas parar de poluir tanto é uma precaução óbvia. Já, com OGMs, o mesmo princípio diria para "não" alterar a comida.

Eu não o estava vendo, mas percebi o tom de satisfação na voz de Ted. Fora seu melhor argumento até então. Estávamos nos aproximando do fim da conversa, então fiz a pergunta que me trouxera tanta sorte na Feic de 2018 e em outros lugares: "O que seria necessário para fazer você mudar de ideia?".

"Sobre o quê? Consumir OGMs? Ou pensar que são seguros?"

"Qualquer uma das duas coisas. Todos os seus posicionamentos. Que evidência o convenceria a abrir mão das crenças que acabara de descrever para mim?"

Ele disse que isso o fazia se lembrar do debate contemporâneo sobre energia nuclear dentro do movimento ambientalista. Falou que havia uma grande controvérsia naquele momento a respeito do apoio à energia nuclear, graças à sua ausência de emissão de gases do efeito estufa. Então agora ele deveria apoiar a energia nuclear? De novo, tudo voltava à avaliação de riscos e às consequências de curto e longo prazo.

"Se propusessem a construção de um reator nuclear na minha rua, perto da minha casa, porque ajudaria a combater a mudança climática, eu seria contra."

Eu tinha certeza de que era verdade, mas perguntei o porquê.

Ele esclareceu que a indústria nuclear sempre estava tentando demonstrar quão segura ela era, e talvez em grande parte até fosse. Mas e se algo desse errado? Mesmo que o risco fosse pequeno, o resultado poderia ser tão horrível, que, ao analisar, o mais racional a fazer era não apoiar uma coisa dessas. E essa era sua mesma atitude com relação aos OGMs. Toda a ciência podia dizer que são seguros. Mas e se algo de errado acontecer? No fim, ele declarou que seria difícil fazê-lo apoiar os OGMs, não importando quão confiável a ciência por trás deles parecesse ser, por todas as razões que ele listara.

Parecia que estávamos chegando ao fim da conversa, então agradeci e prometemos compartilhar alguns livros. Ele disse que me enviaria uma cópia do Rifkin, e eu queria enviar-

-lhe uma cópia do Lynas. Depois de alguns minutos de outros assuntos, Ted voltou ao meu argumento sobre a semelhança entre a sua posição e a dos negacionistas da mudança climática. "Essa foi boa", disse ele. "Vou ter que pensar sobre isso um pouco mais."

Isso soou bem para mim. E, assim, parecia que tínhamos terminado.

Mas na verdade não tínhamos, e eu sabia que revisitaríamos esse tópico por anos, muito depois que meu livro fosse publicado.

Ted quer tornar o mundo um lugar melhor, e eu também. Ambos acreditamos na ciência. Mas temos um desacordo fundamental sobre "confiança na razão" *versus* "confiança na natureza" quase desde que nos tornamos amigos. Em nossa conversa sobre OGMs, não o convenci, nem ele me convenceu.

Mas acho que comprovei algo: empatia, respeito e escuta são as únicas maneiras pelas quais teremos a chance de mudar as crenças uns dos outros. O contexto de confiança e respeito mútuo é a única coisa que fez aquela conversa funcionar. Antes de desligarmos, prometi pensar mais sobre seus argumentos também.

Quanto mais eu refletia sobre o assunto, porém, mais eu duvidava que Ted fosse um negacionista. Nossa discordância tinha a ver com crenças, ou com algo mais profundo? Valores? Eu não queria mudar a identidade dele, mas queria mudar seu círculo de preocupação. Queria que ele se preocupasse mais com o sofrimento das crianças de agora do que com possíveis danos potenciais mais amplos no futuro. E tenho certeza de que ele gostaria de me convencer a ser mais cético do que já sou e a perceber com mais afinco o excesso de confiança da engenhosidade humana.

Construindo confiança

Então aquela conversa não acabou.

E acho que isso é bom.

***

Então, o que é um negacionista de OGMs? Se você rejeita o consenso científico que diz que todos os alimentos modificados atualmente são seguros para o consumo, isso é suficiente para ser considerado um negacionista? Eu acho que sim. Mas e quanto à importante preocupação sobre os alimentos futuros também serem seguros? É preciso chegar a um ponto em que a evidência seja convincente, e tais preocupações teóricas – mesmo quando não podem ser refutadas – tornam-se irracionais. Como um argumento mais geral, talvez a questão central seja a seguinte: questionar o consenso (em qualquer tópico científico) por si só não faz de você um negacionista. Mas recusar-se a acreditar no consenso científico e não estar disposto a dizer quais evidências – não a prova definitiva – seriam suficientes para fazer você mudar de ideia é que faz de você um negacionista.[11] Quando integrantes do movimento antivacina, negacionistas da mudança climática e terraplanistas insistem em obter "provas cabais", certamente estão sendo irracionais, pois a investigação empírica simplesmente não funciona dessa forma.

Onde isso nos deixa com relação aos OGMs? A posição de que todos os alimentos geneticamente modificados atuais são seguros para o consumo é apoiada por evidências científicas esmagadoras, e não há de fato nenhum estudo confiável que sugira o contrário. É possível que alguém faça um alimento com OGMs inseguro em algum momento no futuro? Sim... Mas também é possível que se crie uma vacina mortal. Ou um avião que se despedace. A menos que alguém se sinta descon-

Como falar com um negacionista da ciência

fortável com todas as inovações científicas e técnicas, não parece razoável escolher com base em suspeitas, não em evidências. Precisamos de vacinas e de viagens aéreas, mas não precisamos também alimentar crianças com fome? E, assim como no "debate" sobre as mudanças climáticas, chega um ponto em que a confiança é conquistada. Em que não é mais razoável duvidar. Mas o ceticismo também deve ser conquistado. Ser cético não é apenas duvidar de tudo simplesmente porque se pode duvidar, nem ficar catatônico pelo medo do desconhecido; o ceticismo requer dar confiança quando a evidência é irrepreensível, mesmo se (como exige o falibilismo) possamos acabar errados. Garantia não é prova, mas é o melhor que a ciência tem a oferecer. E, se você discordar, considere a pergunta de novo: o que seria necessário para você desistir de sua crença de que os transgênicos são perigosos, e como sua posição é diferente daquela mantida pelos que negam a mudança climática ou as vacinas?

Então, a resistência aos OGMs é um exemplo de negacionismo da ciência de esquerda?

Mesmo que estejamos confortáveis com a ideia de que a rejeição aos atuais alimentos com OGMs tidos como inseguros para o consumo constitui um negacionismo da ciência, a questão que permanece é se esse é um caso de negacionismo "de esquerda". Tive duas conversas com liberais estadunidenses que tinham opiniões fortes sobre esse assunto, e nenhum deles acabou se revelando um negacionista explícito. Mas, mesmo que tivesse, isso não resolveria o problema. Então, vamos nos voltar para a literatura empírica sobre essa questão, que merece um olhar mais atento.

Construindo confiança

Lembre-se da afirmação de Stephan Lewandowsky de que há "pouca ou nenhuma evidência para o negacionismo da ciência de esquerda"[12] e de que a desconfiança na ciência "parece estar concentrada principalmente na direita política".[13] Se isso estiver correto, significa que OGMs e vacinas não podem ser usados como exemplos potenciais de negacionismo de esquerda. Embora possa haver alguns (ou mesmo muitos) negacionistas de esquerda em vários âmbitos, não chega a um nível que constitua um negacionismo de esquerda, porque não há o suficiente para constituir uma pluralidade e/ou a ideologia por trás de seus pontos de vista que seja originária da esquerda. Então, como isso pode ser medido?

Uma maneira é proposta por Lawrence Hamilton, em um estudo chamado "Conservative and Liberal Views of Science: Does Trust Depend on Topic?" ["Visões da ciência conservadoras e liberais: a confiança depende do tópico?"], que Lewandowsky cita favoravelmente ao longo de seu trabalho.[14] Hamilton seleciona três áreas de possível negacionismo de esquerda – energia nuclear, vacinação e OGMs – e dois outros de direita – mudança climática e evolução. Ele então perguntou a mil participantes sobre qual era probabilidade de confiarem nos cientistas para obter informações sobre esses tópicos. Como esperado, os liberais de esquerda eram mais propensos do que os conservadores a dizer que confiavam nos cientistas para obter informações sobre mudanças climáticas e evolução. Mas aí veio a surpresa. Hamilton descobriu que os liberais também eram mais propensos do que os conservadores a dizer que confiavam nos cientistas com relação à segurança nuclear, às vacinas e aos OGMs. Ele tomou isso como evidência de que não havia áreas de negacionismo de ciência de esquerda.[15]

Mas o estudo não demonstra isso.

Primeiramente, para medir se existe uma área de negacionismo da ciência que seja de esquerda, por que não focar nos "negacionistas da ciência", em vez de liberais (esquerda) e conservadores (direita)? O que Hamilton fez foi entrevistar pessoas de um lado e de outro e depois perguntar o quanto elas confiavam nos cientistas em vários tópicos da ciência. Em vez de olhar para os negacionistas da ciência e medir a porcentagem de eleitores da esquerda, Hamilton olhou para eles e mediu seu nível de confiança na ciência como um "substituto para o negacionismo". Mas, mesmo que ele esteja certo de que a confiança na ciência é um bom substituto para o negacionismo (o que não é verdade, como veremos em um minuto), o que isso mostraria? Apenas que uma porcentagem menor de liberais é negacionista com relação a vários tópicos científicos, em comparação com os conservadores. Não mostra que uma porcentagem menor de negacionistas seja de esquerda. Em suma, mesmo que Hamilton esteja certo, ainda pode ser que uma pluralidade, ou mesmo a maioria, dos negacionistas de qualquer tópico (como os OGMs) sejam liberais de esquerda, exatamente da mesma forma que a maioria dos negacionistas da mudança climática são conservadores.

Mas há um problema pior. Hamilton usa a pergunta "Você confia em cientistas para obter informações sobre OGMs?" para medir as crenças negacionistas a respeito dos OGMs. Mas isso é falho. A menos que ele esteja dizendo às pessoas com antecedência qual é "o consenso científico real sobre os OGMs", como elas saberiam se de fato confiam nos cientistas? Dado que o nível de conhecimento público sobre os OGMs é surpreendentemente baixo (como vimos no capítulo anterior), como sabemos que as pessoas que relatam "confiar"

Construindo confiança

nos cientistas sobre os OGMs têm alguma ideia do que os cientistas diriam sobre eles? De acordo com uma pesquisa recente do Pew, apenas 14% da população em geral entende que praticamente todos os cientistas concordam que os OGMs são seguros.[16]

Uma maneira mais clara de medir se os liberais eram negacionistas da ciência seria perguntar: "Você acha que os OGMs são seguros?" ou "Você acha que os cientistas concordam que os OGMs são seguros?". Em poucas palavras, o problema é o seguinte: quando você pergunta a um leigo "Você confia nos cientistas para obter informações sobre OGMs?", ele pode muito bem dizer "sim", porque está pensando: "Sim, os cientistas são tão espertos, que devem conhecer todas as evidências que mostram que os OGMs não são seguros para o consumo humano". Para testar isso, teria sido interessante se Hamilton tivesse feito uma pergunta paralela de acompanhamento. Depois de perguntar "Você confia nos cientistas para obter informações sobre OGMs?", podia perguntar a seguir: "Você acha que os OGMs são seguros?". Eu apostaria que com frequência as respostas a essas duas perguntas não seriam as mesmas.

No entanto, Hamilton usa a questão da confiança como um substituto para o negacionismo. Entretanto, sem controlar o nível de conhecimento dos participantes, isso não faz sentido. De fato, a falha aqui é tão grande, que supera o problema anterior. O que quer dizer que, mesmo que Hamilton "tivesse" entrevistado militantes políticos sobre suas opiniões científicas – em vez de negacionistas sobre suas opiniões políticas –, se tivesse perguntado diretamente aos participantes sobre suas crenças na segurança dos OGMs – em vez de sobre sua confiança nos cientistas –, ele provavelmente teria concluído que os OGMs eram um fenômeno de direita. E como sabemos disso? Porque há dados de pesquisas independentes (e mais recentes) exatamente sobre essa questão.

Uma pesquisa do Pew de 2015 mostrou que 56% dos liberais e 57% dos conservadores disseram que os OGMs não eram seguros para o consumo. Essa é uma diferença de apenas um ponto percentual. Seria suficiente para embasar uma hipótese de que todo negacionismo da ciência é de direita? Observe que essa foi a mesma pesquisa que descobriu que 12% dos liberais e 10% dos conservadores acreditavam que as vacinas não eram seguras. Portanto, se sua resposta for "sim" para a pergunta sobre OGM, terá que ser "não" para o movimento antivacina. Por uma questão de consistência, é bom esclarecer que dois pontos percentuais, é claro, são maiores que um! Mas é claro que isso é um absurdo. Esses números são próximos demais para concluir que existe "alguma" equivalência partidária nessas questões. Parece-me que os números estão igualmente divididos nos tópicos de OGMs e negacionismo de vacinas. Sim, isso parece mais bipartidário do que liberal, mas não há como negar o fato de que mais da metade dos liberais disse que os OGMs não eram seguros para o consumo. Agora, como dizer que não existe um negacionismo da ciência de esquerda?[17]

Infelizmente, Lewandowsky não apenas cita de modo favorável o trabalho de Hamilton como suporte para o seu próprio ceticismo sobre a existência de um negacionismo da ciência de esquerda, como às vezes também usa a questão da confiança na ciência como um substituto para algumas de suas próprias conclusões sobre o negacionismo. Apesar disso, o trabalho de Lewandowsky é um modelo de rigor que tem feito muito para avançar na questão do que é o negacionismo da ciência, de qual é a origem dele e de como combatê-lo. De fato, quando se trata da questão central discutida aqui, temos a sorte de Lewandowsky (e dois coautores) ter conduzido um estudo empírico precisamente sobre o negacionismo da mudança climática, das vacinas e dos OGMs que pode ser explicado pelo posicionamento político da pessoa.

Em "The Role of Conspiracist Ideation and Worldviews in Predicting Rejection of Science" ["O papel da ideação e das visões de mundo conspiracionistas na predição da rejeição da ciência"], Stephan Lewandowsky, Giles Gignac e Klaus Oberauer abordam a fascinante questão de a resistência ao consenso científico – em todos os três tópicos acima – poder ou não ser prevista pela "visão de mundo" (que pode consistir na identificação política de alguém como liberal ou conservador ou no compromisso – ou falta dele – com a ideologia do livre-mercado).[18] Lewandowsky, Gignac e Oberauer também avaliaram a adesão dos participantes a teorias da conspiração. E o que eles encontraram foi incrível. Especificamente, a aceitação ou rejeição das visões de mundo conservadoras ou de livre-mercado pelos participantes previu fortemente sua posição quanto ao negacionismo do clima, previu fracamente o negacionismo das vacinas e não previu nenhuma oposição aos OGMs.[19] O que isso significa? Isso significa que, mesmo que uma pluralidade de negadores de OGMs seja identificada como liberal, não seria justo dizer que esse foi um exemplo de negacionismo de esquerda, porque não foi sua ideologia liberal que os levou a essa rejeição da ciência.[20]

O artigo de Lewandowsky é uma análise detalhada, mas aqui só tenho espaço para trazer alguns destaques do negacionismo de esquerda. Primeiramente, pode não ser surpresa que o conservadorismo e uma ideologia de livre-mercado estejam fortemente correlacionados com o negacionismo da mudança climática. Em geral, os conservadores negam o aquecimento global e os liberais não, e a política alinha-se exatamente como seria de esperar. Mas então por que essas visões de mundo não preveriam se alguém nega vacinas ou OGMs? Bem, no caso das vacinas, previu um pouco. Houve uma associação entre a aceitação ou a rejeição e o conservadorismo, mas somente negativa no caso dos adeptos da ideologia do livre-mercado. Por quê? Presumivelmente, alguns dos participantes contrários à vacinação eram libertários (que se identificariam como conservadores) que se opunham à ideia da intrusão do governo em suas vidas pessoais por meio de vacinas obrigatórias, mas alguns dos outros negacionistas eram liberais que se opunham às vacinas por causa da desconfiança nas empresas farmacêuticas. Como vimos, as pessoas podem acreditar na mesma coisa por motivos diferentes. Diante disso, Lewandowsky conclui que integrantes do movimento antivacina não são um bom parâmetro para sugerir um negacionismo da ciência de esquerda.

Quando o tema são os OGMs, as coisas não são tão claras. As questões de visão de mundo não tinham associação de uma forma ou de outra com a posição de alguém sobre os OGMs. Isso significa que, mesmo que alguém aceite ou rejeite o rótulo de conservador, não há diferença entre ele e quaisquer outros em sua oposição aos OGMs. E foi o mesmo para aqueles que rejeitaram uma ideologia de livre-mercado. Haja desconfiança nas grandes empresas farmacêuticas! Essa é a base para a afirmação anterior de Lewandowsky de que "não há muita evidência" para a visão de que o negacionismo dos OGMs está correlacionado com o liberalismo de esquerda, em comparação com a forma como o negacionismo das mudanças climáticas está correlacionado com o conservadorismo. Em suma, nem a identidade política (compromisso com o conservadorismo ou

Construindo confiança

não) nem a ideologia política (crença no livre-mercado ou não) previam a rejeição aos OGMs.

Caso encerrado, certo? Não ainda. As descobertas de Lewandowsky talvez justifiquem a conclusão de que até agora não temos muitas evidências para a hipótese de que existe algo como um negacionismo da ciência de esquerda – ou que de que o negacionismo de OGMs seja um exemplo disso –, mas também não mostra que a hipótese foi refutada. Não mostra, ainda, que todo negacionismo da ciência seja de direita. Lembra-se da nossa preocupação anterior sobre o que significa dizer que existe algo como um negacionismo da ciência de esquerda? Isso significa que há pelo menos um exemplo de negacionismo da ciência de esquerda (portanto, nem tudo é de direita) ou significa que há uma área em que a ideologia de esquerda é predominante? As conclusões de Lewandowsky apoiam a ideia de que a segunda questão é um "caso não comprovado", mas isso não significa que não haja casos de negacionismo da ciência de esquerda em algum lugar, nem mesmo – dadas algumas preocupações metodológicas – no caso dos OGMs.

Em primeiro lugar, precisamos questionar se Lewandowsky escolheu as visões de mundo corretas para correlacionar com a oposição aos OGMs. Sobre a mudança climática, já que hoje esse é um tópico politizado, uma pergunta sobre o conservadorismo deve resolver. Mas se é verdade que os OGMs (ou vacinas, nesse caso) ainda não foram politizados pelos partidos Democrata ou Republicano nos Estados Unidos, talvez não devêssemos esperar que uma pergunta sobre a identidade política de uma pessoa como liberal (democrata) ou conservadora (republicana) apontasse para um posicionamento sobre isso em uma pesquisa *online*. Quando os participantes são solicitados a concordar ou discordar de declarações como "a grande mídia nacional é muito esquerdista para o meu gosto" ou "o socialismo tem muitas vantagens sobre o capitalismo", isso necessariamente desencadearia a cognição protetora de identidade para a questão dos OGMs? Com a questão do livre-mercado, podemos estar mais próximos de saber se as crenças "ideológicas" de alguém podem prever suas opiniões sobre a ciência, mas é melhor nos certificarmos de escolher a visão de mundo correta! O que diabos a ideologia do livre--mercado tem a ver com os OGMs? Sim, se alguém duvidar do livre-mercado, é mais provável que seja cético em relação às grandes corporações capitalistas (como a Monsanto); portanto, pode-se esperar que isso preveja um sentimento de oposição aos OGMs. Mas esse ainda é um longo caminho a percorrer. Perguntar aos participantes se concordam com declarações como "O sistema de livre-mercado provavelmente promoverá o consumo insustentável?" tem a ver com OGMs? Talvez uma questão de visão de mundo diferente para o tópico dos OGMs – como "acho que não se pode confiar em grandes corporações para cuidar de nossa saúde e segurança" – poderia ter gerado uma resposta diferente.

Em segundo lugar, como Lewandowsky admite:

> Embora nossa amostra fosse representativa, ela pode não ter incluído um número suficientemente grande de participantes no extremo do espectro ideológico. Portanto, é possível que peque-nos grupos específicos na esquerda política de fato rejeitem des-cobertas científicas – como alimentos transgênicos ou vacinas –, como é sugerido pela retórica pública de porta-vozes que são identificados como "de esquerda".[21]

No entanto, como já vimos, é precisamente desses extremos ideológicos que vem a maioria dos integrantes do movimento antivacina.[22] Poderia ser o mesmo com os OGMs?[23]

Em terceiro lugar, como Lewandowsky afirma em outro momento, talvez haja uma influência

> [...] do atual contexto histórico e político, no qual descobertas científicas são publicamente contestadas sobretudo para desafiar as visões de mundo dos conservadores, não dos liberais. Por conta disso, os resultados de laboratório levam-nos a esperar que o padrão inverso poderia ser observado, caso a ciência apresentasse evidências contrárias à visão de mundo dos liberais.[24]

Em outras palavras, mesmo que os dois exemplos, dos OGMs e da vacinação, não tenham se encaixado no projeto, talvez isso não passe de um acidente histórico, e podemos esperar que os liberais sejam tão motivados quanto os conservadores a negar a ciência, se houver um exemplo que desafie sua própria visão de mundo.[25]

Por fim, independentemente das descobertas experimentais, não há como negar que, no que diz respeito aos OGMs em particular, a maior parte da energia e da defesa pública para bani-los veio da esquerda. Lewandowsky (juntamente com Joseph Uscinski e Karen Douglas) escreve:

> As organizações e os cientistas comprometidos com o movimento contrário aos OGMs nos Estados Unidos permanecem amplamente associados à esquerda [...] e o movimento teve suas maiores vitórias em estados dos Estados Unidos que se inclinam fortemente para a esquerda (como as leis de rotulagem de OGMs aprovadas em Vermont).[26]

Como falar com um negacionista da ciência

Apesar dessas preocupações, não há como negar o resultado empírico. Lewandowsky está correto ao dizer que até agora houve pouco apoio probatório para a ideia de que o negacionismo dos OGMs venha predominantemente da esquerda. Mas não há correlações comprovadas.[27]

Então, o que está correlacionado? No mesmo artigo, Lewandowsky descobriu que, enquanto a visão política nem sempre pode prever uma atitude contra a ciência de alguém, havia algo que poderia: a crença em teorias da conspiração. Como escreve Lewandowsky,

> [...] as duas variáveis de visão de mundo não preveem a oposição aos OGMs. A ideação conspiracionista, por outro lado, prevê a rejeição de todas as três proposições científicas, embora em graus muito variados. Um maior endosso de um conjunto diversificado de teorias da conspiração prevê a oposição a alimentos com OGMs, vacinas e ciência climática.[28]

Não importa se você é um liberal ou um conservador, se você for um teórico da conspiração, é "muito" mais provável que seja um negacionista da ciência. A ciência sobre isso é clara.

De certa forma, isso nos leva a um círculo completo, partindo da consideração de que o negacionismo da ciência é explicado pela ideologia política de alguém e chegando à estratégia dos cinco erros. Independentemente do motivo de as pessoas resistirem à ciência em um determinado tópico, a questão mais premente é como elas tentam justificar essas crenças? Sim, até certo ponto. Lembre-se de Schmid e Betsch. Mas também do problema da cognição protetora da identidade. Uma vez que uma crença ameaça a identidade de alguém, esse alguém fará tudo o que puder para se opor a ela. E a única

Construindo confiança

maneira de superar isso é conversar com ele com o máximo de empatia, cordialidade e compreensão humana possível.

É importante que qualquer liberal ou progressista de esquerda que tenha lido este capítulo com um sorriso no rosto pare de se sentir presunçoso. Porque é bom lembrar que – de acordo com os melhores resultados da ciência cognitiva contemporânea – estamos todos sujeitos aos mesmos vieses cognitivos, que podem nos predispor ao negacionismo das crenças científicas e de muitas outras coisas quando as consideramos ameaçadoras.[29] E quanto às teorias da conspiração? Existem as de esquerda (sobre a Monsanto), assim como as de direita (sobre os cientistas do governo). Como vimos anteriormente, somos todos suscetíveis a forças psicológicas que podem prefigurar a descrença irracional. O negacionismo da ciência não é um problema de outra pessoa. Pensemos desta maneira: se as crenças anticientíficas não podem ser totalmente explicadas pela política de alguém, também não estamos imunes a isso com base em nossa própria política. Quer sejamos liberais ou conservadores, de esquerda ou de direita, estamos todos abertos ao problema da cognição protetora de identidade, seja a identidade que estivermos tentando proteger política ou não. E é importante lembrar que a primeira interpretação do "Existe algo como um negacionismo da ciência de esquerda?" permanece em aberto. Como Tara Haelle colocou em seu ensaio publicado na *Politico*, "Democrats Have a Problem with Science, Too" ["Os democratas também têm um problema com a ciência"]: "Gritos de falsa equivalência não entendem o argumento. A questão não é se os democratas são anticientíficos o suficiente para se igualarem à loucura anticientífica dos republicanos. É saber se há algum negacionismo da ciência na esquerda".[30]

Eu não propus discutir a questão de saber se existe algo como um negacionismo da ciência de esquerda para colocar lenha na fogueira e tentar politizar as coisas, nem sugerir um tipo de falsa equivalência. Fiz isso porque queria levar a sério (e tentar dissipar) o equívoco comum hoje em dia de que toda questão sobre fatos e verdade é política. Não é. Embora seja tentador nestes tempos de pós-verdade – quando vemos discussões sérias sobre fatos, provas, evidências e mentiras sobre economia, meio ambiente, imigração, crime, coronavírus e uma série de outros tópicos em nossos noticiários de TV, todos os dias – concluir que a única explicação para a descrença e o negacionismo é a identidade política de alguém, isso simplesmente não é verdade. Existem muitos outros tipos de identidade, além da política. Mesmo que seja verdade que levar em consideração a cognição protetora de identidade é a chave para criar uma estratégia eficaz para combater os negacionistas da ciência no que diz respeito à Terra Plana, às mudanças climáticas, ao movimento antivacina e aos OGMs, lembre-se de que apenas "uma" dessas questões foi de fato politizada. Quando a politização acontece, pode ser virulento, mas é importante lembrar que o time para o qual se torce pode ser determinado por mais do que apenas política.

Existem, é claro, questões intrigantes que poderiam ser levantadas aqui sobre paralelos entre a rejeição da verdade em geral (sobre o número de pessoas na posse de Trump, se a Groenlândia está à venda ou se o coronavírus algum dia "desaparecerá como um milagre") e a questão específica do negacionismo da ciência. Em meu livro *Post-Truth* [Pós--verdade], argumentei que uma das raízes mais importantes da pós-verdade (que eu defino como a "subordinação política da realidade") foram os 60 anos de negacionismo científico

Construindo confiança

amplamente desenfreado. Isso pode ter fornecido um modelo para o tipo de negacionismo de fatos com motivação política que vimos durante a era Trump, mas não significa que o negacionismo seja explicado pela política, nem que possamos eliminá-lo tão facilmente com uma eleição. Infelizmente, o negacionismo estará conosco muito tempo depois da era dos "fatos alternativos" em Washington. Uma razão para isso é que grande parte da desinformação gerada sobre "controvérsias" científicas – mudança climática, vacinação, conspirações sobre a covid-19 e até mesmo (com bastante destaque) sobre os OGMs – está sendo criada por meio de esforços da propaganda russa destinados a aumentar a polarização entre a população e corroer a confiança no governo dos Estados Unidos e em outras democracias ocidentais.[31]

Certamente as crenças de alguém sobre qualquer tópico científico podem ser politizadas, como estamos vendo agora com o coronavírus. Mesmo que não sejam inerentemente políticas de início – e não se alinhem com alguma crença ideológica preexistente sobre o livre-mercado ou a liberdade individual –, com um pouco de encenação partidária (ou interferência estrangeira), chegamos a um ponto em que usar uma máscara durante uma pandemia pode se tornar uma declaração política. Enquanto estivermos escolhendo times, até mesmo crenças empíricas fazem parte de um jogo para a criação da nossa identidade. E isso, infelizmente, é o que vimos no exemplo mais recente de negacionismo da ciência: as farsas da covid-19.

CAPÍTULO 8

CORONAVÍRUS E O QUE ESTÁ POR VIR

No início dos anos 2000, o presidente Thabo Mbeki, da África do Sul, convocou um encontro de especialistas para discutir o HIV e a aids. Foi algo significativo, pois na época quase 20% da população adulta do país já estava infectada – a taxa mais alta do mundo. Após a conferência, Mbeki anunciou que ele achava que a aids não era causada por um vírus, mas por problemas imunológicos, que poderiam ser tratados com alho, beterraba e suco de limão. Centenas de cientistas, na África do Sul e em outros lugares, imploraram para que ele reconsiderasse, mas ele os ignorou. Por que ele fez isso? Porque Mbeki acreditava na teoria da conspiração de que medicamentos antirretrovirais como o AZT faziam parte de uma conspiração ocidental para envenenar os cidadãos africanos. O desdobramento era previsível. Em 2005, quase 900 pessoas morriam por dia de aids na África do Sul. De acordo com um estudo da Escola de Saúde Pública de Harvard, houve 365 mil mortes prematuras entre 2000 e 2005, devido às crenças negacionistas de Mbeki.[1]

Coronavírus e o que está por vir

Negar a ciência pode matar. Sobretudo quando partem do governo de um país, as crenças negacionistas são extraordinariamente letais. E é exatamente isso que estamos vendo hoje com o coronavírus nos Estados Unidos.[2] A pandemia da covid-19 é o exemplo mais recente de negacionismo da ciência. Começou do nada, no início de 2020, e alcançou o *status* de negacionismo total em questão de meses. Assim, fornece um teste em tempo real da hipótese de que todo negacionismo da ciência é basicamente o mesmo. Vemos os cinco erros listados abaixo em plena exibição em nossos jornais e em nossas televisões todos os dias. A ênfase e o caráter das reivindicações negacionistas podem variar dia a dia, mas o efeito geral é óbvio. O presidente Trump nega o coronavírus e, ao agir desse modo, faz com que milhões de seus seguidores se infectem com suas crenças negacionistas.

1) Evidências seletivas

"É só uma gripe." "A maioria se recupera." "Tudo isso não passa de alarmismo." Ao encorajarem o foco seletivo nos casos leves, os negacionistas minimizaram os riscos de complicações sérias e de morte, o que levou a um atraso fatal na criação de um plano efetivo de luta contra o vírus.

2) Confiança em teorias da conspiração

Há muitas teorias da conspiração relacionadas à covid-19, que vão da dúvida sobre "causa (ou propósito) real" dela e quem se beneficia com a ideia de que ela simplesmente não existe.[3] Aqui estão alguns exemplos: o SARS-CoV-2 (o vírus que causa a covid-19) foi inventado em um laboratório governamental como parte da campanha de uma guerra biológica contra os Estados Unidos; faz parte de um esquema do Estado paralelo para acabar com a economia a tempo para a reeleição de Trump; está previsto no plano de Bill Gates para despovoar a Terra e implantar nas pessoas *chips* que rastreiam seus movimentos; foi criado pela indústria farmacêutica para que ela pudesse lucrar com a vacina; médicos e cientistas estão exagerando a crise da covid para chamar atenção para o trabalho deles; a doença é na verdade causada pelas torres de celular 5G (o que levou a incidentes de vandalismo na Grã-Bretanha e em outros lugares);[4] o Centro de Controle e Prevenção de Doenças dos Estados Unidos [CDC, na sigla em inglês] está manipulando as estatísticas de mortes; o conselheiro científico do governo, Dr. Anthony Fauci, está se beneficiando, de alguma forma, com a pandemia; e, por fim, a coisa toda é inventada e não há pacientes nos hospitais. Foi essa última que levou à *hashtag* #FilmeSeuHospital, o que resultou em numerosos casos de cidadãos "investigadores" invadindo as salas de espera dos hospitais locais com a câmera de seus celulares e depois declarando que tudo não passa de uma fraude, já que não estão vendo nenhum doente. (Mas desde quando doentes são tratados na sala de espera?) Há uma miríade de outras teorias da conspiração ligadas à covid-19 – algumas, inclusive, contradizendo outras – e muitas pessoas que acreditam em mais de uma.[5] É claro que teorias da conspiração se multiplicam em momentos de crise e já se fizeram presentes em outras pandemias, o que indica que, embora não sejam exclusivas de pandemias, são características desses momentos.

Coronavírus e o que está por vir

3) Confiança em falsos especialistas

Durante uma coletiva de imprensa em 23 de abril de 2020, o presidente Trump confiou no que há de mais falso em especialista médico – ele mesmo – para sugerir que talvez a covid pudesse ser curada ou tratada ao se trazer luz ou calor "para dentro do corpo" ou por uma injeção de alvejante ou de outros desinfetantes.[6] Antes disso, ele havia promovido a ideia de que a hidroxicloroquina seria uma possível cura, apesar do fato de o fármaco não ter demonstrado nenhum benefício clínico.[7] Mais recentemente, Trump elogiou o trabalho da Dra. Stella Immanuel como "muito impressionante" e "espetacular" graças à sua afirmação de que a hidroxicloroquina é um tratamento potencial para o coronavírus e para a sua crença de que as máscaras são desnecessárias.[8] Uma investigação mais aprofundada revelou que, entre as outras opiniões médicas da Dra. Immanuel, estão a ideia de que "problemas ginecológicos como cistos e endometriose são causados por sonhos sexuais com demônios e bruxas" e a de que "atualmente, o DNA alienígena é usado em tratamentos médicos, e os cientistas estão preparando uma vacina para impedir que as pessoas sejam religiosas".[9]

4) Raciocínio ilógico

Em 27 de fevereiro de 2020, o presidente Trump alegou que a covid-19 "vai desaparecer. Um dia, como um milagre, vai desaparecer".[10] No verão de 2020, Trump passou a adotar a afirmação de que a única razão pela qual os Estados Unidos continham mais casos era porque faziam mais testes. Isso é comprovadamente falso, uma vez que, se fosse verdadeiro, a taxa de positividade percentual não teria escalado também.[11]

Como falar com um negacionista da ciência

5) Insistência de que a ciência deve ser perfeita

"Por que os cientistas mudaram de ideia sobre as máscaras?" "Por que já não têm uma vacina?" "Por que as autoridades de saúde pública continuam mudando suas recomendações sobre as melhores medidas de saúde pública?" A resposta para tudo isso, evidentemente, é que os cientistas aprendem com o tempo e mudam seus pontos de vista de acordo com a experiência. A ciência desenvolve-se por meio de um processo meticuloso de verificação de hipóteses com base em evidências, na esperança de diminuir a incerteza. Conforme vão observando e aprendendo mais, os cientistas mudam de ideia. Mas, para um negacionista, qualquer incerteza por parte de especialistas é tomada como base para a credibilidade de pontos de vista alternativos, sejam eles apoiados ou não em evidências.

É claro que é deprimente ver quanta desinformação existe por aí, e surgida tão rapidamente. Mas o mais chocante é ver que muito disso se originou de nossos líderes políticos e seus aliados.[12] A resposta federal à covid-19 sob a administração Trump consistia em

- descartar o manual de como lidar com pandemias da era Obama e fechar o escritório de pandemia da Casa Branca;[13]
- minimizar a gravidade do vírus quando de sua primeira aparição;
- ignorar o conselho científico sobre a necessidade de testes em escala nacional e de um plano de rastreamento;
- promover curas e aconselhamento médico não comprovados;

Coronavírus e o que está por vir

- insistir que a decisão de usar máscara deveria ser uma escolha pessoal;
- bater na tecla de que os estados precisavam "libertar" as pessoas do isolamento social;
- pressionar os estados a se reabrirem antes de cumprirem as diretrizes do CDC;
- incentivar a reabertura das escolas (e reter fundos federais caso não o fizessem);
- exigir aprovação acelerada da vacina por meio do FDA, antes da finalização dos testes.[14]

A conclusão? Como outras formas de negacionismo da ciência, o da covid-19 foi fabricado para atender aos interesses daqueles que tinham algo a perder caso os cientistas estivessem certos. O negacionismo por parte de Trump estava de acordo com o plano republicano de manter a economia aberta, apesar da ameaça de mais vidas perdidas para a pandemia, de modo a aumentar suas chances de ganhar a eleição.

De certa forma, nada disso é surpreendente. A covid-19 chamou atenção para algumas das falhas mais comuns na política estadunidense, que já existiam antes da pandemia. A postura antifarmacêutica e antigovernamental e a rejeição populista das elites estão em questão. Liberdade individual *versus* controle governamental. A supremacia dos interesses financeiros acima dos cuidados individuais em uma economia capitalista. A pandemia da covid-19 estava pronta para ser explorada por aqueles com interesses políticos. Não deixa de ser chocante ver uma campanha de negacionismo da ciência mais ou menos dirigida pela Casa Branca. Em casos anteriores, como o do negacionismo da mudança climática, estavam em jogo interesses especiais que seriam politizados posteriormente.

Já, no caso do negacionismo da covid-19, os interesses especiais têm sido políticos desde o começo.

É importante perceber, no entanto, que existem outras partes interessadas que também têm explorado a pandemia em nome de sua própria agenda. Algumas são previsíveis, como outros negacionistas da ciência. Mas a influência estrangeira também está em ação.

Interferência externa

Desde o início dos comícios contra o *lockdown*, ficou claro que os interesses dos integrantes do movimento antivacina estavam em jogo. Diretrizes do governo quanto a medidas de saúde pública estavam fadadas a ser um ponto crítico. Mas também havia a desconfiança anticientífica da opinião de especialistas, a crença em teorias da conspiração e, ainda por cima, a insistência na escolha individual. Isso levou a uma "polinização cruzada de ideias à medida que essas facções se confrontaram", fazendo alguns temerem que o negacionismo da covid-19 esteja convocando reforços.[15] Outra preocupação é a de que quem se opõe a vacinas em geral esteja apenas usando esses protestos como uma oportunidade para colocar uma "nova camada de tinta" em sua própria forma de negacionismo da ciência e, assim, permanecer em voga.[16]

No entanto, não está claro para que lado o vento soprará. Tem havido alguma especulação de que a pandemia pode enfraquecer o movimento antivacina, já que milhões de pessoas em todo o mundo clamam por uma vacina. De fato, houve alguns relatos de pessoas que mudaram de ideia diante dessa crise, anunciando que, se e quando uma vacina para o SARS--CoV-2 estiver disponível, elas a tomarão.[17] Mas é preciso per-

Coronavírus e o que está por vir

guntar se, com o tempo, pode haver um resultado oposto, já que a pressa para desenvolver uma vacina intensifica a questão de uma vacina – em particular uma que foi testada às pressas – ser segura. Em agosto de 2020, a Rússia anunciou que avançaria com um programa de vacinação já em outubro de 2020 – praticamente sem testes de fase III.[18] Trump pressionou (sem sucesso) para ter uma vacina antes da eleição. Isso tem causado alarme, e pode até fazer algumas das preocupações e da hesitação daqueles que são contra a vacinação, antes desacreditadas, parecem credíveis. Na primavera de 2020, uma pesquisa da AP mostrou que apenas 50% dos americanos disseram que tomariam a vacina contra o coronavírus se ela estivesse disponível.[19] Os números eram piores entre os republicanos, com apenas 43% dizendo que tomariam a vacina (enquanto 62% dos democratas disseram que sim). Em uma pesquisa da *ABC News* em parceria com o *Washington Post*, os números foram semelhantes, com 27% dos adultos dizendo que definitivamente não tomariam a vacina e metade dizendo que não confiava nas vacinas em geral.[20] Se houver opositores suficientes, a covid-19 pode durar indefinidamente, pois falharemos em atingir o nível exigido para a imunidade de rebanho.[21]

Mas o negacionismo da covid-19 também foi influenciado por outras ideologias. Há relatos de que aqueles com visões de extrema direita têm aparecido em comícios contra o *lockdown*.[22] Quando a identidade está em jogo e a rebelião está no ar, o negacionismo pode atrair aliados estranhos. De fato, de certa forma, o negacionismo da covid-19 é o melhor exemplo do que pode acontecer no futuro se não conseguirmos impedir a politização da ciência. Todo mundo com uma queixa irá relacioná-la a qualquer disputa empírica ao alcance. A desconfiança é contagiosa. Será a mudança climática a próxima vítima?

Como falar com um negacionista da ciência

Até agora, no entanto, a política de esquerda-direita tem sido a força motriz por trás do negacionismo da covid-19. Em toda a América, a divisão entre "máscaras" e "antimáscaras" partiu-se drasticamente entre as linhas partidárias. De acordo com uma pesquisa da *NBC News* em parceria com o *Wall Street Journal*, a decisão de usar a máscara em público acabou sendo um bom substituto para a preferência presidencial na eleição de 2020. De acordo com a pesquisa, 63% dos eleitores registrados disseram que "sempre" usavam máscara em público; nesse grupo, Biden superava Trump por 40 pontos. Dos 21% que disseram que "às vezes" usavam máscara, Trump liderava com uma diferença de 32 pontos. E, talvez previsivelmente, para os 15% dos eleitores que disseram que "nunca" usavam máscara, Trump liderava por incríveis 76 pontos percentuais.[23] Há alguma dúvida sobre por que houve violência em estabelecimentos comerciais quando era exigido que clientes usassem máscara?[24] O negacionismo da ciência e a identidade política convergiram em um simples pedaço de pano.

Outra maneira pela qual a covid-19 foi politizada deu-se por meio da influência estrangeira. Já sabemos por pesquisas anteriores que a Rússia tem sido responsável por um fluxo constante de propaganda negacionista sobre mudanças climáticas,[25] vacinas[26] e OGMs.[27] Deveria ser uma surpresa que o mesmo seja verdade para a covid-19?[28] De acordo com os pesquisadores da Universidade Carnegie Mellon, quase metade das contas do Twitter que espalham desinformação sobre o coronavírus são provavelmente *bots*.* Aproximadamente 82% das 50 postagens mais influentes dessa rede social com relação

---

* *Bots* é uma abreviatura de "robôs". Nesse contexto, são programas de computador que executam tarefas pré-elaboradas e automatizadas, a fim de imitar o comportamento humano em redes sociais. (N. da T.)

ao fim do *lockdown* e a várias conspirações da covid-19 eram provenientes de *bots*.[29] Isso está de acordo com os esforços de desinformação russos para explorar as falhas existentes nos Estados Unidos e assim semear mais discórdia e polarização. Alguns desses esforços podem ser atribuídos diretamente à inteligência militar russa, que usou três *sites* em inglês "como parte de um esforço contínuo e persistente para promover narrativas falsas e causar confusão", durante a pandemia.[30] Aparentemente, a China também entrou em ação e tem tentado induzir o pânico nos Estados Unidos.[31] É importante lembrar que a rede entre o negacionismo da ciência, a desinformação e a política não termina nas fronteiras do país.

É claro que empresas de mídia social como Facebook, Twitter e YouTube também têm alguma responsabilidade pela disseminação de desinformação sobre a covid-19. Não apenas são as plataformas preferidas para propaganda estrangeira sobre o coronavírus, como são responsáveis por espalhar desinformação negacionista sobre outros tópicos científicos há anos. De acordo com um estudo de fevereiro de 2020 da Universidade Brown, 25% de todos os tuítes que promovem o negacionismo da mudança climática vêm de *bots*.[32] Já vimos quantos terraplanistas e opositores à vacinação são convertidos por meio de vídeos do YouTube. Mas o que pode ser feito sobre a disseminação do negacionismo da ciência nas mídias sociais?

Durante a pandemia, algumas empresas de mídia social intensificaram seus esforços para combater informações falsas e teorias da conspiração sobre a covid-19. Antes da pandemia, o CEO Mark Zuckerberg já se debatia para tentar saber se era ou não função do Facebook policiar o tipo de desinformação que era compartilhada em seu *site*.[33] Em uma declaração de 2019 que ficou conhecida, ele disse que, embora temesse a erosão

Como falar com um negacionista da ciência

da verdade, não achava que as pessoas quisessem viver "em um mundo onde você só pode dizer coisas que as empresas de tecnologia consideram 100% verdadeiras".[34] Naquela época, o assunto eram os anúncios políticos enganosos (que ele decidiu permitir).[35] Na época da pandemia – pelo menos no que dizia respeito à desinformação sobre o coronavírus –, Zuckerberg mudou de tom. Em meio a acusações de que a maioria das informações incorretas sobre a covid-19 se originava no Facebook, a empresa respondeu apontando que havia removido "centenas de milhares de informações incorretas relacionadas à covid-19", inclusive conteúdo que poderia "levar a danos iminentes, incluindo postagens sobre falsas curas, alegações de que as medidas de distanciamento social não funcionavam e a ideia de que o 5G era a causa do coronavírus".[36] Isso, é claro, levanta a questão de por que o Facebook não tem uma política semelhante sobre o negacionismo da mudança climática ou da vacinação, mas pelo menos é um passo na direção certa.[37] Outras empresas, como o Twitter e YouTube, também intensificaram suas medidas.[38]

Em maio de 2020, o Twitter começou a rotular informações enganosas sobre a covid-19.[39] Também sancionou a postagem da campanha de Trump sobre crianças e sinalizou alguns dos tuítes pessoais de Trump que continham desinformação sobre a covid-19. O YouTube começou a direcionar as pessoas para fontes de notícias confiáveis.[40] Mais uma vez, para aqueles que se importam com o papel que a mídia social desempenha na exacerbação do negacionismo da ciência em geral, sem mencionar a questão mais ampla da própria verdade, é frustrante que essas empresas não tenham tido maior iniciativa para combater os equívocos e a desinformação que inevitavelmente causariam danos. Talvez a pandemia abra as portas para mais esforços nesse sentido e com relação a outros temas negacionistas.

Lições do coronavírus: unir para conquistar

Um dos aspectos mais fascinantes da pandemia da covid-19 foi a chance de ver como é uma campanha negacionista em tempo real e aprender o que ela pode nos ensinar sobre como combater o negacionismo da ciência em geral.

Muitos notaram, por exemplo, os paralelos surpreendentes entre o negacionismo da covid-19 e o da mudança climática.[41] Na pandemia de coronavírus, temos um microcosmo da ameaça do aquecimento global: é uma ameaça existencial para todo o planeta que pressagia mudanças econômicas bastante drásticas e requer cooperação mundial para enfrentá-la. Se observarmos como o mundo está lidando com a pandemia, isso pode nos dar alguma ideia de como podemos lidar com as mudanças climáticas?

Se assim for, a moral da história não é edificante. Vimos pessoas resistirem não apenas à ideia de que algo estava "realmente" acontecendo, mas à ideia de que vale a pena o sacrifício de fazer algo a respeito. E isso apesar do fato de a covid-19 ser uma ameaça imediata à nossa própria vida. Se não conseguirmos fazer com que as pessoas se mobilizem e façam algo sobre um problema que as está afetando diretamente agora, como vamos conseguir que elas façam algo sobre uma ameaça que elas (erroneamente) percebem como acontecendo apenas com outras pessoas em lugares distantes, talvez algumas décadas no futuro?

Como falar com um negacionista da ciência

A crise da covid-19 também revelou claramente a enorme importância do dinheiro. Considerações econômicas tiveram uma influência lamentável nas decisões de saúde pública sobre o que é certamente a maior ameaça à saúde humana em cem anos. Ouvimos o lema "a cura não pode ser pior do que a doença", como se desacelerar a economia fosse pior do que centenas de milhares de mortes evitáveis. A ânsia de Trump para "reabrir a América" pode ser vista como uma resposta transparente à ideia de que, se as pessoas ficarem em casa por muito tempo e isso desacelerar a economia, será ruim para ele politicamente e para os interesses dos ricos que ele representa. O vice-governador do Texas e aliado de Trump, Dan Patrick, disse até mesmo que achava aceitável que os estadunidenses mais velhos se voluntariassem para morrer pelo bem da economia.[42] E, se estivermos dispostos a fazer isso – sacrificar centenas de milhares de vidas para que não tenhamos de suportar a dor econômica e as dificuldades da perda de empregos e um PIB mais baixo –, não fico muito esperançoso de que os estadunidenses, pelo menos, estejam dispostos a suportar o tipo de sacrifício em seu estilo de vida e em hábitos de consumo que seriam necessários para reduzir a emissão de carbono a ponto de atingir a meta de 1,5 °C do IPCC.[43]

Além disso, há um forte paralelo entre a campanha negacionista contra a covid-19 e aquela que vimos também contra a mudança climática, embora em uma escala de tempo muito acelerada.[44] Tanto para o coronavírus quanto para o aquecimento global, a posição negacionista seguiu os seguintes passos:

- Não está acontecendo.
- Não é nossa culpa. Não é tão ruim quanto todo mundo diz.
- Custaria muito consertar a situação.
- De qualquer maneira, não podemos fazer nada sobre isso.[45]

Sob uma perspectiva mais otimista, a pandemia não pode nos trazer lições sobre como combater o negacionismo da mudança climática de forma mais eficaz no futuro? De acordo com um artigo da *Yale Environment 360*, a resposta é sim, embora a questão permaneça: podemos aprender a como fazer isso?

> O vírus mostrou que, se você esperar até ver o impacto, será tarde demais para detê-lo. [...] É preciso agir de forma que pareça desproporcional ao que é a realidade atual, de modo a reagir ao cenário para o qual o crescimento exponencial vai levar. [...] A covid-19 é como a crise climática em alta velocidade.[46]

Mas, exceto por uma epifania sobre as virtudes do planejamento antecipado ou de ouvir os cientistas, parecemos presos naquilo em que sempre estivemos. Precisamos de uma estratégia eficaz de longo prazo para lutar contra os negacionistas da ciência, seja qual for o problema. Então, como podemos fazer isso?

É irônico que, em meio à escrita de um livro sobre os benefícios de se envolver em uma conversa cara a cara com negacionistas, esse mais novo exemplo de negacionismo nos tenha mantido trancados em nossas casas, consumindo notícias de silos digitais que abrangem uma quantidade

Como falar com um negacionista da ciência

inebriante de desinformação e militância partidária. E tudo isso está acontecendo em grande velocidade. Mas, ainda assim – por meio de toda a mídia, *webinars, podcasts,* reuniões no Zoom, visitas socialmente distantes e discussões familiares –, as pessoas têm demonstrado uma fome de informações verdadeiras e precisas. Apesar dos desafios únicos de uma pandemia, é instrutivo observar algumas das coisas que têm funcionado na luta contra o negacionismo da covid-19, com vistas a verificar como podemos combater com maior eficácia o negacionismo da ciência nesse e em outros tópicos no futuro.

Aqui estão algumas ferramentas que estão de acordo com nossas descobertas até o momento neste livro:

1) Gráficos e tabelas funcionam

Um dos meios mais atraentes para obter adesão ao uso de máscaras, ao distanciamento social, à lavagem das mãos e a outras medidas de saúde pública tem sido a ampla disponibilidade de estatísticas da Universidade Johns Hopkins e dos Centros de Controle de Doenças, que são proeminentemente apresentadas no canto superior direito de praticamente todos os noticiários dos Estados Unidos (até mesmo da *Fox News*). Isso deixa claro como nossas ações impactam o todo. Os apelos gerais de médicos e autoridades de saúde pública para seguir essas medidas foram um tanto eficazes. Mas o que realmente muda a maré? Olhar para um mapa dos Estados Unidos e ver que seu próprio estado, condado ou cidade está em uma zona perigosa.

A princípio, os governadores de estados republicanos como Texas e Flórida podem ter achado fácil descartar a covid-19 como a "gripe azul", já que os primeiros casos foram encontrados principalmente em estados democratas, ou "azuis", como Nova York e Nova Jersey. De fato, há até evidências de que uma das razões pelas quais o governo Trump se recusou a lançar um plano inicial de testes nacionais foi os primeiros casos ocorrerem em estados democratas.[47] Estados do Sul e do Meio-Oeste começaram a desobedecer a medidas restritivas de *lockdown* – em nome da "liberdade individual" para não usar máscaras, reunir-se em multidões e fazer a economia funcionar – e abraçaram o "plano de reabertura" prematuro de Trump, que ignorou alguns dos melhores conselhos de saúde pública que permitiram a Nova York e outros estados "achatar a curva" e retardar a propagação do vírus.

Os resultados foram tragicamente previsíveis. Algumas semanas após a reabertura, os casos de covid-19 dispararam na Flórida e no Texas. Logo esses dois estados tornaram-se os principais focos da doença. Apesar de alguma negação persistente por parte de seus governadores, os números nos gráficos simplesmente não podiam mais ser negados. Os cidadãos começaram a se aborrecer, e a confiança nos governadores despencou. Isso finalmente levou a uma melhor conformidade com os padrões de saúde pública (embora tarde demais para muitos). Assim que ficou claro que os estados "vermelhos" (republicanos) também estavam sujeitos ao vírus – como claramente demonstrado em todos os gráficos e mapas em todos os noticiários do país –, até o presidente Trump e o vice-presidente Pence decidiram usar máscaras.[48]

2) Enfatizar o consenso científico

A pesquisa empírica de Stephan Lewandowsky, John Cook, Sander van der Linden e outros mostra que apelar para o fato de haver um consenso científico é uma das maneiras mais convincentes de fazer alguém mudar suas crenças equivocadas.[49] Sim, claro que haverá quem negue que haja um consenso. Mas a pesquisa mostra que mesmo os negacionistas – e, principalmente, os conservadores – podem ser compelidos pelo consenso científico.[50] O trabalho citado aqui foi feito antes da pandemia do coronavírus e abordou, sobretudo, a aceitação do consenso sobre a mudança climática, mas não há razão para pensar que isso também não se aplicaria à covid-19 e a outras formas de negacionismo da ciência.

Com a covid-19, vimos isso acontecer em tempo real por meio da evolução da visão de Trump sobre o uso de máscaras, uma das medidas de saúde pública mais eficazes para combater o vírus. Em 3 de abril de 2020, o Centro de Controle de Doenças fez sua primeira recomendação para o uso de máscaras faciais de pano quando se estivesse em público. Durante meses, Trump recusou-se a usar a máscara. Isso não apenas dava um mau exemplo, como também causava confusão entre o público sobre se autoridades de saúde pública, como o Dr. Fauci e a Dra. Deborah Birx, estavam certas ao dizer que usar uma máscara era uma ferramenta necessária para domar o vírus. Em 20 de junho de 2020, Trump insistiu em realizar um grande comício político em Tulsa, Oklahoma, no qual as máscaras eram opcionais. Algumas semanas depois, em 11 de julho, o Departamento de Saúde Pública de Oklahoma anunciou um aumento maciço em novos casos de covid-19.[51] Em 12 de julho, pela primeira vez em público, Trump colocou uma máscara para uma visita ao Walter Reed Hospital, anunciando: "Adoro máscaras nos locais apropriados".[52] Mais tarde naquele mês, chegou a notícia de que Herman Cain, um dos principais apoiadores políticos de Trump, que estava no comício de

Oklahoma, havia morrido de covid-19.[53] Fotos de Cain sentado no comício, no meio de uma multidão de pessoas que também não usavam máscaras, circularam amplamente pela internet. As autoridades de saúde pública foram unânimes em sua visão de que, embora não pudessem ter certeza do que poderia ter levado uma pessoa em particular a contrair a covid-19, as máscaras eram nossa melhor defesa possível. Trump disse mais tarde que usar máscaras era "patriótico".

3) O envolvimento pessoal é poderoso

Relatos anedóticos de negacionistas da ciência que mudaram de ideia após uma conversa empática com alguém em quem confiavam são convincentes. Hoje em dia, essas conversas podem até não acontecer cara a cara, mas o fato é que a experiência pessoal ajuda a construir confiança e, quanto mais pessoal, melhor. Sem rodeios: se alguém conhece alguém que pegou covid-19, é muito menos provável que ela negue a covid-19.[54] E isso é infinitamente mais poderoso se for ela mesma quem adoeceu.[55]

Em um dos casos mais chocantes, um homem de 37 anos de Ohio, chamado Richard Rose, fez repetidas postagens no Facebook alegando que o coronavírus era uma farsa. Em 28 de abril de 2020, ele postou: "Deixe-me esclarecer o seguinte. Eu não vou comprar uma 'porra' de uma máscara. Eu cheguei até aqui não acreditando nessa maldita modinha". Em 2 de julho, ele postou: "Essa covid é uma 'merda'! Estou sem fôlego só de ficar aqui sentado". Em 4 de julho, ele morreu, deixando um *post* que dizia: "Quando me virem no Céu, não se 'caguem', seu bando de julgadores imbecis". Na semana seguinte, houve várias postagens de amigos de Rose expressando choque e tristeza pela morte dele. Em 10 de julho, um novo *post* veio de um estranho: "Será que ele ainda acha que é uma farsa?".[56]

Em outro caso, uma mulher do Arizona, chamada Kristin Urquiza, escreveu um artigo para o *Washington Post* intitulado "Governador, a morte do meu pai está em suas mãos". Nele, ela contou a história de como seu pai, Mark Anthony Urquiza, um ávido republicano e espectador da *Fox News*, acreditou no governador Ducey e no presidente Trump quando lhe disseram que ele não precisava viver com medo. Quando o governador suspendeu as restrições e Mark Anthony quis sair e cantar no *karaoke* com os amigos pela primeira vez em meses, sua filha implorou para que ele não fosse. Mas ele disse: "O governador disse que é seguro. [...] Por que ele diria isso se não fosse?". Sua filha escreveu: "Algumas semanas depois, enquanto ele lutava para respirar e temia que pudesse morrer, ele me disse que se sentia traído".[57]

4) Refutação de conteúdo e refutação técnica podem ser ferramentas eficazes

Já sabemos, com base no trabalho de Schmid e Betsch, que é possível apresentar aos negacionistas da ciência informações que podem fazê-los mudar de ideia. No caso do negacionismo da covid-19, que informação pode ser essa? Com a refutação de conteúdo, podemos compartilhar os estudos que mostram que as máscaras são eficazes. Com a refutação técnica, podemos apontar o problema com o raciocínio da teoria da conspiração, pouco antes ou logo depois de terem ouvido desinformação científica. Ou – se nada disso funcionar – talvez possamos explorar sua predileção pelo pensamento conspiracionista. Imagine uma conversa com um negacionista da covid-19 (o

Coronavírus e o que está por vir

que significa que a pessoa já está predisposta a acreditar em teorias da conspiração); você pode compartilhar o fato de que a Rússia e a China estão envolvidas em uma campanha maciça de desinformação nas mídias sociais em apoio à ideia de que o coronavírus é uma "farsa" e precisamos nos "libertar" das restrições do *lockdown*. Esta não é uma teoria da conspiração, é uma conspiração real! Talvez isso o atraia? Já citei algumas fontes neste capítulo que você pode imprimir e entregar ao seu interlocutor. Algumas até têm gráficos e tabelas. Você pode encorajar seu interlocutor a pensar sobre quem está se beneficiando com toda a polarização nos Estados Unidos. Isso não o faz desconfiar de nada? Se tudo mais falhar, sugira que ele faça a sua própria pesquisa. É perverso, mas pode funcionar!

***

Eu gostaria que tais táticas não fossem necessárias. Se tivéssemos uma liderança política melhor nos níveis estadual e federal, o negacionismo da ciência poderia não ser um problema tão grande. Mas será que nós também não temos uma responsabilidade? Pode ser tentador excluir as pessoas que discordam de nós e considerá-las estúpidas – ou mudar de canal porque não suportamos nem ver onde elas estão obtendo suas informações –, pois preferimos falar apenas com pessoas que já concordam conosco. Minha mensagem neste livro é simples: precisamos começar a conversar uns com os outros novamente, sobretudo com aqueles de quem discordamos. Mas temos que ser inteligentes sobre como fazer isso. Apenas compartilhar informações não funciona. E insultar as pessoas ou envergonhá-las por suas crenças "definitivamente" não funciona. Se nosso objetivo é de fato convencer alguém a

Como falar com um negacionista da ciência

desistir de suas crenças negacionistas, temos que abordar essas conversas com o máximo de empatia e respeito possível, com o objetivo de construir confiança e um relacionamento, para que nosso interlocutor de fato nos ouça.

Estando recluso em minha casa e escrevendo este livro (como resultado de uma comorbidade que tornava perigoso para mim arriscar qualquer exposição ao SARS-CoV-2), lamentei o fato de não poder sair e conversar com aqueles que se negaram a usar máscaras como forma de proteção contra a covid-19, realizando assim uma pesquisa em primeira mão. Então, em julho de 2020, foi publicada uma reportagem no *New York Times* com o título provocativo "How to Actually Talk to Anti-Maskers" ["Como realmente falar com os antimáscaras"].[58] Foi como se alguém estivesse lendo a minha mente.

Na matéria, Charlie Warzel faz a afirmação provocativa de que a vergonha e o estigma são exatamente a maneira errada de fazer com que as pessoas contra o uso de máscaras e outros negacionistas da covid-19 mudem suas crenças e seus comportamentos, sobretudo em uma atmosfera de desconfiança. Isso é particularmente verdadeiro no caso do coronavírus, em que o conhecimento está evoluindo rapidamente. Warzel começa com uma analogia sobre a crise do vírus ebola. Ele escreve:

> À medida que a epidemia de ebola se alastrava em 2014, alguns africanos ocidentais resistiram às orientações de saúde pública. Alguns escondiam seus sintomas ou continuavam praticando rituais funerários – como lavar os corpos de seus entes queridos mortos – apesar do risco de infecção. Outros espalharam conspirações, alegando que o vírus fora enviado por ocidentais, ou

sugeriam que tudo não passava de uma farsa. [...] A Organização Mundial da Saúde então enviou Cheikh Niang, um médico antropólogo senegalês, e sua equipe para descobrir o que estava acontecendo. Por seis horas, o Dr. Niang visitou as pessoas [...] dentro de suas casas. Ele não estava lá para dar palestras.

Os moradores pediram para que ele escrevesse suas histórias. Quando terminaram, o Dr. Niang finalmente falou. "Eu dizia: 'Eu ouvi você', ele me contou recentemente por telefone, do Senegal. 'Eu quero ajudar. Mas ainda temos uma epidemia espalhando-se e precisamos da sua ajuda também. Precisamos medir sua temperatura e rastrear esse vírus.' E eles concordavam. Eles confiaram em nós."[59]

Como aponta Warzel, as pessoas não eram necessariamente egoístas ou anticientíficas. Apenas se sentiam assustadas e atacadas em sua dignidade. Precisavam de alguém que as respeitasse e as ouvisse – o que, por sua vez, gerava confiança –, e, como resultado, essa confiança era retribuída.

Compare esse caso com outros negacionismos em torno da pandemia de coronavírus nos Estados Unidos. A divisão política e o contexto partidário parecem intratáveis, mas será que são mesmo? Como Warzel aponta, a maioria das pessoas – até mesmo os republicanos – ainda confia na ciência.[60] Então, qual é o problema? Talvez não esteja apenas nos negacionistas da covid-19, mas na maneira como nos comunicamos com eles. Pensemos o seguinte: este é um novo coronavírus. Nunca o vimos antes, o que significa que não sabemos tanto sobre ele. Os cientistas estão aprendendo mais ao longo do tempo, o que significa que seus conselhos e recomendações devem mudar ocasionalmente, às vezes até radicalmente. Recorde-se de que, até meados de abril de 2020, a Organização Mundial

Como falar com um negacionista da ciência

da Saúde e outros especialistas diziam que não era necessário usar máscara em público. Então, de repente, eles mudaram de recomendação. Isso de imediato torna todos os que não queriam usar uma máscara irracionais?

O problema é que esse tipo de inversão abre as portas para a falta de confiança. A menos que seja comunicada com clareza, as pessoas suspeitam do motivo da mudança da mensagem. Aqueles que conhecem a forma como a ciência funciona entendem que sempre há alguma incerteza por trás de qualquer pronunciamento científico e, de fato, a marca da ciência é que ela se preocupa com as evidências e aprende com o tempo, o que pode levar à derrubada radical de uma teoria. Mas o público entende isso? Não necessariamente. E, em um clima de desconfiança, talvez os cientistas e as autoridades de saúde pública relutem em aceitar isso e abordar o tema com a humildade e a transparência exigidas.

Embora possa parecer ilógico, admitir a incerteza pode, na verdade, "aumentar" a confiança. Dizer que você não sabe alguma coisa (e por quê) pode dissipar suspeitas e construir credibilidade para mais tarde, quando você souber. E mentir para alguém – por exemplo, dizendo que as máscaras são 100% eficazes ou que qualquer vacina é segura – é, justamente, a tática errada. Quando os cientistas fazem isso, deixam qualquer brecha na armadura pronta para ser atacada, e negacionistas vão usar isso como uma desculpa para não acreditar em mais nada.

Foi isso que aconteceu com as orientações de saúde pública nos primeiros tempos da crise da covid? Como Warzel aponta, é quase certo que sim. Ele cita o Dr. Ranu Dhillon, um médico de Harvard que aconselhou o presidente da Guiné durante a crise do ebola:

Coronavírus e o que está por vir

Todos os conselhos acabam sendo binários. [...] É absolutamente de um jeito ou absolutamente de outro, quando deveria haver tons de cinza no meio. Aconteceu com a Organização Mundial da Saúde e a negação precoce de que podia haver transmissão assintomática. Aconteceu com as máscaras. E aconteceu com a reabertura dos estados.

Warzel continua explicando:

Dado que este é um novo coronavírus, estamos aprendendo rapidamente – coisas que são verdadeiras um dia podem precisar ser revisadas no dia seguinte. Dr. Dhillon sugere que, em seu desejo de autoridade, especialistas em saúde pública corroeram a confiança por não comunicar com precisão a incerteza e por insistirem em erros após a evolução do entendimento. [...] "Minha percepção é de que as autoridades de saúde pública hesitaram em falar demais sobre a segurança de ficar ao ar livre", disse Dr. Dhillon. Esse foi um exemplo de especialistas protegendo a linguagem para garantir que o público não reagisse de forma exagerada ou insuficiente. Mas é uma aposta tentar controlar como os outros recebem uma mensagem. Dr. Dhillon argumentou que o mesmo aconteceu com as máscaras, com funcionários e instituições hesitando em sugeri-las desde o início, devido a problemas na cadeia de suprimentos. É possível que a reversão tenha aberto as portas para a guerra cultural que estamos vivenciando agora em relação às coberturas faciais.[61]

Uma vez que você fez um pronunciamento confiante e o retirou, é tarde demais. A confiança foi-se. A hora de compartilhar qualificadores ou expressar incerteza é desde o início, mesmo que suas intenções sejam puras e você apenas queira manter as pessoas o mais seguras possível.

Como falar com um negacionista da ciência

Há muito tempo defendo que uma das maiores armas que temos para lutar contra o negacionismo da ciência é "abraçar a incerteza" como uma força, e não como uma fraqueza da ciência.[62] Se os cientistas sempre fingem saber as respostas – mesmo quando não as têm –, é de admirar que os negacionistas encontrem brechas para semear a suspeita e a falta de confiança? Como Warzel coloca em seu artigo: "Você não pode forçar a confiança do público; você tem que ganhá-la por meio da humildade, da transparência e da escuta".

E talvez seja esse o resultado final do que deu errado até agora na batalha contra o negacionismo da covid-19. Sim, há muita culpa por parte dos meios de comunicação que exageraram ou minimizaram a informação científica (e não deixaram os cientistas falarem por si mesmos), dos políticos que fomentaram a polarização e promoveram a desinformação, e até mesmo do público, que foi crédulo demais para mudar de canal ou ouvir qualquer outra pessoa depois de receber orientação de seu meio de comunicação favorito e ouvir em que "deveria" acreditar. Mas parte da culpa também recai sobre a falha de comunicação de cientistas, médicos e autoridades de saúde pública que ditaram o que devia ser feito, em vez de explicar as evidências ou o processo de raciocínio por trás das orientações, com base na expectativa de autoridade e de infalibilidade de uma época passada. Nesse ambiente, à medida que as recomendações de saúde pública mudavam, às vezes de um dia para outro, é de admirar que algumas pessoas suspeitassem? Mais uma vez, é quase impossível imaginar o quão difícil deve ser para os cientistas compartilharem as últimas informações verdadeiras e precisas – enquanto defendem suas observações com boa-fé e humildade infalíveis – quando é muito mais fácil simplesmente nos dizer o que fazer para que mais vidas sejam salvas. Pior ainda, em um ambiente em que os cientistas foram agredidos com uma enxurrada constante de calúnias e por um forte viés político – inflamado pela mídia, que frequentemente tentava enfatizar a controvérsia partidária –, é surpreendente que algumas autoridades de saúde pública apenas quisessem que seguíssemos suas últimas recomendações e deixássemos a incerteza para elas? Mas esse é o desafio da comunicação científica eficaz não apenas para os cientistas, mas para todos nós que nos preocupamos com isso. Devemos lutar na batalha em que de fato estamos, não naquela em que gostaríamos de estar. A ciência está em uma crise de legitimidade. E isso não é culpa dos cientistas, mas da mídia, da política, da educação e de uma cultura mais ampla de desconfiança. Mas, se os cientistas não estão preparados para defender a ciência – compartilhando seus resultados e modelando seus valores centrais de abertura, transparência, humildade e hesitação –, quem o fará?

A conclusão a que Warzel chega sobre a pandemia está em consonância com a que tenho recomendado ao longo deste livro para combater a Terra Plana, o negacionismo da mudança climática, o negacionismo de OGMs e o movimento antivacina. A maneira mais eficaz de se comunicar com um negacionista da ciência é tentar construir confiança por meio do envolvimento pessoal direto, com humildade e respeito, ao mesmo tempo em que se demonstra transparência e abertura sobre como a ciência funciona. Se as pessoas puderem ser educadas sobre as últimas medidas de saúde pública, por que não também sobre os processos da ciência? Se não fizermos isso, a próxima crise será a de falta de confiança na vacina contra o coronavírus.[63] Warzel cita o Dr. Tom Frieden, um especialista em doenças infecciosas e ex-diretor do CDC:

Como falar com um negacionista da ciência

O que mais me preocupa agora é que a desconfiança que estamos vendo hoje se estenda às vacinas. Já existe uma grande desconfiança com relação à vacinação. Temos agora esse programa de nome assustador, Operação Warp Speed.* Esse tipo de nome simplesmente não é a maneira de convencer alguém a enfiar uma agulha no braço. Corre-se o risco real de, daqui para frente, quer o governo corte caminho ou não no desenvolvimento de uma vacina, haver uma percepção de que cortou, a menos que tenhamos uma comunicação muito aberta e transparente sobre isso.[64]

Espero que chegue o dia em que o SARS-CoV-2 tenha desaparecido (embora certamente não "como um milagre") e, junto com ele, o negacionismo da covid-19. Eu gostaria que pudéssemos dizer isso também para todas as outras formas de negacionismo da ciência – o mais importante de todos, o negacionismo das mudanças climáticas –, que provavelmente permanecerão conosco por algum tempo. Mesmo após a pandemia, ainda teremos muito o que descobrir. Mas espero ter oferecido um pouco mais de percepção e experiência sobre a abordagem e as ferramentas mais eficazes para lutar contra os atuais negacionistas da ciência.[65]

A cura da pós-verdade

Em meu livro *Post-Truth*, defendi que a "subordinação política da realidade" de hoje tem fortes raízes em 60 anos

---

* *Warp speed* é um termo figurado para uma mudança ou um movimento realizado de forma excepcionalmente rápida. O nome da operação refere-se à pressa para desenvolver e aprovar vacinas por parte do governo estadunidense durante a pandemia da covid-19. (N. da T.)

de negacionismo da ciência amplamente descontrolado, que começou com a indústria do tabaco fabricando dúvidas sobre a ligação entre tabagismo e câncer de pulmão, até desembocar na questão do aquecimento global. Mas algo incrível aconteceu nos últimos anos: a polarização política tornou o problema do negacionismo da ciência ainda pior. A pós-verdade e o negacionismo da ciência agora parecem presos a um ciclo autoalimentado. Em alguns casos, discordâncias sobre fatos empíricos e valores políticos fundiram-se.

Talvez isso signifique que a solução para o negacionismo da ciência e para o problema maior da negação da realidade politicamente motivada seja a mesma. Devemos voltar a conversar uns com os outros. Se você estivesse tentando convencer alguém a mudar suas crenças políticas ou ideológicas, como faria isso? Provavelmente, não tentando preencher sua falta de informação. (E certamente não gritando ou insultando-o.) Você pode mencionar alguns fatos (se puder chegar a um acordo sobre quais são), mas na maioria das vezes é mais eficaz apelar para um conjunto comum de valores. Para um senso compartilhado de identidade. E a única maneira de fazer "isso" é tentando construir um relacionamento pessoal que aumente a confiança.

Não há razão para não fazermos isso com a ciência. Precisamos ensinar às pessoas não apenas os fatos da ciência, mas também seus valores, e como esses valores informam os processos pelos quais a ciência faz suas descobertas. Um dos principais problemas com a comunicação científica começa com a educação científica. Quando eu estava no ensino fundamental, aprendíamos que os cientistas eram gênios que nunca cometiam erros, e não é que tivemos a sorte de viver na era em que toda a verdade está finalmente descoberta? E

Como falar com um negacionista da ciência

será que isso está muito diferente hoje? E se ensinássemos às pessoas não apenas o que os cientistas descobriram, mas o processo de conjecturas, falhas, incertezas e testes por que passaram antes de descobrirem? É claro que os cientistas cometem erros, mas o que fazem de diferente é defender o uso de evidências como forma de aprender com esses erros. E se educássemos as pessoas sobre os valores da ciência, demonstrando a importância do credo do cientista: abertura, humildade, respeito pela incerteza, honestidade, transparência e coragem de expor o próprio trabalho a testes rigorosos? Acredito que esse tipo de educação científica contribuiria mais para derrotar o negacionismo da ciência do que qualquer outra coisa que pudéssemos fazer.[66] Ensinaria as crianças a pensarem mais como cientistas, mostrando-lhes como é não saber de alguma coisa e procurar uma resposta por meio de experimentos empíricos; elaborar as previsões de seu modelo e, se essa previsão falhar, viver de acordo com o resultado. Dessa forma, podemos dar às pessoas uma compreensão do valor da incerteza científica e a oportunidade de apreciar o que podemos aprender com o fracasso. Nesse contexto, os fatos da ciência podem fazer mais sentido, e a confiança nos cientistas cresceria de acordo. Qualquer coisa que encorajasse mais pessoas a se identificarem com os valores científicos seria um passo na direção certa.

Quanto ao abismo entre as nossas crenças políticas... Haverá algum dia uma maneira de atravessá-lo? O que ensinar ciência tem a ver com política? Sugiro que, assim como a pós--verdade começou com o negacionismo da ciência, talvez uma solução para o problema do negacionismo seja curar a nossa política da pós-verdade. Se as pessoas aprenderem a abraçar os valores científicos, talvez também possam mudar seus valores em outras áreas. Para ampliar seu círculo de preocupação. Para se importar mais com a vida de pessoas que talvez nunca conheçam.

Por enquanto, estamos ocupados com o problema do negacionismo da ciência. Então, por que não construir um exército de pessoas para lidar com isso? Há muitas pessoas que acreditam na ciência e muitas que se preocupam com as mudanças climáticas.

E, agora, com os resultados de Schmid e Betsch em mãos, entendemos que existe uma maneira de "todos" nós fazermos a diferença. Afastar-se ou recusar-se a se envolver com negacionistas da ciência é a pior coisa que você pode fazer. Se o seu interlocutor estiver mal-informado, continuar a conversa é a melhor maneira de tentar fazê-lo mudar de ideia. Então, por que não sair por aí e abordar negacionistas? Tentar mudar a identidade deles e fazê-los pensar mais como cientistas? Se eu pude ir a uma Conferência da Terra Plana, você pode conversar com sua sobrinha ou seu cunhado sobre vacinação. Claro, isso dá muito trabalho e seria mais fácil deixar para lá. Que bom seria se as pessoas já pensassem como cientistas, e tudo o que tivéssemos que fazer fosse dar-lhes as evidências! Mas essa não é a realidade em que vivemos. Mesmo as pessoas que confiam na ciência podem não entender o processo de pensamento por trás dela. Mas essa é a chave para a verdadeira compreensão. E é a chave para ajudá-las a mudar a identidade delas também. Muitas se consolarão com o cinismo e com a ideia de que, na maioria dos casos, essa abordagem não funcionará. Mas a abordagem é totalmente consistente com o que Schmid e Betsch descobriram, embora não tenham prometido que a refutação de conteúdo e a refutação técnica sempre funcionariam. Mas delinearam um método que poderia funcionar, se é que

Como falar com um negacionista da ciência

alguma coisa realmente funciona. Sim, é mais fácil tratar com desprezo aqueles que negam a ciência e se recusar a se envolver com eles.

Depois de todas as minhas viagens para me envolver com negacionistas da ciência, entendo essa frustração. Mas, se cedermos, todos perderemos.

Enquanto isso, negacionistas radicais estão espalhando desinformação e recrutando novos membros. Aqueles com interesses egoístas ficam muito felizes ao espalhar desinformação e explorar qualquer confusão ou ceticismo preexistente onde quer que possam. Nesse ínterim, a verdade empírica está disponível para qualquer um que queira encontrá-la – então, por que mais pessoas não se dão ao trabalho de procurá-la? Podemos tentar fazer com que elas se importem mais, porém algumas simplesmente não o farão. Ficam felizes em permanecer em um casulo de partidarismo, propaganda e ignorância, que lhes diz que já sabem a resposta certa.

Isso significa que algumas delas estarão preparadas para negar a verdade mesmo quando ela estiver bem diante de seus olhos. Isso é o que é tão frustrante quando falamos com negacionistas da ciência. No momento em que você chega até eles, muitas vezes não são apenas suas crenças, mas seus valores anticientíficos que começam a se solidificar. Mas é claro que eles não veem dessa forma. Ninguém se identifica como um negacionista da ciência. Com frequência, eles se consideram mais científicos do que os próprios cientistas. O que você pensa sobre eles, muitos vão pensar sobre você. Ao conversar com um negacionista, é bom lembrar a regra pela qual todo romancista vive: o vilão é o herói de sua própria história. De certa forma, nosso trabalho é mais difícil e mais fácil do que poderíamos imaginar. O desafio não é apenas fazer com que as pessoas aceitem certos fatos ou mudem suas crenças, mas começar a entender e apreciar como os cientistas adquiriram seu conhecimento duramente conquistado por meio de um processo de exame rigoroso, testes cooperativos e tolerância à incerteza. Quem sabe assim os negacionistas possam começar a se identificar mais com os valores (e processos de raciocínio) dos cientistas.

Claro, devemos tentar educar a próxima geração, mas estamos ficando sem tempo. Nossos filhos herdarão o problema da mudança climática e talvez possam resolvê-lo, mas ainda não estão no comando. Muitos dos responsáveis hoje negam a ciência e detêm um poder irracional sobre o nosso futuro. Portanto, o problema de como lidar com os negacionistas da ciência recai sobre todos nós. Agora mesmo. Você não pode mudar as crenças de alguém contra sua vontade, nem o fazer admitir que há algo que ainda não sabe. Mais difícil ainda pode ser fazer com que ele mude seus valores ou sua identidade. Mas não há caminho mais fácil a seguir ao lidar com os negacionistas da ciência. Devemos tentar fazê-los compreender. Devemos tentar cuidar deles. E, para isso, precisamos comparecer, cara a cara, e conversar com eles.

EPÍLOGO

Quando escrevi este livro, Donald Trump ainda era presidente e estávamos em meio a uma pandemia. Enquanto este livro ia para a gráfica, Joe Biden foi eleito presidente dos Estados Unidos e duas vacinas contra o coronavírus foram desenvolvidas e aprovadas.

As coisas vão melhorar agora?

Espero que sim. O presidente Biden já nos colocou de volta no Acordo de Paris e prometeu reverter alguns dos mais flagrantes retrocessos do governo Trump em relação aos padrões de emissões de automóveis e outros regulamentos ambientais que tanto fizeram para contribuir para o aquecimento global. Além disso, Biden demonstrou muito mais abertura do que Trump para ouvir cientistas sobre uma série de outros tópicos, como a covid-19.

Mas há razões para ter cautela.

Ainda estamos à espera da distribuição generalizada de uma vacina contra o coronavírus, e não está claro se, mesmo que fique disponível, convenceremos todos a tomá-la. As

Epílogo

teorias da conspiração e o ceticismo profundamente enraizado ainda são fortes. As vacinas contra a covid são seguras? Espera--se que a FDA e outras agências governamentais não as teriam aprovado a menos que fossem. É uma questão de confiar não só na ciência, mas também nos guardiões da política científica, alguns dos quais sucumbiram à pressão política sob Trump. Seja liberal, seja conservadora, uma realidade dos últimos quatro anos é que grande parte dessa confiança se foi.

Apesar da remoção de Trump do cargo, o trumpismo permanece vivo. A insurreição no Capitólio dos Estados Unidos, em 6 de janeiro de 2021, mostrou quão profundamente uma ideologia "sem fatos" penetrou nesse país e as terríveis consequências que podem se desdobrar a partir disso. O que acabou em violência em Washington começara no Plaza Hotel em Nova York, em 1953, quando um punhado de executivos decidiu "lutar contra a ciência", criando uma campanha de desinformação contra fatos que pudessem prejudicar seus interesses comerciais. Talvez não tenham querido criar um modelo para a negação futura de "qualquer" fato que não se encaixasse na realidade preferida de alguém. Mas, de temas científicos, como a mudança climática, a tópicos políticos, como a fraude eleitoral, o problema do negacionismo parece ter sofrido uma metástase, passando do campo corporativo para o ideológico, da ciência para a cultura como um todo. Dito isso, continuam a existir interesses profundamente enraizados em torno do carvão, do petróleo e de outros recursos, o que significa que há pessoas lucrando com a fabricação da dúvida. E, claro, não há nenhum sinal de que a ignorância, o viés cognitivo e a amplificação de ideias falsas nas redes sociais estejam prestes a desaparecer.

Como falar com um negacionista da ciência

O negacionismo da ciência não começou com Trump, embora ele certamente o tenha piorado. Tem existido no mínimo desde Galileu, e provavelmente antes disso. Mas, se a negação da ciência existia antes de Trump, provavelmente existirá depois dele também. Claro, isso não significa que as coisas não possam melhorar. Conforme voltarmos a falar uns com os outros e tentarmos superar a divisão partidária que tanto contribuiu para nos polarizar não apenas no que diz respeito à moralidade e aos valores, mas mesmo com relação a questões empíricas, tenho esperança de que a ciência fará parte desse diálogo. Embora a negação da ciência tenha existido há muito tempo, certamente piorou durante uma administração que questionava qualquer tipo de fato, da trajetória de um furacão a como os incêndios florestais da Califórnia poderiam ser evitados com uma maior limpeza do terreno; se água sanitária e luz eram tratamentos potenciais para o coronavírus e se máscaras seriam mesmo uma boa medida preventiva durante uma pandemia.

Mas também devemos lembrar que, como vimos no capítulo 6, a negação da ciência não é um elemento de qualquer partido em particular ou ligada a um ponto de vista partidário. A estratégia dos cinco passos entra em ação sempre que as pessoas são motivadas a acreditar em algo diferente do que o consenso científico recomenda. É uma longa batalha pela ciência e pela razão. Se a considerarmos "ganha" e a ignorarmos novamente, o que acontecerá no futuro? Com nossos padrões epistêmicos, também é necessária uma vigilância eterna.

Basta pensar que o negacionismo da ciência ainda existe em todo o mundo. Mesmo que Trump fique fora do cargo, a rejeição ideológica da ciência está enraizada em outros países, que têm seus próprios problemas. O movimento antivacina

Epílogo

é galopante na Itália. As teorias da conspiração acerca do coronavírus levaram ao derrubamento de torres de telefonia celular 5G na Inglaterra. Os terraplanistas constituem uma parcela não negligenciável da população brasileira. E lembremo--nos do papel central que a Rússia e a China desempenharam na negação da ciência, usando suas máquinas de propaganda para espalhar desinformação, em busca de uma divisão ideológica ainda maior para minar as democracias ocidentais.

Então, como vamos reaprender a conversar? A negação da ciência é um problema persistente, tanto nos Estados Unidos como no exterior. Será um desafio descobrir uma maneira de curar as feridas que nos dividiram por tanto tempo, algumas delas em torno de tópicos científicos. O que fazer?

Eu ainda acho que a solução é o diálogo. As estratégias para falar com os negadores da ciência recomendadas neste livro são aquelas que podemos adotar, de maneira geral, para fazer com que as pessoas ouçam a razão, a ciência e a lógica em "muitas" áreas em que crenças partidárias contrariam o julgamento de especialistas. Se continuarmos a demonizar uns aos outros – ou simplesmente ignorar o que uma parte das pessoas tem a dizer –, corremos o risco de polarização mais uma vez. Melhor, eu acho, é tentar trazer os negacionistas da ciência de volta ao debate e mostrar-lhes como a ciência pode ser útil. Não seria bom confiar novamente na capacidade de especialistas?

Como vimos, uma boa parte da negação da ciência é motivada pelo medo, pela alienação, pela ideologia e pela identidade. Podemos e devemos trabalhar nisso, não importa quem esteja na Casa Branca. A complacência é uma inimiga. E a negação da ciência não é um problema alheio a nós. Em particular, não temos tempo a perder na tentativa de compensar

Como falar com um negacionista da ciência

todo o tempo que perdemos com relação ao aquecimento global. Não podemos apenas supor que tudo ficará bem, agora que houve uma mudança na liderança do país. Como já disse, a negação da mudança climática é o exemplo mais premente e perigoso da negação da ciência no mundo agora, e exigirá um esforço coletivo para contorná-la. Quando a covid-19 for derrotada, a crise climática ainda estará conosco. E o tempo está passando.

Lembra-se daqueles pescadores nas Maldivas? Mesmo que agora nos sintamos mais confiantes de que fatos científicos e argumentos racionais desempenharão um papel mais central na política pública do que no passado recente (para que o déficit de informação possa enfim diminuir), existe outra deficiência que aumenta mais do que nunca. Quanto nós nos importamos? O suficiente para cortar o consumo? Investir uma quantia significativa de dinheiro em combustíveis alternativos? Mudar não apenas nossas crenças, mas também nosso comportamento?

No processo de aprender a falar com negacionistas da ciência, devemos encarar o desafio de fazer com que alguém não apenas mude suas crenças, mas amplie o círculo de preocupação que define o que eles valorizam. E só teremos sucesso nisso apelando à nossa humanidade comum. Abraçar a ideia de que ainda vale a pena conversar com alguém que discorda de nós é como fazer um investimento em nossos semelhantes e em nosso futuro juntos. Enquanto tentamos fazer com que os negacionistas ampliem seu círculo de preocupação, devemos ampliar nosso próprio círculo para incluí-los. Ter uma conversa difícil com uma pessoa é respeitá-la o suficiente para tentar convencê-la de que está errada. Em vez de descartar ou evitar tais encontros, acredito que estes sejam o nosso melhor

Epílogo

meio de adquirir confiança e empatia renovadas, o que pode levar a mudanças epistêmicas e sociais.

E isso é uma coisa boa, não apenas porque assim tentamos convencer adeptos dos movimentos antivacina e antievolucionista, além de terraplanistas e negacionistas das mudanças climáticas, de que há espaço para eles no lado que celebra a ciência, mas porque assim chegaremos à conclusão de que, se quisermos fazer do mundo um lugar melhor, todos devem participar. Do pescador das Maldivas ao mineiro de carvão da Pensilvânia. Dos pais que têm medo de vacinas ao profissional de saúde que trabalhou na linha de frente, durante a crise da covid. "Ninguém se importa", disse aquele garoto para mim no barco nas Maldivas. Eu discordo. Se reconstruirmos a confiança por meio de conversas renovadas, poderemos resolver os problemas de crença, cuidado e ação de uma só vez.

Os desafios que enfrentamos são grandes, mas a engenhosidade da ciência talvez seja nosso maior meio de esperança para o futuro. O outro é o reconhecimento da nossa humanidade comum. Quando se trata das consequências de um planeta aquecido ou de uma pandemia assassina, finalmente estamos, todos, do mesmo lado.

NOTAS

Introdução

1. MCINTYRE, Lee. *Post-Truth*. Cambridge (MA), MIT Press, 2018.
2. Essa história é bem contada em: ORESKES, Naomi & CONWAY, Erik. *Merchants of Doubt: How a Handful of Scientists Obscured the Truth on Issues from Tobacco Smoke to Global Warming*. New York, Bloomsbury, 2011.
3. PALMERI, Tara. "Trump Fumes over Inaugural Crowd Size". *Politico*, January 22, 2017, disponível em <https://www.politico.com/story/2017/01/donald-trump-protesters-inauguration-233986>.
4. IPCC. "Special Report: Global Warming of 1.5 degree C", 2018, disponível em <https://www.ipcc.ch/sr15/>.
5. MOONEY, Chris & DENNIS, Brady. "The World Has Just over a Decade to Get Climate Change under Control, UN Scientist Says". *Washington Post*, October 7, 2018, disponível em <https://www.washingtonpost.com/energy-environment/2018/10/08/world-has-only-years-get-climate-change-under-control-un-scientists-say/>; "Arctic Ice Could Be Gone by 2030", *Telegraph*, September 16, 2010, disponível em <https://www.telegraph.co.uk/news/earth/earthnews/8005620/Arctic-ice-could-be-gone-by-2030.html>; DAVENPORT, Coral. "Major Climate Report Describes a Strong Risk of Crisis as Early as 2040". *New York Times*, October 7, 2018, disponível em <https://www.nytimes.com/2018/10/07/climate/ipcc-climate-report-2040.html>; FISCHETTI, Mark. "Sea Level Could Rise 5 Feet in New York City by 2100". *Scientific American*, June 1, 2013, disponível em <https://www.scientificamerican.com/article/fischetti-sea-level-could-rise-five-feet-new-york-city-nyc-2100/>; MORTON, Mary Caperton. "With Nowhere to Hide

from Rising Seas, Boston Prepares for a Wetter Future". *Science News*, August 6, 2019, disponível em <https://www.sciencenews.org/article/boston-adapting-rising-sea-level-coastal-flooding>.

[6] SENGUPTA, Somini. "U.N. Chief Warns of a Dangerous Tipping Point on Climate Change". *New York Times*, September 10, 2018, disponível em <https://www.nytimes.com/2018/09/10/clima/united-nations-climate-change.html>.

[7] FRIEDMAN, Lisa. "'I Don't Know That It's Man-Made,' Trump Says of Climate Change. It Is". *New York Times*, October 15, 2018, disponível em <https://www.nytimes.com/2018/10/15/climate/trump-climate-change-fact-check.html>.

[8] KEOHANE, Joe. "How Facts Backfire". *Boston.com*, July 11, 2010, disponível em <http://archive.boston.com/news/science/articles/2010/07/11/how_facts_backfire/>.

[9] BECK, Julie. "This Article Won't Change Your Mind". *Atlantic*, December 11, 2019, disponível em <https://www.theatlantic.com/science/archive/2017/03/this-article-wont-change-Your-Mind/519093/>; KOLBERT, Elizabeth. "Why Facts Don't Change Our Mind". *New Yorker*, February 27, 2017, disponível em <https://www.newyorker.com/magazine/2017/02/27/why-facts-dont-change-our-mentes>.

[10] MANTZARLIS, Alexios. "Fact-Checking Doesn't 'Backfire,' New Study Suggests". *Poynter*, November 2, 2016, disponível em <https://www.poynter.org/fact-checking/2016/fact-checking-doesnt-backfire-new-study-suggest/>.

[11] SCHMID, Philipp & BETSCH, Cornelia. "Effective Strategies for Rebutting Science Denialism in Public Discussions". *Nature Human Behaviour* 3, September 2019, pp. 931-939, disponível em <https://www.nature.com/articles/s41562-019-0632-4.epdf>.

[12] O experimento de Schmid e Betsch será explorado com mais detalhes no capítulo 3. Mas aqui já estão alguns *links* com comentários na mídia que abordam seus resultados: KWON, Diana. "How to Debate a Science Denier". *Scientific American*, June 25, 2019, disponível em <https://www.scientificamerican.com/article/how-to-debate-a-science-denier/>; OWEN, Laura Hazard. "Yes, It's Worth Arguing with Science Deniers – and here Are Some Techniques You Can Use". *Nieman Lab*, June 28, 2019, disponível em <https://www.niemanlab.org/2019/06/yes-its-worth-arguing-with-science-deniers-and-here-are-some-techniques-you-can-use/>; O'GRADY, Cathleen. "Two Tactics Effectively Limit the Spread of Science Denialism". *Ars Technica*, June 27, 2019, disponível em <https://arstechnica.com/science/2019/06/debunking-science-denialism-does-work-but-not-perfectly/>; PERRY, Susan. "Science Deniers Can Be Effectively Rebutted, Study Finds". *MinnPost*, July 26, 2019, disponível em <https://www.minnpost.com/second-opinion/2019/07/science-deniers-can-be-effectively-rebutted-study-finds/>.

[13] Pode-se argumentar que eles lidaram apenas com o segundo. Para mais detalhes: VAN DER LINDEN, Sander. "Countering Science Denial". *Nature Human Behaviour* 3, June 24, 2019, pp. 889-890, disponível em <https://www.nature.com/articles/s41562-019-0631-5>.

Como falar com um negacionista da ciência

[14] SHERMER, Michael. "How to Convince Someone When Facts Fail". *Scientific American*, January 1, 2017, disponível em <https://www.scientificamerican.com/article/how-to-convince-someone-when-facts-fail/>.

[15] SUN, Lena H. & O'HAGEN, Maureen. "'It Will Take Off Like Wildfire': The Unique Dangers of the Washington State Measles Outbreak". *Washington Post*, February 6, 2019, disponível em <https://www.washingtonpost.com/national/health-science/it-will-take-off-like-a-wildfire-the-unique-dangers-of-the-washington-state-measles-outbreak/2019/02/06/cfd5088a-28fa-11e9-b011-d8500644dc98_story.html>.

[16] BRANIGIN, Rose. "I Used to Be Opposed to Vaccines. This Is How I Changed My Mind". *Washington Post*, February 11, 2019, disponível em <https://www.washingtonpost.com/opinions/i-used-to-be-opposed-to-vaccines-this-is-how-i-changed-my-mind/2019/02/11/20fca654-2e24-11e9-86ab-5d02109aeb01_story.html>.

[17] FOLLEY, Aris. "Nasa Chief Says He Changed Mind about Climate Change because He 'Read a Lot'". *The Hill*, June 6, 2018, disponível em <https://thehill.com/blogs/blog-briefing-room/news/391050-nasa-chief-on-changing-view-of-climate-change-i-heard-a-lot-of>.

Capítulo 1

[1] BARTELS, Meghan. "Is the Earth Flat? Why Rapper B.o.B. and Other Celebrities Are So Wrong". *Newsweek*, September 26, 2017, disponível em <https://www.newsweek.com/bob-rapper-flat-earth-earth-round-nasa-671140>.

[2] Irving voltou atrás, porém. BIELER, Des. "Kyrie Irving Sorry for Saying Earth Is Flat, Blames It on a YouTube 'Rabbit Hole'". *Washington Post*, October 1, 2018, disponível em <https://www.washingtonpost.com/sports/2018/10/02/kyrie-irving-sorry-saying-earth-is-flat-blames-it-youtube-rabbit-hole/>.

[3] De acordo com uma enquete de 2018 do YouGov, 5% dos estadunidenses declararam ter dúvidas quanto ao formato da Terra, com 2% acreditando piamente que é plana. NGUYEN, Hoang. "Most Flat Earthers Consider Themselves Very Religious". YouGov, April 2, 2018, disponível em <https://today.yougov.com/topics/philosophy/articles-reports/2018/04/02/most-flat-earthers-consider-themselves-religious>.

[4] A maior parte dos palestrantes era composta por homens brancos, porém.

[5] Soube mais tarde que muitos na Feic acreditam que a Sociedade da Terra Plana é um grupo fantasioso, criado por aqueles que desejam fazer com que a ideia da Terra Plana pareça ridícula. Basta nos lembrarmos do filme do Monty Python *A vida de Brian*, em que há uma disputa sangrenta entre a "Frente do Povo Judeu" e a "Frente Judaica do Povo", para termos uma ideia de como essa rivalidade é amarga.

Notas

6 Mais tarde, descobri que não estava enganando ninguém. Quando nos encontramos de novo no corredor, ele perguntou: "Lee, por que você está aqui?". Apesar da minha promessa de manter meu disfarce nas primeiras 24 horas, eu não queria mentir, então fui sincero e disse a ele que não acreditava na Terra Plana, que era filósofo e que estava lá para aprender mais sobre suas crenças. Ele não pareceu chateado com isso e apenas explicou algo sobre como os voos não podiam ser rastreados ao sul do equador.

7 Para minha surpresa, isso incluía o presidente Trump. Todos os terraplanistas a quem perguntei disseram que não gostavam dele e pensavam que ele estava envolvido na conspiração apenas porque era um "líder mundial". Além disso, em uma das apresentações, alguém mostrou uma fotografia de Trump tocando um globo de vidro, o que provava que ele era "globalista". "What Was That Glowing Orb Trump Touched in Saudi Arabia?", *New York Times*, May 22, 2017, disponível em <https://www.nytimes.com/2017/05/22/world/middleeast/trump-glowing-orb-saudi.html>.

8 Não mencionei o fato de que a água também está sujeita à atração gravitacional. O que me pareceu mais curioso, porém, foi que nunca lhe ocorrera questionar se o dilúvio de Noé realmente tinha acontecido. Presumi que ele era um terraplanista, pelo menos em parte, porque estava tentando conciliar suas visões cosmológicas com as religiosas. É claro que a física newtoniana é totalmente consistente com um planeta cuja superfície inteira pode ser coberta por água, mas acho que ele não sabia disso.

9 Isso quer dizer que, embora pouquíssimos cristãos acreditem na Terra Plana, quase todos os terraplanistas que conheci (com algumas notáveis exceções) eram cristãos fundamentalistas. Embora não parecessem confiar em sua fé como prova científica, eles buscavam evidências empíricas que tornariam todas as suas crenças – tanto espirituais quanto mundanas – consistentes. Deve ser dito, ainda, que a maioria dos terraplanistas parecia abraçar seus pontos de vista com um fervor equivalente à convicção religiosa.

10 Meu favorito foi o cara que voou para Denver com um nível de carpinteiro na bandejinha à sua frente. Como o líquido não se moveu, ele considerou isso uma prova da Terra Plana.

11 Eles aparentemente também tomaram isso como prova de que estavam certos, já que ninguém apareceu para tentar provar que estavam errados. Houve um boato na conferência de que havia uma reunião de físicos em Denver, acontecendo naquele mesmo momento, mas então por que nenhum deles tinha comparecido à Feic para refutá-los? Se era tão fácil, onde estavam? Eles deviam estar com medo porque sabiam que os terraplanistas estavam certos!

12 GEE, David. "Almost All Flat Earthers Say YouTube Videos Convinced Them, Study Says". *Friendly Atheist*, February 20, 2019, disponível em <https://friendlyatheist.patheos.com/2019/02/20/almost-all-flat-earthers-say-youtube-videos-convinced-them-study-says/>; <https://www.tandfonline.com/doi/full/10.1080/15213269.2019.1669461>.

13 Para uma introdução sobre as crenças dos terraplanistas, comece por aqui: SARGENT, Mark. "Flat Earth Clues Introduction". YouTube, February 10, 2015, disponível em <https://youtu.be/T8-YdgU-CF4>.

14 COOMES, Tom. "Mirage of Chicago Skyline Seen from Michigan Shoreline". *ABC* 57, April 29, 2015, disponível em <https://www.abc57.com/news/mirage-of-chicago-skyline-seen-from-michigan-shoreline>.

15 Se quiser assistir à apresentação de Skiba, eu a encontrei disponível em <https://www.youtube.com/watch?v=oz35aaxJTik>.

16 Às vezes a imagem pode parecer mesmo de ponta-cabeça! ECK, Allison. "The Perfectly Scientific Explanation for Why Chicago Appeared Upside Down in Michigan". *PBS*, May 8, 2015, disponível em <https://www.pbs.org/wgbh/nova/article/the-perfectly-scientific-explanation-for-why-chicago-appeared-upside-down-in-michigan/>.

17 BURDICK, Alan. "Looking for Life on a Flat Earth". *New Yorker*, May 30, 2018, disponível em <https://www.newyorker.com/science/elements/looking-for-life-on-a-flat-earth>. Observem, porém, que os terraplanistas têm uma versão do experimento de Eratóstenes que dizem funcionar para eles também.

18 Alguns dos fenômenos que os terraplanistas tomaram como evidência para sua teoria já foram facilmente respondidos pela física básica, mas eles não a pesquisaram. Se a Terra é redonda, por que às vezes você pode ver o Sol e a Lua no céu ao mesmo tempo? Se um eclipse lunar é causado pela sombra da Terra, isso significa que a Terra deve estar diretamente entre o Sol e a Lua? A ignorância é uma péssima base para dúvida. Por que eles simplesmente não procuraram as respostas?

19 MCINTYRE, Lee. *The Scientific Attitude: Defending Science from Denial, Fraud, and Pseudoscience.* Cambridge (MA), MIT Press, 2019.

20 Por que você tem de subir tão alto? Porque a Terra é imensa.

21 HORTON, Alex. "'Mad' Mike Huges, Who Wanted to Prove the Flat-Earth Theory, Dies in Homemade-Rocket Disaster". *Washington Post*, February 23, 2020, disponível em <https://www.washingtonpost.com/science/2020/02/23/mad-mike-hughes-dead/>.

22 WHALEN, Andrew. "'Behind the Curve' Ending: Flat Earthers Disprove Themselves with Own Experiments in Netflix Documentary". *Newsweek*, February 25, 2019, disponível em <https://www.newsweek.com/behind-curve-netflix-ending-light-experiment-mark-sargent-documentary-movie-1343362>.

23 Se assim fosse, seria a base para uma acusação de fraude. Ver o capítulo 7 de meu livro *The Scientific Attitude*.

24 A história infelizmente teve um triste fim, porque não apenas o terraplanista se recusou a ceder, como passou os 20 anos seguintes assediando Wallace. INGLIS-ARKELL, Esther. "A Historic Experiment Shows Why We Might Not Want to Debate Fanatics". *Gizmodo*, August 27, 2014, disponível em <https://io9.gizmodo.com/a-historic-experiment-shows-why-we-might-not-want-to-de-1627339811>. Para uma história similar e mais atual, ver: UNDERDOWN, Jim. "The Salton Sea Flat Earth Test: When Skeptics Meet Deniers". *Skeptical Inquirer* 42, n. 6, November-December 2018, disponível em <https://skepticalinquirer.org/2018/11/the-salton-sea-flat-earth-test-when-skeptics-meet-deniers/>.

Notas

25 Para mais sobre os equívocos dos negacionistas da ciência, ver o capítulo 2 de meu livro *The Scientific Attitude*.

26 Esse argumento é defendido de maneira elegante pelo físico Richard Feynman em uma de suas palestras: "The Essence of Science", disponível em <https://www.youtube.com/watch?v=LIxvQMhttq4>.

27 Há uma hipótese para a última das opções. Uma concorrente da Terra Plana ainda mais absurda: a Terra em formato de rosquinha. MUFSON, Beckett. "Apparently, Some People Think the Earth Is Shaped Like a Donut". *Vice*, November 13, 2018, disponível em <https://www.vice.com/en_us/article/mb-yak8/apparently-some-people-believe-the-earth-is-shaped-like-a-donut-1>.

28 MCINTYRE, Lee. "The Price of Denialism". *New York Times*, November 7, 2015, disponível em <https://opinionator.blogs.nytimes.com/2015/11/07/the-rules-of-denialism/>. Ver também: *The Scientific Attitude*, pp. 41-46.

29 WEST, Mick. *Escaping the Rabbit Hole*. New York, Skyhorse Publishing, 2018.

30 Pode-se pensar que eles também comprariam todas as outras formas de negacionismo da ciência, mas para os terraplanistas isso não é verdade. Embora muitos fossem também contra a vacinação, praticamente todos que conheci "não" negavam as mudanças climáticas. Como eles acreditavam que vivíamos em um recinto abobadado (algo como um terrário), estavam convencidos de que o aquecimento global era um assunto urgente, embora tendessem a acreditar que era causado pelo impacto das ações do governo em nosso clima, não pela poluição do carbono.

31 Essa conclusão também foi corroborada por trabalhos empíricos. Em um estudo de 2019, Asheley Landrum concluiu que os terraplanistas diferenciam-se de duas maneiras: têm baixo conhecimento científico e uma alta predisposição para as teorias da conspiração. LANDRUM, Asheley; OLSHANSKY, Alex & RICHARDS, Othello. "Differential Suspectibililty to Misleading Flat Earth Arguments on YouTube". *Media Psychology*, September 29, 2019, disponível em <https://www.tandfonline.com/doi/full/10.1080/15213269.2019.1669461>.

32 INGOLD, John. "We Went to a Flat-Earth Convention and Found a Lesson about the Future of Post-Truth Life". *Colorado Sun*, November 20, 2018, disponível em <https://coloradosun.com/2018/11/20/flat-earth-convention-denver-post-truth/>.

33 Para um excelente estudo psicológico sobre as motivações e as influências causais na conversão para o terraplanismo, ver: OLSHANSKY, Alex; PEASLEE, Robert M. & LANDRUM, Asheley R. "Flat-Smacked! Converting to Flat Eartherism". *Journal of Media and Religion*, July 2, 2020, disponível em <https://www.tandfonline.com/doi/full/10.1080/15348423.2020.1774257?scroll=top&needAccess=true>.

34 Uma das melhores introduções ao conceito de dissonância cognitiva pode ser encontrada no clássico de Leon Festinger, *When Prophecy Fails* (Harper Torchbooks), sobre um culto de óvnis dos anos 1950, em que os integrantes acreditavam que a Terra iria acabar em uma data específica. Eles, então, esperaram no topo de uma montanha por uma nave espacial para buscá-los. Depois que o tempo designado chegou ao fim, em vez de desistirem de sua

Como falar com um negacionista da ciência

crença, eles se voltaram para a ideia de que a fé de seu pequeno grupo fora tão grande, que salvara a humanidade.

35   POPPER, Karl. *The Logic of Scientific Discovery*. New York, Basic Books, 1959. [POPPER, Karl. *A lógica da pesquisa científica*. São Paulo, Cultrix, 2005.]

36   Como seu nome não estava listado no programa, decidi não o citar aqui.

37   Na verdade, a ideia não é tão absurda quanto parece. De acordo com um artigo do *New York Times* de 2019, a Nasa planeja abrir uma Estação Espacial Internacional para negócios comerciais, inclusive turismo, nos próximos anos. CHANG, Kenneth. "Want to Buy a Ticket to the Space Station? Nasa Says Soon You Can". *New York Times*, June 7, 2019, disponível em <https://www.nytimes.com/2019/06/07/science/space-station-nasa.html>. Há também empresas privadas, como a Virgin Galactic, que têm planos de oferecer voos de "turismo espacial". SHEETZ, Michael. "Virgin Galactic Flies Its First Astronauts to the Edge of Space, Taking One Step Closer to Space Tourism". *CNBC*, December 13, 2018, disponível em <https://www.cnbc.com/2018/12/13/virgin-galactic-flight-could-send-first-astronauts-to-edge-of-space.html>. O voo de teste chegou a percorrer 82,7 km.

38   Minha ideia aqui é que, se você percorrer 72 km e o topo da Sears Tower desaparecer, mas ainda houver uma miragem no horizonte, presumivelmente, se você for mais longe ainda, o topo da Sears Tower na miragem desaparecerá também. E, se assim for, a ideia da Terra Plana está errada.

39   MORRIS, Hugh. "The Trouble with Flying to Antarctica – and the Airline That's Planning to Start". *Telegraph*, April 17, 2019, disponível em <https://www.telegraph.co.uk/travel/travel-truths/do-planes-fly-over-antarctica/>.

40   Não tenho mais a folha de papel, mas acho que era o voo 801 da Latam. Pensando bem, porém, não tenho certeza se a rota nos levaria diretamente para a Antártida. Mas não importa. Desde a pandemia de covid-19, embora os australianos tenham sido proibidos de voar para qualquer outro lugar do mundo, a Qantas Airlines está oferecendo voos fretados turísticos para sobrevoar a Antártida, passando diretamente sobre o polo magnético sul. GODFREY, Allie. "Antarctica Flights and Qantas Plan to Fly Travellers over the Frozen Continent from November". *7news Australia*, August 7, 2020, disponível em <https://7news.com.au/news/travel/antarctica-flights-and-qantas-plan-to-fly-travellers-over-the-frozen-continent-from-november--c-1224156>; ver também: <https://www.antarcticaflights.com.au/the-worlds-most-unique-scenic-flight>.

41   Ver: MARSHALL, Nick. "The Longest Flight Time for a Commerical Airline". *USA Today*, March 21, 2018, disponível em <https://traveltips.usatoday.com/longest-flight-time-commercial-airline-109284.html>; SLOTNICK, David. "I Flew on Qantas' 'Project Sunrise', a Nonstop Flight from New York to Sydney, Australia, That Took Almost 20 Hours and Covered Nearly 10,000 Miles – Here's What It Was Like". *Business Insider*, October 21, 2019, disponível em <https://www.businessinsider.com/qantas-longest-flight-new-york-sydney-project-sunrise-review-pictures-2019-10#-and-a-light-monitor-23>.

42   Se ocorresse hoje, haveria mais um fato a ser apresentado. Um mês após a Feic de 2018, um aventureiro chamado Colin O'Brady "caminhou" quase

Notas

1.500 km pela Antártida sem apoio, pela primeira vez na história da humanidade. SKOLNICK, Adam. "Colin O'Brady Completes Crossing of Antarctica with Final 32-Hour Push". *New York Times*, December 26, 2018, disponível em <https://www.nytimes.com/2018/12/26/sports/antarctica-race-colin-obrady.html>. Supostamente, se ele tivesse uma maneira de se certificar de que estava seguindo uma linha reta, isso poderia contar como prova para os terraplanistas? GILCHRIST, Karen. "This 33-Year-Old Just Completed an Incredible World First. Here's How He Stayed Motivated along the Way". *CNBC*, December 14, 2018, disponível em <https://www.cnbc.com/2018/12/14/how-to-stay-motivated-advice-from-colin-obrady-antarctic-crossing.html>.

[43] Olhando para trás, eu deveria ter dito: "Então é isso. Não há evidências de que possam convencê-lo de que seus pontos de vista estão errados. Então, acho que são baseados na fé, no fim das contas".

[44] Como não foram nomeados no programa distribuído no evento, não os nomearei aqui.

[45] Esse foi um imenso sinal de alerta, pois é uma tática de culto.

[46] Mas pode ser feito. Ver: WESTOVER, Cara. *Educated*. New York, Random House, 2018.

[47] COWIE, Sam. "Brazil's Flat Earthers to Get Their Day in the Sun". *Guardian*, November 6, 2019, disponível em <https://www.theguardian.com/world/2019/nov/06/brazil-flat-earth-conference-terra-plana>.

[48] Em um *e-mail* posterior, ele esclareceu que provavelmente isso também se devia ao fato de que, se você olhar para o globo, não faz muito sentido voar direto sobre a Antártida, exceto por uma possível rota que possa não ser comercialmente viável.

[49] MCINTYRE, Lee. "The Earth Is Round". *Newsweek*, June 14, 2019, disponível em <https://pocketmags.com/us/newsweek-europe-magazine/14th-june-2019/articles/590932/the-earth-is-round>.

[50] MCINTYRE, Lee. "Call All Physicists". *American Journal of Physics* 87, n. 9, September 2019, disponível em <https://aapt.scitation.org/doi/pdf/10.1119/1.5117828>.

[51] Artigo, disponível em <https://brucesherwood.net/?p=420.Model:tinyurl.com/FEmodel>.

[52] Os terraplanistas permitirão isso? Deviam. Robbie Davidson disse, em seu discurso, que adoraria se mais físicos viessem às conferências da Terra Plana. Em um artigo na *CNN*, no entanto, ele foi citado como tendo dito que não, porque eles apenas dizem: "Vocês são burros". PICHETTA, Robert. "The Flat-Earth Conspiracy Is Spreading Around the Globe. Does It Hide a Darker Core?". *CNN*, November 18, 2019, disponível em <https://www.cnn.com/2019/11/16/us/flat-earth-conference-conspiracy-theories-scli-intl/index.html>.

Como falar com um negacionista da ciência

Capítulo 2

1. No livro *Reality Check: How Science Deniers Threaten Our Future* (Bloomington, Indiana University Press, 2013), Donald Prothero dá um passo além e afirma não apenas que existem "linhas comuns" entre as táticas usadas pelos negacionistas da ciência, como foram iniciadas pelos negacionistas do Holocausto (p. xv).

2. Os irmãos Hoofnagle fizeram uma lista de cinco características comuns do negacionismo da ciência em um *post* de 2007, que foi estudado e expandido por outros pesquisadores (disponível em <https://scienceblogs.com/denialism/about>); DIETHELM, Pascal & MCKEE, Martin. "Denialism: What Is It and How Should Scientists Respond?". *European Journal of Public Health* 19, n. 1, January 2009, disponível em <https://academic.oup.com/eurpub/article/19/1/2/463780>; COOK, John. "The 5 Characteristics of Scientific Denialism". *Skeptical Science*, March 17, 2010, disponível em <https://skepticalscience.com/5-characteristics-of-scientific-denialism.html>;   [COOK, John.] "A History of FLICC: The 5 Techniques of Science Denial", *Skeptical Science*, March 31, 2020, disponível em <https://skepticalscience.com/history-FLICC-5-techniques-science-denial.html>; LEWANDOWSKY, Stephan *et al.* "Science and the Public: Debate, Denial, and Skepticism". *Journal of Social and Political Psychology* 4, n. 2, 2016, disponível em <https://jspp.psychopen.eu/index.php/jspp/article/view/4965>.

3. Citação de Diethelm & McKee, "Denialism".

4. Para saber mais sobre o complicado conceito de "garantia" no raciocínio científico, consulte as páginas 41-46 de *The Scientific Attitude*, em que cubro as razões técnicas pelas quais a ciência não pode confiar na certeza, dado o problema de indução de Hume. Também discuto a importante doutrina do falibilismo.

5. KAHNEMAN, Daniel. *Thinking Fast and Slow*. New York, Farrar, Straus & Giroux, 2011.

6. SADASIVAM, Naveena. "New Data Proves Cruz Wrong on Climate Change, Again". *Texas Observer*, January 22, 2016, disponível em <https://www.texasobserver.org/new-temperature-data-proves-ted-cruz-is-still-wrong-about-climate-change/>.

7. O relato clássico de que a ciência depende de tais esforços de falsificação é devido a Karl Popper. Discuto o trabalho de Popper e alguns dos desafios que ele enfrenta nas páginas 30-35 de *The Scientific Attitude*.

8. Com base em minha experiência, diria que ninguém nunca passaria dos primeiros itens, pois eles descartariam todas as explicações ou evidências científicas inconsistentes com suas crenças como tendenciosas, falsas ou parte de uma conspiração.

9. Há uma série de trabalhos notáveis sobre o problema com as teorias da conspiração. Um lugar ideal para começar é: CASSAM, Quassim. *Conspiracy Theories*. Cambridge, Polity Press, 2019. Para um relato curto e acessível do

Notas

trabalho de Cassam, ver: CASSAM, Quassim. "Why Conspiracy Theories Are Deeply Dangerous". *New Statesman*, October 7, 2019, disponível em <https://www.newstatesman.com/world/north-america/2019/10/why-conspiracy-theories-are-deeply-dangerous>. Entre outras fontes, estão: KEELEY, Brian. "Of Conspiracy Theories". *Journal of Philosophy* 96, n. 3, March 1999, pp. 109-126, e os seguintes livros: WEST, Mick. *Escaping the Rabbit Hole*. New York, Skyhorse, 2018; SHERMER, Michael. *The Believing Brain*. New York, Holt, 2011; PROTHERO, Donald. *Reality Check*. Bloomington, Indiana University Press, 2013; GORMAN, Sara & GORMAN, Jack. *Denying to the Grave*. New York, Oxford University Press, 2017.

[10] Para uma discussão sobre a distinção entre conspirações "reais" e teorias da conspiração, ver: West, *Escaping the Rabbit Hole*, p. xii. Ver também: LEWANDOWSKY, Stephan & COOK, John. *The Conspiracy Theory Handbook*, 2020, disponível em <https://www.climatechangecommunication.org/conspiracy-theory-handbook/>.

[11] West discute esse problema das "falsas" teorias da conspiração ao longo de seu livro.

[12] Eric Oliver e Thomas Wood propõem essa definição em uma entrevista para o *Washington Post*: SIDES, John. "Fifty Percent of Americans Believe in Some Conspiracy Theory. Here's Why". *Washington Post*, February 19, 2015, disponível em <https://www.washingtonpost.com/news/monkey-cage/wp/2015/02/19/fifty-percent-of-americans-believe-in-some-conspiracy-theory-heres-why/>.

[13] Cassam, "Why Conspiracy Theories Are Deeply Dangerous".

[14] "Mas poderiam ser verdade!", observa o teórico da conspiração. Essa não é a questão, porém. Sem evidências, como você julga a probabilidade de qualquer crença ser mais provável do que qualquer outra? Onde fica o limite entre a credulidade e a sátira? Sim, talvez seja verdade que todos os pássaros morreram há mais de 50 anos e foram substituídos por *drones* de vigilância habilmente disfarçados criados pelo governo para nos espionar, mas onde está a evidência disso? ALFONSO III, Fernando. "Are Birds Actually Government-Issued Drones? So Says a New Conspiracy Theory Making Waves (and Money)". *Audubon*, November 16, 2018, disponível em <https://www.audubon.org/news/are-birds-actually-government-issued-drones-so-says-new-conspiracy-theory-making>. Aqui vemos que os teóricos da conspiração exploram a incerteza inerente da ciência para tentar fazer com que suas próprias afirmações pareçam mais confiáveis. (Consulte a quinta característica para saber mais sobre isso.)

[15] OLIVER, J. Eric & WOOD, Thomas J. "Conspiracy Theories and the Paranoid Style(s) of Mass Opinion". *American Journal of Political Science*, March 5, 2014, disponível em <https://onlinelibrary.wiley.com/doi/abs/10.1111/ajps.12084>.

[16] Para um relato acessível das descobertas de Oliver e Wood, ver: Sides, "Fifty-Percent of Americans Believe in Some Conspiracy Theories".

[17] KOMANDO, Kim. "The Great 5G Coronavirus Conspiracy". *USA Today*, April 20, 2020, disponível em <https://www.usatoday.com/story/tech/

columnist/2020/04/20/dispelling-belief-5-g-networks-spreading-corona-virus/5148961002/>. E, se você achar que estas são péssimas, leia sobre como a família real britânica é, na verdade, reptiliana: "The Reptilian Elite", *Time*, disponível em <http://content.time.com/time/specials/packages/article/0,28804,1860871_1860876_1861029,00.html>.

[18] VAN PROOIJEN, Jan-Willem & DOUGLAS, Karen M. "Conspiracy Theories as Part of History: The Role of Societal Crisis Situations". *Memory Studies*, June 29, 2017, disponível em <https://journals.sagepub.com/doi/10.1177/1750698017701615>.

[19] SCHULMAN, Jeremy. "Every Insane Thing Donald Trump Has Said about Global Warming". *Mother Jones*, December 12, 2018, disponível em <https://www.motherjones.com/environ ment/2016/12/trump-climate-timeline/>.

[20] Isso significa que existe uma ligação causal entre as teorias da conspiração e o negacionismo da ciência? Segundo pelo menos um pesquisador, sim. Conforme relatado pela *BBC*, em 2018, Stephan Lewandowsky descobriu que, "quanto mais uma pessoa acreditar em uma conspiração, menos provável é que ela confie em fatos científicos. É mais provável que ela pense que a pessoa tentando convencê-la está envolvida na conspiração". HOOGENBOOM, Melissa. "The Enduring Appeal of Conspiracy Theories". *BBC*, January 24, 2018, disponível em <https://www.bbc.com/future/article/20180124-the-enduring-appeal-of-conspiracy-theories>.

[21] Uma importante questão relacionada é por que alguém inventaria ou venderia uma teoria da conspiração, quer acreditasse nela, quer não. Quassim Cassam argumentou que "as teorias da conspiração são, antes de mais nada, formas de propaganda política". Ver: Cassam, "Why Conspiracy Theories Are Deeply Dangerous". Para mais, ver também este seu livro fascinante: *Conspiracy Theories* (Cambridge, Polity, 2019).

[22] CICHOCKA, Aleksandra; MARCHLEWSKA, Marta & ZAVALA, Golec de. "Does Self-Love or Self-Hate Predict Conspiracy Beliefs? Narcissism, Self-Esteem, and the Endorsement of Conspiracy Theories". *Social Psychological and Personality Science*, November 13, 2015, disponível em <https://journals.sagepub.com/doi/abs/10.1177/1948550615616170>; VITRIOL, Joseph & MARSH, Jessecae K. "The Illusion of Explanatory Depth and Endorsement of Conspiracy Beliefs". *European Journal of Social Psychology*, May 12, 2018, disponível em <https://onlinelibrary.wiley.com/doi/abs/10.1002/ejsp.2504>; FEDERICO, Christopher M.; WILLIAMS, Allison L. & VITRIOL, Joseph A. "The Role of System Identity Threat in Conspiracy Theory Endorsement". *European Journal of Social Psychology*, April 18, 2018, disponível em <https://onlinelibrary.wiley.com/doi/abs/10.1002/ejsp.2495>.

[23] Uma fonte excelente e útil para entender o que causa as teorias da conspiração e como lidar com elas é o *The Conspiracy Theory Handbook*, de Lewandowsky e Cook.

[24] LANTIAN, Anthony *et al.* "'I Know Things They Don't Know': The Role of Need for Uniqueness in Belief in Conspiracy Theories". *Social Psychology*, July 10, 2017, disponível em <https://econtent.hogrefe.com/doi/10.1027/1864-9335/a000306>.

Notas

25 IMHOFF, Roland & LAMBERTY, Pia Karoline. "Too Special to Be Duped: Need for Uniqueness Motivates Conspiracy Beliefs". *European Journal of Social Psychology*, May 23, 2017, disponível em <https://onlinelibrary.wiley.com/doi/abs/10.1002/ejsp.2265>; IMHOFF, Roland. "How to Think Like a Conspiracy Theorist". *Aeon*, May 5, 2018, disponível em <https://theweek.com/articles/769349/how-think-like-conspiracy-theorist>; STOCK, Jon. "Why We Can Believe in Almost Anything in This Age of Paranoia". *Telegraph*, June 4, 2018, disponível em <https://www.telegraph.co.uk/property/smart-living/age-of-paranoia/>.

26 Ver: Oreskes & Conway, *Merchants of Doubt*.

27 NICHOLS, Tom. *The Death of Expertise: The Campaign against Established Knowledge and Why It Matters*. Oxford, Oxford University Press, 2017.

28 É por isso, aliás, que o negacionismo da ciência é seletivo. Quando uma questão empírica não pisa em território ideológico, quem se importa com ela? Terraplanistas voam em aviões e usam telefones celulares, porque essas tecnologias não entram em conflito com suas crenças. Mas, quando há conflito, de repente os cientistas tornam-se maus.

29 PIEPGRASS, D. "Climate Science Denial Explained: Tactics of Denial". *Skeptical Science*, April 17, 2018, disponível em <https://skepticalscience.com/agw-denial-explained-2.html>; <https://skepticalscience.com/graphics.php?g=227>.

30 COOK, John. "The 5 Characteristics of Scientific Denialism". *Skeptical Science*, March 17, 2010, disponível em <https://skepticalscience.com/5-characteristics-of-scientific-denialism.html>.

31 Para uma excelente discussão sobre as falácias da lógica informal, ver: WALTON, Douglas. *Informal Logic*. Cambridge, Cambridge University Press, 1989.

32 Para uma excelente fonte sobre o negacionismo da crise climática, ver: Piepgrass, "Climate Science Denial Explained", disponível em <https://skepticalscience.com/agw-denial-explained.html>.

33 Para um relato rigoroso, mas acessível, dessas ideias, ver a excelente palestra de Hugh Mellor: "The Warrant of Induction", disponível em <https://www.repository.cam.ac.uk/bitstream/handle/1810/3475/InauguralText.html?sequence=5&isAllowed=y>.

34 A propósito, por que eles confiam nos aviões em que voam, se acreditam que seus pilotos fazem parte de uma conspiração mundial liderada pelo Diabo?

35 DOBZHANSKY, Theodosius. "Nothing in Biology Makes Sense Except in Light of Evolution". *American Biology Teacher*, March 1973, disponível em <https://www.pbs.org/wgbh/evolution/library/10/2/text_pop/l_102_01.html>.

36 Sim, mas ele os convenceu com evidências. Ver: McIntyre, *The Scientific Attitude*, p. 65.

37 DOYLE, Alister. "Evidence for Man-Made Global Warming Hits 'Gold Standard': Scientists". *Reuters*, February 25, 2019, disponível em <https://www.reuters.com/article/us-climatechange-temperatures/evidence-for-man-made-global-warming-hits-gold-standard-scientists-idUSKCN1QE1ZU>.

Como falar com um negacionista da ciência

[38] Observe aqui novamente o padrão duplo. Para uma crença desfavorável, o teórico da conspiração dirá: "Você não pode provar que é verdade"; mas, para uma crença favorecida, ele dirá: "Você não pode provar que não é verdade".

[39] Ver: LEWANDOWSKY, Stephan & OBERAUER, Klaus. "Motivated Rejection of Science". *Current Directions in Psychological Science* 25, n. 4, 2016, pp. 217--222; NYHAN, Brendan & REIFLER, Jason. "When Corrections Fail: The Persistence of Political Misperceptions". *Political Behavior* 32, 2010, pp. 303-330.

[40] Alguém pode se perguntar, porém, se isso significa que "todo" negacionismo da ciência é fabricado de forma maliciosa. Em caso afirmativo, qual é o grupo que está se beneficiando da Terra Plana?

[41] Uma história detalhada pode ser encontrada em: Oreskes & Conway, *Merchants of Doubt*. Ver também: STOBBE, Mike. "Historic Smoking Report Marks 50th Anniversary". *USA Today*, January 5, 2014, disponível em <https://www.usatoday.com/story/money/business/2014/01/05/historic-smoking-report-marks-50th-anniversary/4318233/>.

[42] Oreskes & Conway, *Merchants of Doubt*.

[43] READFEARN, Graham. "Doubt over Climate Science Is a Product with an Industry Behind It". *Guardian*, March 5, 2015, disponível em <https://www.theguardian.com/environment/planet-oz/2015/mar/05/doubt-over-climate-science-is-a-product-with-an-industry-behind-it>.

[44] Oreskes & Conway, *Merchants of Doubt*, pp. 34-35.

[45] Descobriu-se mais tarde, durante um litígio na década de 1990, que a indústria do tabaco sabia exatamente quanto seus produtos eram prejudiciais. Incrivelmente, a mesma coisa aconteceu com as grandes petrolíferas 40 anos depois, quando elas usaram a mesma estratégia – e em alguns casos até os mesmos pesquisadores – para criar dúvidas sobre a mudança climática. HULAC, Benjamin. "Tobacco and Oil Industries Used Same Researchers to Sway Public". *Scientific American*, July 20, 2016, disponível em <https://www.scientificamerican.com/article/tobacco-and-oil-industries-used-same-researchers-to-sway-public1/>.

[46] HALL, Shannon. "Exxon Knew about Climate Change Almost 40 Years Ago". *Scientific American*, October 26, 2015, disponível em <https://www.scientificamerican.com/article/exxon-knew-about-climate-change-almost-40-years-ago/>.

[47] Lembre-se de que um mentiroso pode acabar acreditando na própria mentira. Em *The Folly of Fools* (New York, Basic Books, 2011), Robert Trivers entra em alguns detalhes sobre os processos cognitivos e psicológicos que podem levar alguém à ilusão. A repetição de uma mentira é um meio. Todos nós conhecemos a pessoa que mente tanto, que começa a acreditar. E, de fato, isso pode levar a um terreno escorregadio em que mesmo alguém que comece na ignorância (ou mentindo) pode se tornar voluntariamente ignorante e acabar em total negação. Compare com a minha discussão sobre esse fenômeno em: *Respecting Truth*, pp. 79-80.

[48] NISBETT, Richard & WILSON, Timothy. "Telling More Than We Can Know". *Psychological Review* 84, n. 3, 1977, disponível em <http://people.virginia.edu/~tdw/nisbett&wilson.pdf>.

Notas

49 Ver: Trivers, *The Folly of Fools*. Ver também: KAHN-HARRIS, Keith. *Denial: The Unspeakable Truth*. London, Notting Hill Editions, 2018.

50 SCHREIBER, Darren *et al.* "Red Brain, Blue Brain: Evaluative Processes Differ in Democrats and Republicans". *PLoS One*, February 13, 2013, disponível em <https://www.ncbi.nlm.nih.gov/pmc/articles/PMC3572122/>. Ver também o trabalho de Jonas Kaplan, que conectou militantes a uma máquina de fMRI e fez com que lessem opiniões que desafiavam suas crenças; ele mediu maior fluxo sanguíneo para a parte do cérebro associada a crenças e identidade pessoal. "The Partisan Brain", *Economist*, December 8, 2018, disponível em <https://www.economist.com/united-states/2018/12/08/what-psychology-experiments-tell-you-about-why-people-deny-facts>; KAPLAN, Jonas T.; GIMBEL, Sarah I. & HARRIS, Sam. "Neural Correlates of Maintaining One's Political Beliefs in the Face of Counterevidence". *Scientific Reports*, December 23, 2016, disponível em <https://www.ncbi.nlm.nih.gov/pmc/articles/PMC5180221/>.

51 RIDGWAY, John. "The Neurobiology of Climate Denial". *The Global Warming Policy Forum*, August 6, 2018, disponível em <https://www.thegwpf.com/the-neurobiology-of-climate-change-denial/>.

52 MERLAN, Anna. "Everything I Learned While Getting Kicked Out of America's Biggest Anti-Vaccine Conference". *Jezebel*, June 20, 2019, disponível em <https://jezebel.com/everything-i-learned-while-getting-kicked-out-of-americ-1834992879>.

53 Por esse motivo, alguns recomendam não usar o termo "negacionista da ciência". Ou, em vez disso, chamar os opositores à vacinação de "hesitantes quanto à vacinação". Defendo meu uso de termos mais fortes ao discutir o problema com colegas pesquisadores, mas talvez não quando estiver cara a cara com um negacionista da ciência.

54 Uma análise psicológica muito interessante do processo de conversão ao terraplanismo – com algumas observações sobre a questão da identidade – está em: OLSHANSKY, Alex; PEASLEE, Robert M. & LANDRUM, Asheley R. "Flat-Smacked! Converting to Flat Eartherism". *Journal of Media and Religion* 19, n. 2 (pré-impressão), 2020, pp. 46-59, doi:10.1080/15348423.2020. 1774257.

55 Ver: McIntyre, *Post-Truth*, cap. 2.

56 Em uma pesquisa do Pew de 2019, 96% dos democratas liberais disseram que a atividade humana tinha pelo menos algum efeito sobre a mudança climática, em oposição a apenas 53% dos republicanos conservadores. FUNK, Cary & HEFFERSON, Meg. "U.S. Public Views on Climate and Energy". Pew Research Center, November 25, 2019, disponível em <https://www.pewresearch.org/science/2019/11/25/u-s-public-views-on-climate-and-energy/>.

57 Lewandowsky & Oberauer, "Motivated Rejection of Science".

58 Ver: Kahneman, *Thinking Fast and Slow*.

59 LYNCH, Michael. *Know-It-All Society: Truth and Arrogance in Political Culture*. New York, Liveright, 2019, p. 6.

60 KAHAN, Dan *et al.* "Motivated Numeracy and Enlightened Self-Government". *Behavioural Public Policy* (pré-impressão), 2013, disponível em <https://

pdfs.semanticscholar.org/2125/a9ade77f4d1143c4f5b15a534386e72e3aea. pdf>.

[61] "The Case for a 'Deficit Model' of Science Communication", *Sci Dev Net*, June 27, 2005, disponível em <https://bit.ly/2AQ7mT1>.

[62] Kahan *et al.*, "Motivated Numeracy and Enlightened Self-Government".

[63] KLEIN, Ezra. "How Politics Makes Us Stupid". *Vox*, April 6, 2014, disponível em <https://www.vox.com/2014/4/6/5556462/brain-dead-how-politics-makes-us-stupid>.

[64] Kahan *et al.*, "Motivated Numeracy".

[65] Klein, "How Politics Makes Us Stupid".

[66] MASON, Lilliana. "Ideologues without Issues: The Polarizing Consequences of Ideological Identities". *Public Opinion Quarterly*, March 21, 2018, disponível em <https://academic.oup.com/poq/article/82/S1/866/4951269>.

[67] Quando perguntados "Como você se sentiria morando ao lado de um liberal?", a reação foi muito pior para os conservadores do que quando perguntados: "Como você se sentiria morando ao lado de alguém que apoia o direito ao aborto para as mulheres?". O mesmo deu-se em como os liberais sentiam-se em relação aos conservadores.

[68] JACOBS, Tom. "Ideology Isn't Really about Issues". *Pacific Standard*, April 30, 2018, disponível em <https://psmag.com/news/turns-out-its-all-identity-politics>; JILANI, Zaid. "A New Study Shows How American Polarization Is Driven by Team Sports Mentality, Not by Disagreement on Issues". *Intercept*, April 3, 2018, disponível em <https://theintercept.com/2018/04/03/politics-liberal-democrat-conservative-republican/>; BRICK, Cameron & VAN DER LINDEN, Sander. "How Identity, Not Issues, Explains the Partisan Divide". *Scientific American*, June 19, 2018, disponível em <https://www.scientificamerican.com/article/how-identity-not-issues-explains-the-partisan-divide/>.

[69] APPIAH, Kwame Anthony. "People Don't Vote for What They Want. They Vote for Who They Are". *Washington Post*, August 30, 2018, disponível em <https://www.washingtonpost.com/outlook/people-dont-vote-for-want-they-want-they-vote-for-who-they-are/2018/08/30/fb5b7e44-abd7-11e8--8a0c-70b618c98d3c_story.html>.

[70] E quão difícil é fazê-los mudar – meramente com base em evidências científicas – sem considerar o efeito que isso pode ter em sua identidade?

[71] ASCH, Solomon. "Opinions and Social Pressure". *Scientific American*, November 1955, disponível em <https://www.lucs.lu.se/wp-content/uploads/2015/02/Asch-1955-Opinions-and-Social-Pressure.pdf>.

[72] BOGHOSSIAN, Peter & LINDSAY, James. *How to Have Impossible Conversations*. New York, Lifelong Books, 2019, pp. 99-100.

[73] *Idem*, p. 103.

[74] Ver: POPPER, Karl. *Conjectures and Refutations*. New York, Harper Torchbooks, 1965, cap. 1.

[75] Como diz Lynch, "ataques às nossas convicções parecem ataques à nossa identidade – porque são" (*Know-It-All Society*, p. 6).

Notas

76 KAHAN, Dan. "What People 'Believe' About Global Warming Doesn't Reflect What They Know; It Expresses Who They Are". *The Cultural Cognition Project at Yale Law School*, April 23, 2014, disponível em <http://www.culturalcognition.net/blog/2014/4/23/what-you-believe-about-climate-change-doesnt-reflect-what-yo.html>.

77 É por isso que o negacionismo da ciência é mais do que apenas a rejeição de determinados fatos ou consensos científicos. Fundamentalmente, é mais uma rejeição da atitude científica: questões empíricas devem ser decididas com base em evidências. A ideologia, ou o desejo pessoal de que uma teoria seja verdadeira, não deveria ter nada a ver com isso, porque o consenso científico é construído não sobre o que os cientistas querem acreditar, mas sobre o que eles são compelidos a acreditar pelo processo de testes e análises rigorosos que os leva à mesma conclusão. Ver: McIntyre, *The Scientific Attitude*, pp. 47-52.

Capítulo 3

1 KUKLINSKI, James H. *et al.* "Misinformation and the Currency of Democratic Citizenship". *Journal of Politics* 62, n. 3, August 2000, disponível em <https://www.uvm.edu/~dguber/POLS234/articles/kuklinski.pdf>.

2 É o chamado efeito Dunning-Kruger. Eu o discuto em: *Post-Truth*, pp. 51-58.

3 Uma pesquisa por telefone certamente não é tão pessoal quanto um encontro cara a cara, mas é mais pessoal do que interagir com pessoas apenas *online*. O trabalho de Kuklinski envolveu uma conversa telefônica de meia hora com cada um de seus participantes. É muito tempo para falar ao telefone com alguém.

4 Embora não abordasse explicitamente a questão da identidade partidária, observe o cuidado com que o estudo de Kuklinski lidou com o problema potencial da dissonância e polarização cognitiva. Foi tomado o cuidado para "não" mexer com o ego dos participantes, evitando jogar na cara deles que haviam acabado de mudar de ideia. Em vez de dizer "bem, apenas um minuto atrás, eu teria pensado que você era totalmente contra o assistencialismo", os pesquisadores reformularam a pergunta, questionando qual era o nível de assistencialismo que eles julgariam ideal.

5 Kuklinski *et al.*, "Misinformation and the Currency of Democratic Citizenship".

6 REDLAWSK, David *et al.* "The Affective Tipping Point: Do Motivated Reasoners Ever 'Get It'?". *Political Psychology*, July 12, 2010, disponível em <https://onlinelibrary.wiley.com/doi/10.1111/j.1467-9221.2010.00772.x>.

7 De fato, os pesquisadores observaram que os sujeitos reagem inicialmente à forma como a informação os faz sentir, e só em segundo lugar ao seu conteúdo. Claro, também reagimos emocionalmente quando uma crença está a nosso favor. Basta pensar no conhecido problema do "viés de confirmação".

[8] Ver: LYNCH, Michael. *Know-It-All Society*. New York, Liveright, 2019.

[9] Redlawsk *et al.*, "The Affective Tipping Point", p. 589. Pode-se considerar que há um fator social aqui também, quando se trata de os participantes ficarem constrangidos em manter sua escolha original. Se fatores sociais como pressão dos colegas ou identidade podem influenciar a formação de crenças, certamente eles também podem influenciar a mudança de crenças.

[10] *Idem*, p. 590.

[11] NYHAN, Brendan & REIFLER, Jason. "When Corrections Fail: The Persistence of Political Misperceptions". *Political Behavior* 32, 2010, pp. 303-330.

[12] BECK, Julie. "This Article Won't Change Your Mind". *Atlantic*, March 13, 2017, disponível em <https://www.theatlantic.com/science/archive/2017/03/this-article-wont-change-your-mind/519093/>; KOLBERT, Elizabeth. "Why Facts Don't Change Our Minds". *New Yorker*, February 27, 2017, disponível em <https://www.newyorker.com/magazine/2017/02/27/why-facts-dont-change-our-mentes>.

[13] WOOD, Thomas & PORTER, Ethan. "The Elusive Backfire Effect: Mass Attitudes' Steadfast Factual Adherence". *Political Behavior*, January 6, 2018, disponível em <http://dx.doi.org/10.2139/ssrn.2819073>.

[14] DOMBROWSKI, Eileen. "Facts Matter After All: Rejecting the Backfire Effect". *Oxford Education Blog*, March 12, 2018, disponível em <https://educationblog.oup.com/theory-of-knowledge/facts-matter-after-all-rejecting-the-backfire-effect>.

[15] PORTER, Ethan & WOOD, Thomas. "No, We're Not Living in a Post-Fact World". *Politico*, January 4, 2020, disponível em <https://www.politico.com/news/magazine/2020/01/04/some-good-news-for-2020-facts-still-matter-092771>; MANTZARLIS, Alexios. "Fact Checking Doesn't 'Backfire'". *Poynter*, November 2, 2016, disponível em <https://www.poynter.org/fact-checking/2016/fact-checking-doesnt-backfire-new-study-suggests/>.

[16] NYHAN, Brendan & REIFLER, Jason. "The Roles of Information Deficits and Identity Threat in the Prevalence of Misperceptions". *Journal of Elections, Public Opinions and Parties*, May 6, 2018, disponível em <https://www.dartmouth.edu/~nyhan/opening-political-mind.pdf>.

[17] Citação do resumo de Nyhan e Reifler em "The Roles of Information Deficits and Identity Threat".

[18] Ver: Lynch, *Know-It-All Society*.

[19] SHERMER, Michael. "How to Convince Someone When Facts Fail". *Scientific American*, January 1, 2017, disponível em <https://www.scientificamerican.com/article/how-to-convince-someone-when-facts-fail/>.

[20] Lembre-se da obra clássica de Leon Festinger, *When Prophecy Fails* (Harper Torchbooks) – já abordada na nota 34 do capítulo 1 –, na qual o autor conta a história de um culto apocalíptico chamado The Seekers, em que os integrantes doaram todas as suas posses mundanas e sentaram-se em uma montanha esperando para serem resgatados por uma nave alienígena antes do apocalipse iminente. Quando nada aconteceu, os integrantes não mudaram sua crença, apenas abraçaram a nova ideia de que sua fé salvara o mundo.

Notas

[21] Ver a citação que acompanha a nota 14 da Introdução. Shermer, "How to Convince Someone When Facts Fail".

[22] SCHMID, Philipp & BETSCH, Cornelia. "Effective Strategies for Rebutting Science Denialism in Public Discussions". *Nature Human Behaviour*, June 24, 2019, disponível em <https://www.nature.com/articles/s41562-019-0632-4>.

[23] O'GRADY, Cathleen. "Two Tactics Effectively Limit the Spread of Science Denialism". *Ars Technica*, June 27, 2019, disponível em <https://arstechnica.com/science/2019/06/debunking-science-denialism-does-work-but-not-perfectly/>.

[24] *Idem.*

[25] KWON, Diana. "How to Debate a Science Denier". *Scientific American*, June 25, 2019, disponível em <https://www.scientificamerican.com/article/how-to-debate-a-science-denier/>.

[26] Schmid & Betsch, "Effective Strategies".

[27] O viés de confirmação parece ser de fato uma força poderosa não apenas para os negacionistas da ciência, mas também para aqueles que os estudam.

[28] Um dos problemas é que muitos cientistas não foram educados sobre como compartilhar suas pesquisas com um público leigo. O Centro Alan Alda em Stonybrook está tentando ajudar cientistas e outros a aprender mais sobre a comunicação pública da ciência (disponível em <https://www.aldacenter.org>). Claro, os cientistas às vezes protestam e fazem outros eventos públicos em que defendem a ciência, como a Marcha pela Ciência de 2017. Mas alguns argumentaram que esta é uma má ideia, porque pode ser polarizadora e fazer com que os cientistas pareçam apenas mais um grupo de interesses. Um comentarista disse: "Em vez de marchar em Washington e em outros locais do país, sugiro que meus colegas cientistas marchem em grupos cívicos locais, igrejas, escolas, feiras municipais e, sem alarde, nos gabinetes de políticos eleitos, fazendo contato com aquela parte dos Estados Unidos que não conhece nenhum cientista. Coloque um rosto no debate. Ajude-os a entender o que fazemos e como fazemos. Dê a eles seu *e-mail* ou, melhor ainda, seu número de telefone". YOUNG, Robert S. "A Scientists' March on Washington Is a Bad Idea". *New York Times*, January 31, 2017, disponível em <https://www.nytimes.com/2017/01/31/opinion/a-scientists-march-on-washington-is-a-bad-idea.html>.

[29] *Idem.*

[30] Schmid e Betsch não comparam a eficácia da "refutação técnica" (após o fato) com a "inoculação" (antes do fato) por meio da exposição de recursos retóricos falhos por parte de negacionistas da ciência. Em um trabalho anterior, Sander van der Linden discutiu evidências adicionais para a eficácia da teoria da inoculação. VAN DER LINDEN, Sander. "Inoculating against Misinformation". *Science*, December 1, 2017, disponível em <https://science.sciencemag.org/content/358/6367/1141.2>. Em um trabalho ainda mais recente, ele inventou um "jogo de *fake news*" *online* que obteve algum sucesso no desbanque de desinformação científica. VAN DER LINDEN, Sander. "Fake News 'Vaccine' Works: 'Pre-Bunking' Game Reduces Susceptibility to Disinformation".

Science Daily, June 24, 2019, disponível em <https://www.sciencedaily.com/releases/2019/06/190624204800.htm>.

[31] Isso levanta uma crítica potencialmente importante ao estudo de Schmid e Betsch – que foi explorada por Sander van der Linden em uma discussão de seu estudo na mesma edição da *Nature Human Behaviour* –, que é que sua abordagem é totalmente reativa. Van der Linden explora uma abordagem chamada "pré-desbanque", em que tenta "inocular" o participante contra a desinformação científica antes mesmo de ouvi-la. Isso é mais eficaz do que o tipo de desmascaramento sugerido por Schmid e Betsch? Ninguém sabe. O trabalho de Van der Linden é excelente. VAN DER LINDEN, Sander. "Countering Science Denial". *Nature Human Behaviour* 3, 2019, pp. 889-890, disponível em <https://www.nature.com/articles/s41562-019-0631-5>. Seu jogo de "Más Notícias" ajuda os participantes a verem seus equívocos no roteiro de cinco erros antes mesmo de serem expostos a eles. VAN DER LINDEN, Sander. "Bad News: A Psychological 'Vaccine' against Fake News". *Inforrm*, September 7, 2019, disponível em <https://inforrm.org/2019/09/07/bad-news-a-psychological-vaccine-against-fake-news-sander-van-der-linden-and-jon-rozenbeek/>. Outro trabalho excelente sobre a ideia de inoculação contra a desinformação científica pode ser encontrado em: COOK, John; LEWANDOWSKY, Stephan & ECKER, Ulrich. "Neutralizing Misinformation through Inoculation". *PLoS One*, May 5, 2017, disponível em <https://journals.plos.org/plosone/article?id=10.1371/journal.pone.0175799>.

[32] Observe que, mesmo que fosse, ainda assim valeria a pena pesar. Toda mentira tem um público e, se não confrontarmos os negacionistas da ciência enquanto eles recrutam novos membros, sua desinformação se espalhará.

[33] Em *The Scientific Attitude*, eu desenvolvo uma teoria sobre valores serem o principal traço diferenciador da ciência. Ensinar esses valores pode ajudar a converter negacionistas da ciência?

[34] Citação de BARDON, Adrian. *The Truth about Denial*. Oxford, Oxford University Press, 2020, p. 86.

[35] Em *The Truth about Denial* [A verdade sobre a negação], Adrian Bardon discute a ideia de Heather Douglas de que precisamos educar o público não apenas no que diz respeito a fatos científicos, mas a como a ciência de fato funciona. Trata-se de um processo rigoroso, com uma cultura diferenciada e baseada em um conjunto de valores. Se os compartilhássemos, faríamos pessoas se identificarem mais com cientistas? (ver: Bardon, *The Truth about Denial*, p. 300) Sara Gorman e Jack Gorman, em *Denying to the Grave* [Negando até a morte] (Oxford, Oxford University Press, 2017, p. 22), oferecem um argumento bastante semelhante sobre a educação de crianças.

[36] WEST, Mick. *Escaping the Rabbit Hole: How to Debunk Conspiracy Theories Using Facts, Logic, and Respect*. New York, Skyhorse, 2018, p. 60.

[37] BOGHOSSIAN, Peter & LINDSAY, James. *How to Have Impossible Conversations*. New York, Lifelong Books, 2019, pp. 50-51.

[38] *Idem*, p. 12.

Notas

39   O mais próximo que encontrei foi o trabalho de John Cook e Stephan Lewandowsky, que aconselham a como lidar com teóricos da conspiração em: *The Conspiracy Theory Handbook*, disponível em <https://www.climatechange-communication.org/conspiracy-theory-handbook/>. Lembre-se do conselho geral de Michael Shermer de seu artigo já citado da *Scientific American*, "How to Convince Someone When Facts Fail", disponível em <https://www.scientificamerican.com/article/how-to-convince-someone-when-facts-fail/>.

40   Por que não? Parece um terreno fértil para futuras pesquisas.

41   BERMAN, Jonathan. *Anti-Vaxxers*. Cambridge (MA), MIT Press, 2020. Ver também: MNOOKIN, Seth. *The Panic Virus*. New York, Simon and Schuster, 2011.

42   *The Scientific Attitude*, pp. 143-147; *Respecting Truth*, pp. 46-47; "Could a Booster Shot of Truth Help Scientists Fight the Anti-Vaccine Crisis?", *The Conversation*, March 8, 2019, disponível em <https://theconversation.com/could-a-booster-shot-of-truth-help-scientists-fight-the-anti-vaccine-crisis-111154>; "Public Belief Formation and the Politicization of Vaccine Science", *The Critique*, September 10, 2015, disponível em <http://www.thecritique.com/articles/public-belief-formation-the-politicization-of-vaccine-science-a-case-study-in-respecting-truth/>.

43   Ver: *The Scientific Attitude*, pp. 143-147. É importante perceber que o fenômeno antivacina remonta à primeira vacina, mas, depois do trabalho de Wakefield, tornou-se muito mais difundido. Ver a história completa em: Berman, *Anti-Vaxxers*.

44   Associated Press, "Clark County Keeps 800 Students Out of School Due to Measles Outbreak", *NBC News*, March 7, 2019, disponível em <https://www.nbcnews.com/storyline/measles-outbreak/clark-county-keeps-800-students-out-school-due-measlesoutbreak-n980491>.

45   SUN, Lena & O'HAGEN, Maureen. "'It Will Take Off Like Wildfire': The Unique Dangers of the Washington State Measles Outbreak". *Washington Post*, February 6, 2019, disponível em <https://www.washingtonpost.com/national/health-science/it-will-take-off-like-a-wildfire-the-unique-dangers-of-the--washington-state-measles-outbreak/2019/02/06/cfd5088a-28fa-11e9-b011-d8500644dc98_story.html?utm_term=.5b65964ef193>.

46   BRANIGIN, Rose. "I Used to Be Opposed to Vaccines". *Washington Post*, February 11, 2019, disponível em <https://www.washingtonpost.com/opinions/i-used-to-be-opposed-to-vaccines-this-is-how-i-changed-my-mind/2019/02/11/20fca654-2e24-11e9-86ab-5d02109aeb01_story.html?utm_term=.089a62aac347>.

47   MILNE, Vanessa *et al.* "Seven Ways to Talk to Anti-Vaxxers (That Actually Might Change Their Minds)". *Healthy Debate*, August 31, 2017, disponível em <https://healthydebate.ca/2017/08/topic/vaccine-safety-hesitancy>. Em *Anti-Vaxxers*, Jonathan Berman conta a história de sete ou oito opositores à vacinação que mudaram de ideia sob circunstâncias similares (pp. 205-209).

48   KOREN, Marina. "Trump's Nasa Chief: 'I Fully Believe and Know the Climate Is Changing'". *Atlantic*, May 17, 2018, disponível em <https://www.theat-

Como falar com um negacionista da ciência

lantic.com/science/archive/2018/05/trump-nasa-climate-change-bridenstine/560642/>.

[49] GROSS, Terry. "How a Rising Star of White Nationalism Broke Free from the Movement". *NPR*, September 24, 2018, disponível em <https://www.npr.org/2018/09/24/651052970/how-a-rising-star-of-white-nationalism-broke-free-from-the-movement>.

[50] Outras conversões nesse sentido também foram relatadas. É fascinante ouvir a história de Daryl Davis, um músico de *blues* afro-estadunidense, que converteu pessoalmente mais de 300 ex-membros da Ku Klux Klan, simplesmente fazendo amizade e conversando com eles. SEGRAVES, Mark. "'How Can You Hate Me?' Maryland Musician Converts White Supremacists". *NBC Washington*, February 14, 2020, disponível em <https://www.nbcwashington.com/news/local/musician-fights-racism-by-speaking-to-white-supremacists/2216483/>. Para uma entrevista em vídeo com Davis, ver: <http://www.pbs.org/wnet/amanpour-and-company/video/daryl-davis-on-befriending--members-of-the-kkk/>.

[51] SASLOW, Eli. *Rising Out of Hatred: The Awakening of a Former White Nationalist*. New York, Anchor, 2018, p. 225.

[52] MONROE-KANE, Charles. "Can You Change the Mind of a White Supremacist?". *To the Best of Our Knowledge*, March 12, 2019, disponível em <https://www.ttbook.org/interview/can-you-change-mind-white-supremacist>.

[53] WEISSMAN, David. "I Used to Be a Trump Troll – Until Sarah Silverman Engaged with Me". *Forward*, June 5, 2018, disponível em <https://forward.com/scribe/402478/i-was-a-trump-troll/>; "Former Twitter Troll Credits Sarah Silverman with Helping Him to See 'How Important Talking Is'", *CBC Radio*, April 12, 2019, disponível em <https://www.cbc.ca/radio/outintheopen/switching-sides-1.5084481/former-twitter-troll-credits-sarah--silverman-with-helping-him-see-how-important-talking-is-1.5094232>; KWONG, Jessica. "Former Trump Supporter Says MAGA 'Insults' Snapped Him Out of 'Trance' of Supporting President". *Newsweek*, October 3, 2019, disponível em <https://www.newsweek.com/former-trump-supporter-snapped--out-maga-1463021>.

[54] KELLEY, Michael B. "STUDY: Watching Only *Fox News* Makes You Less Informed Than Watching No News At All". *Business Insider*, May 22, 2012, disponível em <https://www.businessinsider.com/study-watching-fox-news--makes-you-less-informed-than-watching-no-news-at-all-2012-5>.

[55] MILNE, Vanessa. "Seven Ways to Talk to Anti-Vaxxers (That Might Actually Change Their Minds)". *Healthy Debate*, August 31, 2017, disponível em <https://healthydebate.ca/2017/08/topic/vaccine-safety-hesitancy>.

[56] KIRK, Karin. "How to Identity People Open to Evidence about Climate Change". *Yale Climate Connection*, November 9, 2018, disponível em <https://www.yaleclimateconnections.org/2018/11/focus-on-those-with-an-open-mind/>.

[57] GLIONNA, John M. "The Real-Life Conversion of a Former Anti-Vaxxer". *California Healthline*, August 2, 2019, disponível em <https://californiahealthline.org/news/the-real-life-conversion-of-a-former-anti-vaxxer/>.

Notas

58 Lewandowsky & Cook, *The Conspiracy Theory Handbook*.

59 CHUN, Rene. "Scientists Are Trying to Figure Out Why People Are OK with Trump's Endless Supply of Lies". *Los Angeles Magazine*, November 14, 2019, disponível em <https://www.lamag.com/citythinkblog/trump-lies-research/>.

60 JOYCE, Christopher. "Rising Seas Made This Republican Mayor a Climate Change Believer". *NPR*, May 17, 2016, disponível em <https://www.npr.org/2016/05/17/477014145/rising-seas-made-this-republican-mayor-a-climate-change-believer>.

61 GRIMM, Fred. "Florida's Mayors Face Reality of Rising Seas and Climate Change". *Miami Herald*, March 14, 2016, disponível em <https://www.miamiherald.com/news/local/news-columns-blogs/fred-grimm/article68092452.html>.

62 WHEELER, Sarah Ann & NAUGES, Celine. "Farmers' Climate Denial Begins to Wane as Reality Bites". *The Conversation*, October 11, 2018, disponível em <https://theconversation.com/farmers-climate-denial-begins-to-wane-as-reality-bites-103906>; EVICH, Helena Bottemiller. "'I'm Standing Right Here in the Middle of Climate Change': How USDA Is Failing Farmers". *Politico*, October 15, 2019, disponível em <https://www.politico.com/news/2019/10/15/im-standing-here-in-the-middle-of-climate-change-how-usda-fails-farmers-043615>; "Stories from the Sea: Fishermen Confront Climate Change", *Washington Nature*, disponível em <https://www.washingtonnature.org/fishermen-climate-change>.

63 REYNOLDS, Emma. "Some Anti-Vaxxers Are Changing Their Minds Because of the Coronavirus Pandemic". *CNN*, April 20, 2020, disponível em <https://www.cnn.com/2020/04/20/health/anti-vaxxers-coronavirus-intl/index.html>; HENLEY, Jon. "Coronavirus Causing Some Anti-Vaxxers to Waver, Experts Say". *Guardian*, April 21, 2020, disponível em <https://www.theguardian.com/world/2020/apr/21/anti-vaccination-community-divided-how-respond-to-coronavirus-pandemic>; WALDERSEE, Victoria. "Could the New Coronavirus Weaken 'Anti-Vaxxers'?". *Reuters*, April 11, 2020, disponível em <https://www.reuters.com/article/us-health-coronavirus-antivax/could-the-new-coronavirus-weaken-anti-vaxxers-idUSKCN21T089>.

Capítulo 4

1 MOONEY, Chris & DENNIS, Brady. "The World Has Just Over a Decade to Get Climate Change under Control". *Washington Post*, October 7, 2018, disponível em <https://www.washingtonpost.com/energy-environment/2018/10/08/world-has-only-years-get-climate-change-under-control-un-scientists-say/>; CHESTNEY, Nina. "Global Carbon Emissions Hit Record High in 2017". *Reuters*, March 22, 2018, disponível em <https://www.reuters.com/article/us-energy-carbon-iea/global-carbon-emissions-hit-record-high-in-2017-idUSKBN1GY0RB>.

Como falar com um negacionista da ciência

[2] DENNIS, Brady & MOONEY, Chris. "'We Are in Trouble': Global Carbon Emissions Reached a Record High in 2018". *Washington Post*, December 5, 2018, disponível em <https://www.washingtonpost.com/energy-environment/2018/12/05/we-are-trouble-global-carbon-emissions-reached-new-record-high/>; CARRINGTON, Damian. "'Brutal News': Global Carbon Emissions Jump to All Time High in 2018". *Guardian*, December 5, 2018, disponível em <https://www.theguardian.com/environment/2018/dec/05/brutal-news-global-carbon-emissions-jump-to-all-time-high-in-2018>; PLUMER, Brad. "U.S. Carbons Emissions Surged in 2018, Even as Coal Plants Closed". *New York Times*, January 8, 2019, disponível em <https://www.nytimes.com/2019/01/08/climate/greenhouse-gas-emissions-increase.html>.

[3] HARVEY, Chelsea & GRONEWOLD, Nathanial. "CO_2 Emissions Will Break Another Record in 2019". *Scientific American*, December 4, 2019, disponível em <https://www.scientificamerican.com/article/co2-emissions-will-break-another-record-in-2019/>. Duas boas notícias, porém: embora as emissões globais de 2019 devam ser as mais altas de todos os tempos, a taxa de crescimento parece estar diminuindo. Ver o artigo de Chelsea Harvey e Nathanial Gronewold: "Greenhouse Gas Emissions to Set New Record This Year, but Rate of Growth Shrinks", *Science*, December 4, 2019, disponível em <https://www.sciencemag.org/news/2019/12/greenhouse-gas-emissions-year-set-new-record-rate-growth-shrinks>. Nos Estados Unidos, as emissões de gases de efeito estufa caíram 2,1% em 2019, em grande parte devido à diminuição do consumo de carvão. Infelizmente, isso ainda nos afasta do ritmo para cumprir a promessa feita no Acordo de Paris. MUFSON, Steve. "U.S. Greenhouse Gas Emissions Fell Slightly in 2019". *Washington Post*, January 7, 2020, disponível em <https://www.washingtonpost.com/climate-environment/us-greenhouse-gas-emissions-fell-slightly-in-2019/2020/01/06/568f0a82-309e-11ea-a053-dc6d944ba776_story.html>.

[4] Dennis & Mooney, "We Are in Trouble".

[5] DAVENPORT, Coral. "Major Climate Report Describes a Strong Risk of Crisis as Early as 2040". *New York Times*, October 7, 2018, disponível em <https://www.nytimes.com/2018/10/07/climate/ipcc-climate-report-2040.html>; Dennis & Mooney, "We Are in Trouble"; HOLDEN, Emily. "'It'll Change Back': Trump Says Climate Change Not a Hoax, but Denies Lasting Impact". *Guardian*, October 15, 2018, disponível em <https://www.theguardian.com/us-news/2018/oct/15/itll-change-back-trump-says-climate-change-not-a-hoax-but-denies-lasting-impact>.

[6] DENNIS, Brady. "In Bleak Report, UN Says Drastic Action Is Only Way to Avoid Worst Impacts of Climate Change". *Washington Post*, November 26, 2019, disponível em <https://www.washingtonpost.com/climate-environment/2019/11/26/bleak-report-un-says-drastic-action-is-only-way-avoid-worst-impacts-climate-change/>; DOYLE, Alister. "Global Warming May Be More Severe Than Expected by 2100: Study". *Reuters*, December 6, 2017, disponível em <https://www.reuters.com/article/us-climatechange-temperatures/global-warming-may-be-more-severe-than-expected-by-2100-

Notas

study-idUSKBN1E02J6>; MOSHER, Dave & WOODWARD, Aylin. "What Earth Might Look Like in 80 Years if We're Lucky – and if We're Not". *Business Insider*, October 17, 2019, disponível em <https://www.businessinsider.com/paris-climate-change-limits-100-years-2017-6>; CHRISTENSEN, Jen & NEDELMAN, Michael. "Climate Change Will Shrink U.S. Economy and Kill Thousands, Government Report Warns". *CNN*, November 26, 2018, disponível em <https://www.cnn.com/2018/11/23/health/climate-change-report-bn/index.html>.

[7] DAVENPORT, Coral. "Major Climate Report Describes a Strong Risk of Crisis". *New York Times*, October 7, 2018, disponível em <https://www.nytimes.com/2018/10/07/climate/ipcc-climate-report-2040.html>.

[8] *Idem*; MEADOR, Ron. "New Outlook on Global Warming: Best Prepare for Social Collapse, and Soon". *Minnpost*, October 15, 2018, disponível em <https://www.minnpost.com/earth-journal/2018/10/new-outlook-on-global-warming-best-prepare-for-social-collapse-and-soon/>.

[9] BLEDSOE, Paul. "Going Nowhere Fast and Climate Change, Year After Year". *New York Times*, December 19, 2018, disponível em <https://www.nytimes.com/2018/12/29/opinion/climate-change-global-warming-history.html>; Dennis & Mooney, "We Are in Trouble".

[10] Mooney & Dennis, "The World Has Just Over a Decade to Get Climate Change under Control".

[11] Dennis & Mooney, "We Are in Trouble"; Mooney & Dennis, "The World Has Just Over a Decade to Get Climate Change under Control".

[12] MUFSON, Steven. "'A Kind of Dark Realism': Why the Climate Change Problem Is Starting to Look Too Big to Solve". *Washington Post*, December 4, 2018, disponível em <https://www.washingtonpost.com/national/health-science/a-kind-of-dark-realism-why-the-climate-change-problem-is-starting-to-look-too-big-to-solve/2018/12/03/378e49e4-e75d-11e8-a939-9469f1166f9d_story.html>.

[13] RICE, Doyle. "Coal Is the Main Offender for Global Warming, and Yet the World Is Using It More Than Ever". *USA Today*, March 26, 2019, disponível em <https://www.usatoday.com/story/news/nation/2019/03/26/climate-change-coal-still-king-global-carbon-emissions-soar/3276401002/>.

[14] Dennis & Mooney, "We Are in Trouble".

[15] CARRAUD, Simon & ROSE, Michel. "Macron Makes U-turn on Fuel Tax Increase, in Face of 'Yellow Vest' Protests". *Reuters*, December 4, 2018, disponível em <https://www.reuters.com/article/us-france-protests/macron-makes-u-turn-on-fuel-tax-increases-in-face-of-yellow-vest-protests-idUSKBN1O30MX>.

[16] Mufson, "A Kind of Dark Realism".

[17] DENNIS, Brady. "Trump Makes It Official: U.S. Will Withdraw from Paris Climate Accords". *Washington Post*, November 4, 2019, disponível em <https://www.washingtonpost.com/climate-environment/2019/11/04/trump-makes-it-official-us-will-withdraw-paris-climate-accord/>.

[18] ROBERTS, David. "The Trump Administration Just Snuck through Its Most Devious Coal Subsidy Yet". *Vox*, December 23, 2019, disponível em <https://www.vox.com/energy-and-environment/2019/12/23/21031112/trump-coal-ferc-energy-subsidy-mopr>.

[19] ROTT, Nathan & LUDDEN, Jennifer. "Trump Administration Weakens Auto Emissions Standards". *NPR*, March 31, 2020, disponível em <https://www.npr.org/2020/03/31/824431240/trump-administration-weakens-auto-emissions-rolling-back-key-climate-policy>.

[20] KINGSLEY, Patrick. "Trump Says California Can Learn from Finland on Fires. Is He Right?". *New York Times*, November 18, 2018, disponível em <https://www.nytimes.com/2018/11/18/world/europe/finland-california-wildfires-trump-raking.html>.

[21] RUBIN, Jennifer. "Trump Shows the Rank Dishonesty of Climate-Change Deniers". *Washington Post*, October 15, 2018, disponível em <https://www.washingtonpost.com/news/opinions/wp/2018/10/15/trump-shows-the-rank-dishonesty-of-climate-change-deniers/>.

[22] DAWSEY, Josh *et al.* "Trump on Climate Change: 'People Like Myself, We Have Very High Levels of Intelligence but We're Not Necessarily Such Believers'". *Washington Post*, November 27, 2018, disponível em <https://www.washingtonpost.com/politics/trump-on-climate-change-people-like-myself-we-have-very-high-levels-of-intelligence-but-were-not-necessarily-such-believers/2018/11/27/722f0184-f27e-11e8-aeea-b85fd44449f5_story.html>; VISER, Matt. "'Just a Lot of Alarmism': Trump's Skepticism of Climate Science Is Echoed across GOP". *Washington Post*, December 2, 2018, disponível em <https://www.washingtonpost.com/politics/just-a-lot-of-alarmism-trumps-skepticism-of-climate-science-is-echoed-across-gop/2018/12/02/f6ee9ca6-f4de-11e8-bc79-68604ed88993_story.html>.

[23] DENNIS, Brady & MOONEY, Chris. "Major Trump Administration Climate Report Says Damage Is 'Intensifying across the Country'". *Washington Post*, November 23, 2018, disponível em <https://www.washingtonpost.com/energy-environment/2018/11/23/major-trump-administration-climate-report-says-damages-are-intensifying-across-country/>; CHRISTENSEN, Jen & NEDELMAN, Michael. "Climate Change Will Shrink U.S. Economy and Kill Thousands". *CNN*, November 23, 2018, disponível em <https://www.cnn.com/2018/11/23/health/climate-change-report-bn/index.html>.

[24] Há alguma controvérsia sobre afirmações convictas de que o aquecimento global tornará o planeta inabitável ou levará à extinção da nossa espécie. No entanto, não há dúvida de que alteraria drasticamente a vida humana neste planeta, levando a uma miséria incalculável e milhões de mortes. Isso sem falar na questão da extinção em massa e perda da biodiversidade de outras espécies. WATSON, Robert. "Loss of Biodiversity Is Just as Catastrophic as Climate Change". *Guardian*, May 6, 2019, disponível em <https://www.theguardian.com/commentisfree/2019/may/06/biodiversity-climate-change-mass-extinctions>; SHELLENBERGER, Michael. "Why Apocalyptic Claims About Climate Change Are Wrong". *Forbes*, November 25, 2019, disponível em <https://

www.forbes.com/sites/michaelshellenberger/2019/11/25/why-everything-they-say-about-climate-change-is-wrong/#5cea81cb12d6>; MOONEY, Chris. "Scientists Challenge Magazine Story about 'Uninhabitable Earth'". *Washington Post*, July 12, 2017, disponível em <https://www.washingtonpost.com/news/energy-environment/wp/2017/07/12/scientists-challenge-magazine-story-about-uninhabitable-earth/>; CHRISTENSEN, Jen. "250,000 Deaths a Year from Climate Change Is a 'Conservative Estimate,' Research Says". *CNN*, January 16, 2019, disponível em <https://www.cnn.com/2019/01/16/health/climate-change-health-emergency-study/index.html>; "The Impact of Global Warming on Human Fatality Rates", *Scientific American*, June 7, 2009, disponível em <https://www.scientificamerican.com/article/global-warming-and-health/>.

25 "Climate Concerns Increase: Most Republicans Now Acknowledge Change", *Monmouth*, November 29, 2018, disponível em <https://www.monmouth.edu/polling-institute/reports/monmouthpoll_us_112918/>. Várias pesquisas recentes confirmam esses resultados: SCHWARTZ, John. "Global Warming Concerns Rise Among Americans in New Poll". *New York Times*, January 22, 2019, disponível em <https://www.nytimes.com/2019/01/22/climate/americans-global-warming-poll.html>; MEYER, Robinson. "Voters Really Care about Climate Change". *Atlantic*, February 21, 2020, disponível em <https://www.theatlantic.com/science/archive/2020/02/poll-us-voters-really-do-care-about-climate-change/606907/>; DENNIS, Brady *et al.* "Americans Increasingly See Climate Change as a Crisis, Poll Shows". *Washington Post*, September 13, 2019, disponível em <https://www.washingtonpost.com/climate-environment/americans-increasingly-see-climate-change-as-a-crisis-poll-shows/2019/09/12/74234db0-cd2a-11e9-87fa-8501a456c003_story.html>; "Scientific Consensus: Earth's Climate Is Warming", Nasa, disponível em <https://climate.nasa.gov/scientific-consensus/>.

26 Ver o capítulo 7 de MOONEY, Chris. *The Republican War on Science*. New York, Basic Books, 2005.

27 Entre os dois melhores, estão: HANSEN, James. *Storms of My Grandchildren*. New York, Bloomsbury, 2009; HOGGAN, James. *Climate Cover-Up: The Crusade to Deny Global Warming*. Vancouver, Greystone, 2009.

28 Mooney, *The Republican War on Science*, p. 81.

29 POWELL, James Lawrence. "Why Climate Deniers Have No Scientific Credibility – in One Pie Chart". *Desmog*, November 15, 2012, disponível em <https://www.desmogblog.com/2012/11/15/why-climate-deniers-have-no-credibility-science-one-pie-chart>.

30 POWELL, James Lawrence. "Why Climate Deniers Have No Scientific Credibility: Only 1 of 9,136 Recent Peer-Reviewed Authors Rejects Global Warming". *Desmog*, January 8, 2014, disponível em <https://www.desmogblog.com/2014/01/08/why-climate-deniers-have-no-scientific-credibility-only-1--9136-study-authors-rejects-global-warming>.

31 DORAN, Peter T. & ZIMMERMAN, Maggie Kendall. "Examining the Scientific Consensus on Climate Change". *Eos: Transactions of the American Geophysical Union* 90, n. 3, 2009, pp. 22-23.

Como falar com um negacionista da ciência

[32] COOK, John *et al.* "Quantifying the Consensus on Anthropogenic Global Warming in the Scientific Literature". *Environmental Research Letters*, May 15, 2013, disponível em <https://iopscience.iop.org/article/10.1088/1748-9326/8/2/024024/pdf>; "The 97% Consensus on Global Warming", *Skeptical Science*, disponível em <https://www.skepticalscience.com/global-warming-scientific-consensus-intermediate.htm>.

[33] FOLEY, Katherine Ellen. "Those 3% of Scientific Papers That Deny Climate Change? A Review Found Them All Flawed". *Quartz*, September 5, 2017, disponível em <https://qz.com/1069298/the-3-of-scientific-papers-that-deny-climate-change-are-all-flawed/>; NUCCITELLI, Dana. "Millions of Times Later, 97 Percent Climate Consensus Still Faces Denial". *Bulletin of the Atomic Scientists*, August 15, 2019, disponível em <https://thebulletin.org/2019/08/millions-of-times-later-97-percent-climate-consensus-still-faces-denial/>; NUCCITELLI, Dana. "Here's What Happens When You Try to Replicate Climate Contrarian Papers". *Guardian*, August 25, 2015, disponível em <https://www.theguardian.com/environment/climate-consensus-97-percent/2015/aug/25/heres-what-happens-when-you-try-to-replicate-climate-contrarian-papers>; BENESTAD, Rasmus E. *et al.* "Learning from Mistakes in Climate Research". *Theoretical and Applied Climatology* 126, 2016, pp. 699-703, disponível em <https://link.springer.com/article/10.1007/s00704-015-1597-5>.

[34] É impressionante notar que mesmo hoje, 150 anos após a descoberta de Darwin sobre a evolução por meio da seleção natural (que é a espinha dorsal de toda explicação biológica), ainda haja apenas 98% de consenso entre os cientistas. MASCI, David. "For Darwin Day, 6 Facts about the Evolution Debate". Pew Research Center's Fact Tank, February 11, 2019, disponível em <https://www.pewresearch.org/fact-tank/2019/02/11/darwin-day/>.

[35] NUCCITELLI, Dana. "Trump Thinks Scientists Are Split on Climate Change. So Do Most Americans". *Guardian*, October 22, 2018, disponível em <https://www.theguardian.com/environment/climate-consensus-97-per-cent/2018/oct/22/trump-thinks-scientists-are-split-on-climate-change-so-do-most-americans>.

[36] Foi criado logo após o Protocolo de Quioto, em dezembro de 1997, e vazado em abril de 1998. "1998 American Petroleum Institute Global Climate Science Communications Team Action Plan", *Climate Files*, disponível em <http://www.climatefiles.com/trade-group/american-petroleum-institute/1998-global-climate-science-communications-team-action-plan/>.

[37] "Climate Science *vs.* Fossil Fuel Fiction", Union of Concerned Scientists, March 2015, disponível em <https://www.ucsusa.org/sites/default/files/attach/2015/03/APIquote1998_1.pdf>.

[38] HALL, Shannon. "Exxon Knew about Climate Change almost 40 Years Ago". *Scientific American*, October 26, 2015, disponível em <https://www.scientificamerican.com/article/exxon-knew-about-climate-change-almost-40-years-ago/>; GOLDENBERG, Suzanne. "Exxon Knew of Climate Change in 1981, Email Says – But It Funded Deniers for 27 More Years". *Guardian*, July 8, 2015, disponível em <https://www.theguardian.com/environment/2015/jul/08/exxon-climate-change-1981-climate-denier-funding>.

Notas

[39] Sempre me impressionou o fato de os adeptos das teorias da conspiração não se interessarem mais por isso – uma conspiração de verdade! Para mais a respeito, ver: COLL, Steve. *Private Empire: ExxonMobil and American Power*. New York, Penguin Press, 2012; "ExxonMobil: A 'Private Empire' on the World Stage", *NPR*, May 2, 2012, disponível em <http://www.npr.org/2012/05/02/151842205/exxonmobil-a-private-empire-on-the-world-stage>.

[40] ORESKES, Naomi & CONWAY, Erik. *Merchants of Doubt*. New York, Bloomsbury, 2011, p. 183.

[41] "Nancy Pelosi and Newt Gingrich Commercial on Climate Change", YouTube, April 17, 2008, disponível em <https://www.youtube.com/watch?v=qi6n_-wB154>.

[42] Em *Merchants of Doubt*, Oreskes e Conway argumentam que "uma campanha organizada de negacionismo começou [em 1989] e logo rejeitou toda a comunidade científica do clima" (p. 183). Afetada por isso, a opinião pública quanto ao aquecimento global diminuiu ao longo do tempo, mesmo quando os cientistas se tornaram mais seguros de seus achados, sobretudo depois de uma campanha de pressão sobre os jornalistas para dar igual tempo ao "outro lado" do "debate" da mudança climática (pp. 169-170, 214-215). Quando finalmente chegou ao Congresso, qualquer esperança real de combater a mudança climática já estava morta. Em 1997, o Senado votou para bloquear a adoção do Protocolo de Quioto pelos Estados Unidos (p. 215).

[43] MAYER, Jane. *Dark Money: The Hidden History of the Billionaires behind the Rise of the Radical Right*. New York, Doubleday, 2016.

[44] *Idem*, p. 204.

[45] MAYER, Jane. "'Kochland' Examines the Koch Brothers' Early, Crucial Role in Climate-Change Denial". *New Yorker*, August 13, 2019, disponível em <https://www.newyorker.com/news/daily-comment/kochland-examines-how-the-koch-brothers-made-their-fortune-and-the-influence-it-bought>. Ver também: LEONARD, Christopher. *Kochland: The Secret History of Koch Industries and Corporate Power in America*. New York, Simon and Schuster, 2019.

[46] ATKIN, Emily. "How David Koch Change the World". *New Republic*, August 23, 2019, disponível em <https://newrepublic.com/article/154836/david-koch-changed-world>.

[47] MCCARTHY, Niall. "Oil and Gas Giants Spend Millions Lobbying to Block Climate Change Policies". *Forbes*, March 25, 2019, disponível em <https://www.forbes.com/sites/niallmccarthy/2019/03/25/oil-and-gas-giants-spend-millions-lobbying-to-block-climate-change-policies-infographic/#5c28b08c7c4f>.

[48] SCHULTZ, Colin. "Meet the Money Behind the Climate Denial Movement". *Smithsonian*, December 23, 2013, disponível em <https://www.smithsonianmag.com/smart-news/meet-the-money-behind-the-climate-denial-movement-180948204/>.

[49] GILLIS, Justin & KAUFMAN, Leslie. "Leaks Offer Glimpse of Campaign Against Climate Change". *New York Times*, February 15, 2012, disponível em <https://www.nytimes.com/2012/02/16/science/earth/in-heartland-institute-leak-a-plan-to-discredit-climate-teaching.html>; VAIDYANATHAN, Gayathri.

"Think Tank That Cast Doubt on Climate Change Science Morphs into Smaller One". *E&E News*, December 10, 2015, disponível em <https://www.eenews.net/stories/1060029290>.

[50] MONTAGUE, Brendan. "I Crashed a Climate Change Denial Conference in Las Vegas". *Vice*, July 22, 2014, disponível em <https://www.vice.com/da/article/7bap4x/las-vegas-climatechange-denial-brendan-montague-101>; PALMER, Brian. "What It's Like to Attend a Climate Denial Conference". *Pacific Standard*, December 16, 2015, disponível em <https://psmag.com/environment/what-its-like-to-attend-a-climate-denial-conference>.

[51] Mayer, *Dark Money*, p. 213.

[52] *Idem*, p. 214. Ver também: Oreskes & Conway, *Merchants of Doubt*, pp. 169--170. Após anos de prática constante, enquetes com o público em geral a respeito da mudança climática finalmente começaram a decrescer.

[53] Mayer, *Dark Money*, p. 211.

[54] Atkin, "How David Koch Changed the World".

[55] Marc Morano, porta-voz do senador James Inhofe (republicano de Oklahoma): "O engarrafamento é o maior amigo que um cético do aquecimento global pode ter, é tudo que você pode querer... Não há legislação que estejamos defendendo. Nós somos a força negativa. Só estamos tentando fazer as coisas pararem" (Mayer, *Dark Money*, pp. 224-225).

[56] ROBERTS, David. "Why Conservatives Keep Gaslighting the Nation about Climate Change". *Vox*, October 31, 2018, disponível em <https://www.vox.com/energy-and-environment/2018/10/22/18007922/climate-change-republicans-denial-marco-rubio-trump>.

[57] POPOVICH, Nadja. "Climate Change Rises as a Public Priority, but It's More Partisan Than Ever". *New York Times*, February 20, 2020, disponível em <https://www.nytimes.com/interactive/2020/02/20/climate/climate-change-polls.html>; KENNEDY, Brian. "U.S. Concern about Climate Change Is Rising, but Mainly among Democrats". Pew Research, April 16, 2020, disponível em <https://www.pewresearch.org/fact-tank/2020/04/16/u-s-concern-about-climate-change-is-rising-but-mainly-among-democrats/>.

[58] Em outra pesquisa do Pew, realizada no Dia Internacional da Mãe Terra em 2020, demonstrou-se que "o partidarismo é um fator mais forte na crença das pessoas a respeito da mudança climática do que seu conhecimento e entendimento de ciência". FUNK, Gary & KENNEDY, Brian. "How Americans Sees Climate Change and the Environment in 7 Charts". Pew Research, April 21, 2020, disponível em <https://www.pewresearch.org/fact-tank/2020/04/21/how-americans-see-climate-change-and-the-environment-in-7-charts/>.

[59] DOYLE, Alister. "Evidence for Man-Made Global Warming Hits 'Gold Standard': Scientists". *Reuters*, February 25, 2019, disponível em <https://www.reuters.com/article/us-climatechange-temperatures/evidence-for-man-made-global-warming-hits-gold-standard-scientists-idUSKCN1QE1ZU>.

[60] Atkin, "How David Koch Changed the World".

[61] MOONEY, Chris. "Ted Cruz Keeps Saying That Satellites Don't Show Global Warming. Here's the Problem". *Washington Post*, January 29, 2016, dis-

ponível em <https://www.washingtonpost.com/news/energy-environment/wp/2016/01/29/ted-cruz-keeps-saying-that-satellites-dont-show-warming-heres-the-problem/>; CARROLL, Lauren. "Ted Cruz's World's on Fire, but Not for the Last 17 Years". *Politifact*, March 20, 2015, disponível em <https://www.politifact.com/factchecks/2015/mar/20/ted-cruz/ted-cruzs-worlds-fire-not-last-17-years/>.

[62] SCHULMAN, Jeremy. "Every Insane Thing Donald Trump Has Said about Global Warming". *Mother Jones*, December 12, 2018, disponível em <https://www.motherjones.com/environ ment/2016/12/trump-climate-timeline/>.

[63] SHEPPARD, Kate. "Climategate: What Really Happened?". *Mother Jones*, April 21, 2011, disponível em <https://www.motherjones.com/environment/2011/04/history-of-climategate/>.

[64] "What If You Held a Conference, and No (Real) Scientists Came?", *RealClimate*, January 30, 2008, disponível em <http://www.realclimate.org/index.php/archives/2008/01/what-if-you-held-a-conference-and-no-real-scientists-came/comment-page-8/>; MONTAGUE, Brendan. "I Crashed a Climate Change Denial Conference in Las Vegas". *Vice*, July 22, 2014, disponível em <https://www.vice.com/en/article/7bap4x/las-vegas-climate-change-denial-brendan-montague-101>; <https://climateconference.heartland.org/>. Ver a minha discussão sobre a mudança climática em: *Respecting Truth*, pp. 72-80.

[65] "How Do We Know That Humans Are the Major Cause of Global Warming?", *Union of Concerned Scientists*, July 14, 2009, disponível em <https://www.ucsusa.org/resources/are-humans-major-cause-global-warming>; "CO_2 Is Main Driver of Climate Change", *Skeptical Science*, July 15, 2015, disponível em <https://www.skepticalscience.com/CO2-is-not-the-only-driver-of-climate.htm>.

[66] MOONEY, Chris & VIEBECK, Elise. "Trump's Economic Advisor and Marco Rubio Question Extent of Human Contribution to Climate Change". *Washington Post*, October 14, 2018, disponível em <https://www.washingtonpost.com/powerpost/larry-kudlow-marco-rubio-question-extent-of-human-contribution-to-climate-change/2018/10/14/c8606ae2-cfcf-11e8-b2d2-f397227b43f0_story.html>; YUHAS, Alan. "Republicans Reject Climate Change Fears Despite Rebukes from Scientists". *Guardian*, February 1, 2016, disponível em <https://www.theguardian.com/us-news/2016/feb/01/republicans-ted-cruz-marco-rubio-climate-change-scientists>.

[67] DOYLE, Alister & WALLACE, Bruce. "U.N. Climate Deal in Paris May Be Graveyard for 2C Goal". *Reuters*, June 1, 2015, disponível em <https://www.reuters.com/article/us-climatechange-paris-insight/u-n-climate-deal-in-paris-may-be-graveyard-for-2c-goal-idUSKBN0OH1G 820150601>.

[68] HENLEY, Jon. "The Last Days of Paradise". *Guardian*, November 10, 2008, disponível em <https://www.theguardian.com/environment/2008/nov/11/climatechange-endangered-habitats-maldives>.

[69] Nudez ou proselitismo religioso podem levar à prisão nas Maldivas. Pornografia e ídolos de adoração são proibidos.

[70] Isso de fato aconteceu em 2004, quando uma onda de 1 metro de altura atingiu Malé, que também tem 1 metro de altura, e matou 82 pessoas, deslocando outras 12 mil.

Como falar com um negacionista da ciência

71 Na verdade, existe um terceiro perigo, já mencionado, embora este diga respeito à capacidade humana de prosperar na ilha, e não a própria ilha. À medida que a inundação se torna mais comum, o abastecimento de água doce da ilha fica contaminado. As tempestades então acontecem com mais frequência e no início da estação, logo não há água doce suficiente para sustentar a população humana. GABBATISS, Josh. "Rising Sea Levels Could Make Thousands of Islands from the Maldives to Hawaii 'Uninhabitable within Decades'". *Independent*, April 25, 2018, disponível em <https://www.independent.co.uk/environment/islands-sea-level-rise-flooding-uninhabitable-climate-change-maldives-seychelles-hawaii-a8321876.html>.

72 É um fato pouco conhecido, mas os Estados Unidos têm sua própria versão das Maldivas, chamada Tangier Island, na baía de Chesapeake. À medida que a água sobe, seu pântano está afundando e acabará se transformando em águas abertas. Ironicamente, muitos dos residentes da ilha são negacionistas do clima e apoiadores de Trump. No fim das contas, é possível que sejam os primeiros refugiados climáticos nos Estados Unidos. UNGER, David J. "On a Sinking Island, Climate Science Takes a Back Seat to the Bible". *Grist*, September 3, 2018, disponível em <https://grist.org/article/on-a-sinking-island-climate-science-takes-a-back-seat-to-the-bible/>; WORRALL, Simon. "Tiny U.S. Island Is Drowning. Residents Deny the Reason". *National Geographic*, September 7, 2018, disponível em <https://www.nationalgeographic.com/environment/2018/09/climate-change-rising-seas-tangier-island-chesapeake-book-talk/>.

73 Este é precisamente o tipo de experiência de "verdade fundamental" que os negacionistas da Terra Plana exigem: "Você já esteve em uma nave espacial?"; "Você já sobrevoou a Antártida?"; "Você já esteve em um barco a 90 km de Chicago?". Agora posso dizer a eles: "Não, mas fui para o outro lado do mundo, onde vi os efeitos da mudança climática e algumas estrelas diferentes".

74 Logo depois que voltamos das Maldivas, li sobre alguma esperança de haver mecanismos artificiais para manter as ilhas, mesmo quando o coral morre. Cientistas do MIT estão trabalhando para tentar instalar bexigas subaquáticas, de modo a acumular areia e construir recifes artificiais para evitar que as ilhas se fragmentem. LINDER, Courtney. "The Extraordinary Way We'll Rebuild Our Shrinking Islands". *Popular Mechanics*, May 25, 2020, disponível em <https://www.popularmechanics.com/science/green-tech/a32643071/rebuilding-islands-ocean-waves/>.

Capítulo 5

1 WOODWARD, Calvin & BORENSTEIN, Seth. "Unraveling the Mystery of whether Cows Fart". *AP*, April 28, 2019, disponível em <https://apnews.com/9791f1f85808409e93a1abc8b98531d5>.

Notas

[2] "Sources of Greenhouse Gas Emissions", *EPA*, disponível em <https://www.epa.gov/ghgemissions/sources-greenhouse-gas-emissions>.

[3] RILEY, Tess. "Just 100 Companies Responsible for 71% of Global Emissions, Study Says". *Guardian*, July 10, 2017, disponível em <https://www.theguardian.com/sustainable-business/2017/jul/10/100-fossil-fuel-companies-investors-responsible-71-global-emissions-cdp-study-climate-change>.

[4] Ver a seção "As origens e causas do negacionismo climático" do capítulo 4.

[5] MEYER, Robinson. "America's Coal Consumption Entered Free Fall in 2019". *Atlantic*, January 7, 2020, disponível em <https://www.theatlantic.com/science/archive/2020/01/americas-coal-consumption-entered-free-fall-2019/604543/#:~:text=American%20coal%20use%20fell%2018,is%20remarkable%2C%E2%80%9D%20Houser%20said>.

[6] Infelizmente, isso não significa que as emissões dos Estados Unidos tenham caído proporcionalmente. Os Estados Unidos continuam a ser o segundo maior emissor de dióxido de carbono, pois substituímos o carvão por gás natural, outro combustível fóssil. Ainda há projeções de que não iremos atingir nossa meta de redução de emissões de 26% até 2025, conforme descrito no Acordo de Paris.

[7] SENGUPTA, Somini. "The World Needs to Quit Coal. Why Is It So Hard?". *New York Times*, November 24, 2018, disponível em <https://www.nytimes.com/2018/11/24/climate/coal-global-warming.html>.

[8] "The Road to a Paris Climate Deal", *New York Times*, December 11, 2015, disponível em <https://www.nytimes.com/interactive/projects/cp/climate/2015-paris-climate-talks/where-in-the-world-is-climate-denial-most-prevalent>.

[9] Em uma pesquisa mais recente, descobriu-se que, de 23 grandes países, apenas a Arábia Saudita e a Indonésia tinham uma proporção maior de negacionistas da mudança climática do que os Estados Unidos. MILMAN, Oliver & HARVEY, Fiona. "US Is Hotbed of Climate Change Denial, Major Global Survey Finds". *Guardian*, May 8, 2019, disponível em <https://www.theguardian.com/environment/2019/may/07/us-hotbed-climate-change-denial-international-poll>.

[10] MOONEY, Chris. "The Strange Relationship between Global Warming Denial and... Speaking English". *Guardian*, July 23, 2014, disponível em <https://www.theguardian.com/environment/2014/jul/23/the-strange-relationship-between-global-warming-denial-and-speaking-english>. Após os Estados Unidos, os piores eram Reino Unido e Austrália.

[11] Ganância? Interesse próprio? Indiferença? Talvez aquele garoto no barco nas Maldivas estivesse certo. Não se trata apenas de acreditar, mas de se importar.

[12] PLUMER, Brad. "Carbon Dioxide Emissions Hit a Record in 2019, Even as Coal Fades". *New York Times*, December 3, 2019, disponível em <https://www.nytimes.com/2019/12/03/climate/carbon-dioxide-emissions.html>.

[13] "Energy and the Environment Explained", US Energy Information Administration, August 11, 2020, disponível em <https://www.eia.gov/energyexplained/energy-and-the-environment/where-greenhouse-gases-come-from.php>.

[14] "Salem-Style Mass Hysteria Animates Trump Movement at Moon Twp., PA Rally – Nov. 6, 2016", disponível em <https://www.youtube.com/watch?v=BQNmjpXBanc&t=4s>; "Creating Breakthrough Moments", disponível em <https://www.youtube.com/watch?v=OOfV4ZkmjlM>; "Trump Voter Breakthrough – May 2017", disponível em <https://www.youtube.com/watch?v=7V8JZXx_hUs>.

[15] Infelizmente, devido a uma complicação de agendamento, o programa da NPR não pôde ir ao ar até que a reunião ocorresse, mas ainda assim gostei de conversar com o apresentador sobre o negacionismo da mudança climática. HOLSOPPLE, Kara. "The Philosophy of Climate Denial". *Allegheny Front*, September 18, 2019, disponível em <https://www.alleghenyfront.org/the-philosophy-of-climate-denial/>.

[16] Disponível em <https://quoteinvestigator.com/2017/11/30/salary/>.

[17] GRISWOLD, Eliza. "People in Coal Country Worry about the Climate, Too". *New York Times*, July 13, 2019, disponível em <https://www.nytimes.com/2019/07/13/opinion/sunday/jobs-climate-green-new-deal.html>.

[18] Lembra-se daquela queda de 18% no carvão em 2019? Era disso que ele estava falando.

[19] MAYER, Jane. *Dark Money: The Hidden History of the Billionaires Behind the Rise of the Radical Right*. New York, Anchor, 2017.

[20] NORMAN, Andrew. *Mental Immunity: Infectious Ideas, Mind-Parasites, and the Search for a Better Way to Think*. New York, Harper Wave, 2021.

[21] Todos esses são pseudônimos.

[22] Griswold, "People in Coal Country Worry about the Climate, Too".

[23] JOHNSON, Jake. "'We Are in a Climate Emergency, America': Anchorage Hits 90 Degrees for the First Time in Recorded History". *Common Dreams*, July 5, 2019, disponível em <https://www.commondreams.org/news/2019/07/05/we-are-climate-emergency-america-anchorage-hits-90-degrees-first-time-recorded>.

[24] BORUNDA, Alejandra. "What a 100-Degree Day in Siberia Really Means". *National Geographic*, June 23, 2020, disponível em <https://www.nationalgeographic.com/science/2020/06/what-100-degree-day-siberia-means-climate-change/>.

[25] É claro que eu não sou o primeiro a notar as semelhanças óbvias. De fato, como todo negacionismo científico, é basicamente o mesmo. É notável como o tipo de negacionismo que encontramos no caso do coronavírus seja estranhamente semelhante ao da mudança climática e de outras questões. Desinformação, ilusão, culpa, negação e invenção de fatos, seguidos pela alegação de que é muito caro para resolver, fazem todos parte do manual do negacionista da ciência. WEISBROD, Katelyn. "6 Ways Trump's Denial of Science Has Delayed the Response to Covid-19 (and Climate Change)". *Inside Climate News*, March 19, 2020, disponível em <https://insideclimatenews.org/news/19032020/denial-climate-change-coronavirus-donald-trump?gclid=EAIaIQobChMIsan_qduf6gIVDo3ICh1XPAIuEAAYASAAEgID0_D_BwE>; EDELMAN, Gilad. "The Analogy between Covid-19 and Climate Change Is Eerily Precise".

Notas

Wired, March 25, 2020, disponível em <https://www.wired.com/story/the-analogy-between-covid-19-and-climate-change-is-eerily-precise/>.

[26] Infelizmente, não existe vacina para a mudança climática.

[27] MOONEY, Chris; DENNIS, Brady & MUYSKENS, John. "Global Emissions Plunged an Unprecedented 17% during the Coronavirus Pandemic". *Washington Post*, May 19, 2020, disponível em <https://www.washingtonpost.com/climate-environment/2020/05/19/greenhouse-emissions-coronavirus>.

[28] PLUMBER, Brad. "Emissions Declines Will Set Records This Year. But It's Not Good News". *New York Times*, April 30, 2020, disponível em <https://www.nytimes.com/2020/04/30/climate/global-emissions-decline.html>.

[29] HABERMAN, Maggie & SANGER, David. "Trump Says Coronavirus Cure 'Cannot Be Worse Than the Problem Itself'". *New York Times*, March 23, 2020, disponível em <https://www.nytimes.com/2020/03/23/us/politics/trump-coronavirus-restrictions.html>.

[30] BECKETT, Lois. "Older People Would Rather Die Than Let Covid-19 Harm the US Economy – Texas Official". *Guardian*, March 24, 2020, disponível em <https://www.theguardian.com/world/2020/mar/24/older-people-would-rather-die-than-let-covid-19-lockdown-harm-us-economy-texas-official-dan-patrick>; JENKINS, Sally. "Some May Have to Die to Save the Economy? How about Offering Testing and Basic Protections?". *Washington Post*, April 18, 2020, disponível em <https://www.washingtonpost.com/sports/2020/04/18/sally-jenkins-trump-coronavirus-testing-economy/>.

[31] De fato, uma pesquisa realizada logo após a eleição presidencial de 2016 mostrou que 62% dos eleitores de Trump apoiavam os impostos sobre a poluição de carbono! Se os eleitores estão lá, por que não os políticos? NUCCITELLI, Dana. "Trump Can Save His Presidency with a Great Deal to Save the Climate". *Guardian*, February 22, 2017, disponível em <https://www.theguardian.com/environment/climate-consensus-97-per-cent/2017/feb/22/trump-can-save-his-presidency-with-a-great-deal-to-save-the-climate>.

[32] GOODSTEIN, Laurie. "Evolution Slate Outpolls Rivals". *New York Times*, November 9, 2005, disponível em <https://www.nytimes.com/2005/11/09/us/evolution-slate-outpolls-rivals.html>.

[33] CRANLEY, Ellen. "These Are the 130 Members of Congress Who Have Doubted or Denied Climate Change". *Business Insider*, April 29, 2019, disponível em <https://www.businessinsider.com/climate-change-and-republicans-congress-global-warming-2019-2#kentucky-14>.

[34] Outros prefeitos republicanos já se juntaram a eles. ENOCHS, Liz. "Spotted at the Climate Summit: Republican Mayors". *Bloomberg News*, September 19, 2018, disponível em <https://www.bloomberg.com/news/articles/2018-09-19/the-republican-mayors-who-have-broken-ranks-on-climate>.

[35] WOLSKO, Christopher *et al.* "Red, White, and Blue Enough to Be Green: Effects of Moral Framing on Climate Change Attitudes and Conservation Behaviors". *Journal of Experimental Social Psychology* 65, 2016, disponível em <https://www.sciencedirect.com/science/article/abs/pii/S0022103116301056>.

Como falar com um negacionista da ciência

36   NUCCITELLI, Dana. "Trump Thinks Scientists Are Split on Climate Change. So Do Most Americans". *Guardian*, October 22, 2018, disponível em <https://www.theguardian.com/environment/climate-consensus-97-percent/2018/oct/22/trump-thinks-scientists-are-split-on-climate-change-so-do-most-americans>; NUCCITELLI, Dana. "Research Shows That Facts Can Still Change Conservatives' Minds". *Guardian*, December 14, 2017, disponível em <https://www.theguardian.com/environment/climate-consensus-97-percent/2017/dec/14/research-shows-that-certain-facts-can-still-change-conservatives-minds>; VAN DER LINDEN, Sander *et al.* "Scientific Agreement Can Neutralize Politicization of Facts". *Nature Human Behaviour* 2, January 2018, disponível em <https://www.nature.com/articles/s41562-017-0259-2>; VAN DER LINDEN, Sander *et al.* "Gateway Illusion or Cultural Cognition Confusion". *Journal of Science Communication* 16, n. 5, 2017, disponível em <https://jcom.sissa.it/archive/16/05/JCOM_1605_2017_A04>.

37   IRFAN, Umair. "Report: We Have Just 12 Years to Limit Devastating Global Warming". *Vox*, October 8, 2018, disponível em <https://www.vox.com/2018/10/8/17948832/climate-change-global-warming-un-ipcc-report>.

38   MCGRATH, Matt. "Climate Change: 12 Years to Save the Planet? Make That 18 Months". *BBC News*, July 24, 2019, disponível em <https://www.bbc.com/news/science-environment-48964736>.

39   ROBINSON, Sarah Finnie. "How Do Americans Think about Global Warming?". Boston University, Institute for Sustainable Energy, August 9, 2018, disponível em <https://www.bu.edu/ise/2018/08/09/the-51-percent-a-climate-communications-project-to-accelerate-the-transition-to-a-zero-carbon-economy/>.

Capítulo 6

1   Devido à pandemia e a preocupações logísticas, a plataforma RNC 2020 é idêntica à plataforma de 2016, que se recusou a reconhecer a verdade sobre o aquecimento global antropogênico. TEIRSTEIN, Zoya. "The 2020 Republican Platform: Make America 2016 Again". *Grist*, June 17, 2020, disponível em <https://grist.org/politics/the-2020-republican-platform-make-america-2016-again/>.

2   Ver a minha discussão sobre o assunto em: *Respecting Truth*, pp. 64-71.

3   KEELEY, Matt. "Only 27% of Republicans Think Climate Change Is a 'Major Threat' to the United States". *Newsweek*, August 2, 2019, disponível em <https://www.newsweek.com/republi cans-climate-change-threat-1452157>.

4   FUNK, Cary. "Republicans' Views on Evolution". Pew Research, January 3, 2014, disponível em <https://www.pewresearch.org/fact-tank/2014/01/03/republican-views-on-evolution-tracking-how-its-changed/>.

5   Como Michael Shermer aponta, apesar da diferença partidária, tais números não são exatamente um endosso da ideia de que os liberais nunca negam a

Notas

ciência, mesmo com relação a esses tópicos. Embora o consenso científico sobre a mudança climática seja de 98% e de 97% quanto à evolução darwiniana, por que 16% dos democratas não veem a mudança climática como uma grande ameaça e 33% têm dúvidas sobre a evolução? SHERMER, Michael. "The Liberals' War on Science". *Scientific American*, February 1, 2013, disponível em <https://www.scientificamerican.com/article/the-liberals-war-on-science/>.

[6] LEWANDOWSKY, Stephan; WOIKE, Jan K. & OBERAUER, Klaus. "Genesis or Evolution of Gender Differences? Worldview-Based Dilemmas in the Processing of Scientific Information". *Journal of Cognition* 3, n. 1, 2020, disponível em <https://www.journalofcognition.org/articles/10.5334/joc.99/>.

[7] Essa hipótese deve ser examinada, no entanto, no cruzamento com pesquisas que mostram que as pessoas em geral gravitam em torno de identidades políticas que se encaixam com seus valores preexistentes, ou mesmo com sua química cerebral. Mesmo que o conteúdo específico de suas crenças científicas seja fungível, os traços cognitivos e de personalidade que as levam a ser mais conservadoras ou liberais podem não ser. Ver: MOONEY, Chris. *The Republican Brain: The Science of Why They Deny Science – and Reality*. Hoboken (NJ), Wiley, 2012, pp. 111-126.

[8] Ver: SHERMER, Michael. "The Liberals' War on Science: How Politics Distorts Science on Both Ends of the Spectrum". *Scientific American*, February 1, 2013, disponível em <https://www.scientificamerican.com/article/the-liberals-war-on-science/>; MOONEY, Chris. "The Science of Why We Don't Believe Science". *Mother Jones*, May-June 2011, disponível em <https://www.motherjones.com/politics/2011/04/denial-science-chris-mooney/>; KLOOR, Keith. "GMO Opponents Are the Climate Skeptics of the Left". *Slate*, September 26, 2012, disponível em <https://slate.com/technology/2012/09/are-gmo-foods-safe-opponents-are-skewing-the-science-to-scare-people.html>. Ver também: STEWART, Jon. "An Outbreak of Liberal Idiocy". *The Daily Show*, June 2, 2014, disponível em <http://www.cc.com/video-clips/g1lev1/the-daily-show-with-jon-stewart-an-outbreak-of-liberal-idiocy>.

[9] Shermer, "The Liberals' War on Science".

[10] SHERMER, Michael. "Science Denial *versus* Science Pleasure". *Scientific American*, January 1, 2018, disponível em <https://www.scientificamerican.com/article/science-denial-versus-science-pleasure/>.

[11] *Idem.*

[12] Lewandowsky, Woike & Oberauer, "Genesis or Evolution of Gender Differences?".

[13] LEWANDOWSKY, Stephan & OBERAUER, Klaus. "Motivated Rejection of Science". *APS: Current Direction in Psychological Science*, August 10, 2016, disponível em <https://journals.sagepub.com/doi/abs/10.1177/0963721416654436?journalCode=cdpa>.

[14] Shermer, "The Liberals' War on Science". Observe que, em seu ensaio de 2013, Shermer usa dados de pesquisa um pouco mais antigos, que mostram que 19% dos democratas duvidam que a Terra esteja em processo de aquecimento e 41% são jovens que acreditam no criacionismo da Terra.

Como falar com um negacionista da ciência

[15] Isso não significa, porém, que essa não seja uma questão interessante. Como aponta Tara Haelle, mesmo que não haja uma "guerra liberal contra a ciência", é preocupante que haja qualquer negacionismo da ciência por parte da esquerda. Como ela diz: "A questão não é se os democratas são anticientíficos o suficiente para se igualarem à loucura anticientífica dos republicanos. É saber se há algum negacionismo da ciência na esquerda". HAELLE, Tara. "Democrats Have a Problem with Science, Too". *Politico*, June 1, 2014, disponível em <https://www.politico.com/magazine/story/2014/06/democrats-have-a-problem-with-science-too-107270>.

[16] Mooney, "The Science of Why We Don't Believe Science"; MOONEY, Chris. "Diagnosing the Republican Brain". *Mother Jones*, March 30, 2012, disponível em <https://www.motherjones.com/politics/2012/03/chris-mooney-republican-brain-science-denial/>; MOONEY, Chris. "There's No Such Thing as the Liberal War on Science". *Mother Jones*, March 4, 2013, disponível em <https://www.motherjones.com/politics/2013/03/theres-no-such-thing-liberal-war-science/>; MOONEY, Chris. "If You Distrust Vaccines, You're More Likely to Think Nasa Faked the Moon Landings". *Mother Jones*, October 2, 2013, disponível em <https://www.motherjones.com/environment/2013/10/vaccine-denial-conspiracy-theories-gmos-climate/>; MOONEY, Chris. "Stop Pretending that Liberals Are Just as Anti-Science as Conservatives". *Mother Jones*, September 11, 2014, disponível em <https://www.motherjones.com/environment/2014/09/left-science-gmo-vaccines/>.

[17] Embora isso possa significar que seria sensato repensar a hipótese do negacionismo da ciência explicado unicamente pela política; ver: MASON, Lilliana. "Ideologues without Issues: The Polarizing Consequences of Ideological Identities". *Public Opinion Quarterly*, March 21, 2018, disponível em <https://academic.oup.com/poq/article/82/S1/866/4951269>.

[18] Mesmo assim, como aponta Mooney, pode haver uma diferença entre integrantes de movimentos contra vacinação e contra OGMs serem encontrados entre os liberais de esquerda e uma postura institucionalizada por parte do Partido Democrata, como tem sido no caso do negacionismo da mudança climática com o Republicano.

[19] Mooney sugere que parte da diferença partidária aqui deve ser encontrada no nível da ciência cerebral. "Os conservadores políticos parecem ser muito diferentes dos liberais políticos no nível da psicologia e da personalidade. E, inevitavelmente, isso influencia a maneira como os dois grupos discutem e processam as informações". Ver: Mooney, "Diagnosing the Republican Brain".

[20] Mooney, "The Science of Why We Don't Believe in Science".

[21] Mas ver também: MOONEY, Chris. "Liberals Deny Science Too". *Washington Post*, October 28, 2014, disponível em <https://www.washingtonpost.com/news/wonk/wp/2014/10/28/liberals-deny-science-too/>. Nesse texto, Mooney sugere que a resposta da esquerda acadêmica à psicologia evolucionista é um bom exemplo de negacionismo da ciência. Mooney aparentemente abandonou suas visões anteriores de que o movimento antivacina especificamente é um bom exemplo de negacionismo científico da esquerda. Ver: MOONEY,

Chris. "More Polling Data on the Politics of Vaccine Resistance". *Discover Magazine*, April 27, 2011, disponível em <https://www.discovermagazine.com/the-sciences/more-polling-data-on-the-politics-of-vaccine-resistance>; MOONEY, Chris. "The Biggest Myth about Vaccine Deniers: That They're All a Bunch of Hippie Liberals". *Washington Post*, January 26, 2015, disponível em <https://www.washingtonpost.com/news/energy-environment/wp/2015/01/26/the-biggest-myth-about-vaccine-deniers-that-theyre-all-a-bunch-of-hippie-liberals/>.

[22] Mesmo que não, ainda teríamos de lidar com o fato de que tantos integrantes do movimento antivacina são liberais de esquerda.

[23] BOUIE, Jamelle. "Anti-Science Views Are a Bipartisan Problem". *Slate*, February 4, 2015, disponível em <https://slate.com/news-and-politics/2015/02/conservatives-and-liberals-hold-anti-science-views-anti-vaxxers-are-a-bipartisan-problem.html>.

[24] POMEROY, Ross. "Where Conservatives and Liberals Stand on Science". *Real Clear Science*, June 30, 2015, disponível em <https://www.realclearscience.com/journal_club/2015/07/01/where_conservatives liberals_stand_on_science.html>.

[25] Deve-se notar, porém, que Stephan Lewandowsky desafia a ideia de que o movimento antivacina atinge igualmente os dois lados políticos, sugerindo que vem principalmente da direita política. Resta a intrigante questão de saber se, quando liberais e conservadores abraçam o movimento, o fazem pelos mesmos motivos. Ver: Lewandowsky, Woike & Oberauer, "Genesis or Evolution of Gender Differences? Worldview-Based Dilemmas in the Processing of Scientific Information". Quanto à questão de saber se o movimento antivacina é apartidário, na medida em que não foi politizado ainda, pergunto-me se isso pode ter mudado após a pandemia da covid-19.

[26] CONROW, Joan. "Anti-Vaccine Movement Embraced at Extremes of Political Spectrum, Study Finds". Cornell Alliance for Science, June 14, 2018, disponível em <https://allianceforscience.cornell.edu/blog/2018/06/anti-vaccine-movement-embraced-extremes-political-spectrumstudy-finds/>. Há uma divisão interessante aqui, porém, entre pessoas serem contra a vacinação porque achavam que as vacinas não eram seguras ou porque eram contra as determinações do governo. MCCOY, Charles. "Anti-Vaccination Beliefs Don't Follow the Usual Political Polarization". *The Conversation*, August 23, 2017, disponível em <https://theconversation.com/anti-vaccination-beliefs-dont-follow-the-usual-political-polarization-81001>. É aqui que há um racha no partidarismo. "Polls Show Emerging Ideological Divide over Childhood Vaccinations", *The Hill*, March 14, 2019, disponível em <https://thehill.com/hilltv/what-americas-thinking/434107-polls-show-emerging-ideological-divide-over-childhood>. O que é fascinante é que o que começou como uma ideologia liberal pode ter ganhado apelo junto aos conservadores, mas por razões diferentes. ALLEN, Arthur. "How the Anti-Vaccine Movement Crept into the GOP Mainstream". *Politico*, May 27, 2019, disponível em <https://www.politico.com/story/2019/05/27/anti-vaccine-republican-mainstream-1344955>.

Como falar com um negacionista da ciência

[27] MCCOY, Charles. "Anti-Vaccination Beliefs". *The Conversation*, August 23, 2017, disponível em <https://theconversation.com/anti-vaccination-beliefs-dont-follow-the-usual-political-polarization-81001>.

[28] Mooney considera o trabalho de Stephan Lewandowsky e explora a intrigante questão de saber se liberais e conservadores podem ser contra a vacinação por diferentes razões. Talvez os direitistas oponham-se à intromissão do governo na vida deles, enquanto os esquerdistas desconfiam das grandes empresas farmacêuticas. MOONEY, Chris. "The Biggest Myth about Vaccine Deniers". *Washington Post*, January 26, 2015, disponível em <https://www.washingtonpost.com/news/energy-environment/wp/2015/01/26/the-biggest-myth-about-vaccine-deniers-that-theyre-all-a-bunch-of-hippie-liberals/>.

[29] É notável que não apenas integrantes do movimento antivacina, mas também supremacistas brancos tenham comparecido a comícios de protesto contra o *lockdown*. BLOODWORTH, Adam. "What Draws the Far Right and Anti-Vaxxers to Lockdown Protests". *Huffington Post*, May 17, 2020, disponível em <https://www.huffingtonpost.co.uk/entry/anti-lockdown-protests-far-right-extremist-groups_uk_5ebe761ec5b65715386cb20d>.

[30] BERMAN, Jonathan. *Anti-Vaxxers: How to Challenge a Misinformed Movement*. Cambridge (MA), MIT Press, 2020.

[31] RABIN, Roni Caryn. "What Foods Are Banned in Europe But Not Banned in the US?". *New York Times*, December 28, 2018, disponível em <https://www.nytimes.com/2018/12/28/well/eat/food-additives-banned-europe-united-states.html>.

[32] KLOOR, Keith. "GMO Opponents Are the Climate Skeptics of the Left". *Slate*, September 26, 2012, disponível em <https://slate.com/technology/2012/09/are-gmo-foods-safe-opponents-are-skewing-the-science-to-scare-people.html>; RONALD, Pamela. "Genetically Engineered Crops – What, How and Why". *Scientific American*, August 11, 2011, disponível em <https://blogs.scientificamerican.com/guest-blog/genetically-engineered-crops/>; GERSON, Michael. "Are You Anti-GMO? Then You're Anti-Science, Too". *Washington Post*, May 3, 2018, disponível em <https://www.washingtonpost.com/opinions/are-you-anti-gmo-then-youre-anti-science-too/2018/05/03/cb42c3ba-4ef4-11e8-af46-b1d6dc0d9bfe_story.html>; Committee on Genetically Engineered Crops *et al.*, *Genetically Engineered Crops: Experiences and Prospects (2016)*, Washington (DC), The National Academies Press, 2016, disponível em <https://www.nap.edu/catalog/23395/genetically-engineered-crops-experiences-and-prospects>; POMEROY, Ross. "Massive Review Reveals Consensus on GMO Safety". *Real Clear Science*, September 30, 2013, disponível em <https://www.realclearscience.com/blog/2013/10/massive-review-reveals-consensus-on-gmo-safety.html>; BRODY, Jane E. "Are G.M.O. Foods Safe?". *New York Times*, April 23, 2018, disponível em <https://www.nytimes.com/2018/04/23/well/eat/are-gmo-foods-safe.html>.

[33] O princípio da precaução diz que devemos ter cuidado para não tirar conclusões precipitadas, sobretudo aquelas que podem levar a riscos desnecessários. Podemos pensar que a escolha de evitar os OGMs depende fortemente desse

Notas

princípio, mas talvez esse seja um luxo disponível apenas para aqueles que vivem em países onde os alimentos são relativamente baratos e amplamente disponíveis. É razoável insistir que os OGMs devam ser "provados como seguros" (o que nunca pode acontecer) quando milhões de pessoas em todo o mundo sofrem de fome? Talvez o mais prudente seja equilibrar o risco. Se não há evidências de que não são seguros e as pessoas estão morrendo de fome nesse meio-tempo, não vale a pena o "risco"? Aqui, o paralelo com as vacinas é óbvio. Dentro do próximo meio século, pode haver até 9 bilhões de pessoas neste planeta. Sem melhorias nem tecnologia alimentar, como vamos alimentá-las? Ver: DANIELS, Mitch. "Avoiding GMOs Isn't Just Anti-Science. It's Immoral". *Washington Post*, December 27, 2017, disponível em <https://www.washingtonpost.com/opinions/avoiding-gmos-isnt-just-anti-science-its-immoral/2017/12/27/fc773022-ea83-11e7-b698-91d4e35920a3_story.html>; "The World Population Prospects: 2015 Revision", UN Department of Economic and Social Affairs, July 29, 2015, disponível em <https://www.un.org/en/development/desa/publications/world-population-prospects-2015-revision.html>; LYNAS, Mark. "Time to Call Out the Anti-GMO Conspiracy", April 29, 2013, disponível em <https://www.marklynas.org/2013/04/time-to-call-out-the-anti-gmo-conspiracy-theory/>.

[34] Em "Climate Change Conspiracy Theories", Joseph E. Uscinski, Karen Douglas e Stephan Lewandowsky escrevem: "As teorias da conspiração sobre organismos geneticamente modificados (OGMs) geralmente afirmam que uma corporação de biotecnologia chamada Monsanto está envolvida em uma conspiração para dominar toda a indústria agrícola com alimentos venenosos". *Oxford Research Encyclopedia of Climate Science*, September 26, 2017, disponível em <https://oxfordre.com/climatescience/view/10.1093/acrefore/9780190228620.001.0001/acrefore-9780190228620-e-328>.

[35] Para uma discussão comovente e eloquente sobre o conflito entre o que ele chama de "fetiche orgânico" e as realidades do crescimento populacional global, da pobreza e da fome, ver o capítulo 3 de SPECTER, Michael. *Denialism*. New York, Penguin Press, 2009.

[36] Observe que, tecnicamente falando, os organismos geneticamente modificados podem ser plantas ou animais. E o vocabulário da modificação genética deve ser esclarecido. Cada vez que um agricultor escolhe usar uma planta em detrimento de outra, ele está se envolvendo em uma seleção artificial, que afetará o *pool* genético futuro. Mais modificação prática ocorre com a reprodução, que pode envolver atividades mais tradicionais, como enxerto, ou as técnicas moleculares mais recentes, em que genes estranhos são transferidos para o próprio genoma. Essa última é a modificação genética direta. Ver: KRIMSKY, Sheldon. *GMOs Decoded: A Skeptic's View of Genetically Modified Foods*. Cambridge (MA), MIT Press, 2019, p. xxi.

[37] WUNDERLICH, Shahla & GATTO, Kelsey G. "Consumer Perception of Genetically Modified Organisms and Sources of Information". *Advances in Nutrition*, November 10, 2015, disponível em <https://www.ncbi.nlm.nih.gov/pmc/articles/PMC4642419/>.

[38] Embora dependa do que pensamos como geneticamente modificado. A reprodução seletiva (seleção artificial) conta? E o enxerto? Hibridação? Edição genética? Ver: WELLER, Keith. "What You Need to Know about Genetically Modified Organisms". *IFL Science*, disponível em <https://www.iflscience.com/environment/myths-and-controversies-gmos-0/>; PARKER, Laura. "The GMO Labeling Battle Is Heating Up – Here's Why". *National Geographic*, January 12, 2014, disponível em <https://www.nationalgeographic.com/news/2014/1/140111-genetically-modified-organisms-gmo-food-label-cheerios-nutrition-science/#close>; WEISE, Elizabeth. "Q&A: What You Need to Know about Genetically Engineered Foods". *USA Today*, November 19, 2015, disponível em <https://www.usatoday.com/story/news/2015/11/19/what-you-need-know-genetically-engineered-foods/76059166/>.

[39] Weller, "What You Need to Know".

[40] BODNAR, Anastasia. "The Scary Truth behind Fear of GMOs". *Biology Fortified*, February 27, 2018, disponível em <https://biofortified.org/2018/02/scary-truth-gmo-fear/>.

[41] WUNDERLICH, Shahla & GATTO, Kelsey A. "Consumer Perception of Genetically Modified Organisms and Sources of Information". *Advances in Nutrition* 6, n. 6, 2015, disponível em <https://www.ncbi.nlm.nih.gov/pmc/articles/PMC4642419/>.

[42] SHERMER, Michael. "Are Paleo Diets More Natural Than GMOs?". *Scientific American*, April 1, 2015, disponível em <https://www.scientificamerican.com/article/are-paleo-diets-more-natural-than-gmos/>.

[43] Weller, "What You Need to Know".

[44] *Idem*; Lynas, "Time to Call Out the Anti-GMO Conspiracy". Entre outras organizações sem fins lucrativos de orientação ambiental que questionaram vários aspectos dos OGMs, estão a Friends of the Earth e a Union of Concerned Scientists, disponível em <https://foe.org/news/2015-02-are-gmos-safe-no--consensus-in-the-science-scientists/>; GURIAN-SHERMAN, Doug. "Do We Need GMOs?". Union of Concerned Scientists, November 23, 2013, disponível em <https://blog.ucsusa.org/doug-gurian-sherman/do-we-need-gmos-322>; KLOOR, Keith. "On Double Standards and the Union of Concerned Scientists". *Discovery Magazine*, August 22, 2014, disponível em <https://www.discovermagazine.com/environment/on-double-standards-and-the-union-of-concerned-scientists>.

[45] COHEN, Patricia. "Roundup Weedkiller Is Blamed for Cancers, but Farmers Say It's Not Going Away". *New York Times*, September 20, 2019, disponível em <https://www.nytimes.com/2019/09/20/business/bayer-roundup.html>; BRUECK, Hilary. "The EPA Says a Chemical in Monsanto's Weed Killer Doesn't Cause Cancer – but There's Compelling Evidence That the Agency Is Wrong". *Business Insider*, June 17, 2019, disponível em <https://www.businessinsider.com/glyphosate-cancer-dangers-roundup-epa-2019-5>.

[46] Muitos ambientalistas opõem-se a algumas das práticas comerciais da Monsanto, como modificar geneticamente suas sementes para que não se reproduzam – "sementes estéreis" –, para que os agricultores sejam forçados a recom-

Notas

prá-las (juntamente com mais herbicida) todos os anos. Ver: LYNAS, Mark. *Seeds of Science: Why We Go It So Wrong on GMOs*. London, Bloomsbury Sigma, 2018, p. 110.

[47] Weller, "What You Need to Know".

[48] Lynas, "Time to Call Out the Anti-GMO Conspiracy".

[49] Weller, "What You Need to Know"; Gerson, "Are You Anti-GMO?".

[50] "Statement by the AAAS Board of Directors on the Labeling of Genetically Modified Foods", American Association for the Advancement of Science, disponível em <https://www.aaas.org/sites/default/files/AAAS_GM_statement.pdf>.

[51] Porém, o que é considerado como OGM pode variar de país para país. O Departamento de Agricultura dos Estados Unidos diz que a edição de genes é semelhante ao melhoramento de culturas e, portanto, não conta como modificação genética. Na Europa, a visão é outra. SARAPPO, Emma. "The Less People Understand Science, The More Afraid of GMOs They Are". *Pacific Standard*, November 19, 2018, disponível em <https://psmag.com/news/the-less-people-understand-science-the-more-afraid-of-gmos-they-are>; Wunderlich & Gatto, "Consumer Perception of Genetically Modified Organisms and Sources of Information".

[52] Observe que a expressão "sem transgênicos" ou "sem OGMs" é proibida na rotulagem de alimentos nos Estados Unidos, porque é impossível testar a presença de baixo nível de ingredientes transgênicos e não há um limite mínimo estabelecido pelo governo federal. Tudo o que se pode afirmar é que um produto não foi feito por meio de processos de engenharia genética. O onipresente rótulo "Sem OGM verificado" é administrado pela Non-GMO Project, uma ONG que indica que um produto contém não mais do que 0,9% de ingredientes modificados, que é o limite europeu. Wunderlich & Gatto, "Consumer Perception of Genetically Modified Organisms and Sources of Information".

[53] FERDMAN, Roberto A. "Why We're So Scared of GMOs, According to Someone Who Has Studied Them Since the Start". *Washington Post*, July 6, 2015, disponível em <https://www.washingtonpost.com/news/wonk/wp/2015/07/06/why-people-are-so-scared-of-gmos-according-to-someone-who-has-studied-the-fear-since-the-start/>.

[54] KENNEDY, Brian *et al.* "Americans Are Narrowly Divided over Health Effects of Genetically Modified Foods". Pew Research, November 19, 2018, disponível em <https://www.pewresearch.org/fact-tank/2018/11/19/americans-are-narrowly-divided-over-health-effects-of-genetically-modified-foods/>. Essa visão não mudou nos dois anos seguintes. FUNK, Cary. "About Half of U.S. Adults Are Wary of Health Effects of Genetically Modified Foods, but Many Also See Advantages". Pew Research, March 18, 2020, disponível em <https://www.pewresearch.org/fact-tank/2020/03/18/about-half-of-u-s-adults-are-wary-of-health-effects-of-genetically-modified-foods-but-many-also-see-advantages/>.

[55] PLUMER, Brad. "Poll: Scientists Overwhelmingly Think GMOS Are Safe to Eat. The Public Doesn't". *Vox*, January 29, 2015, disponível em <https://www.

Como falar com um negacionista da ciência

vox.com/2015/1/29/7947695/gmos-safety-poll>; "Public and Scientists' Views on Science and Society", Pew Research Center, January 29, 2015, disponível em <https://www.pewresearch.org/science/2015/01/29/public-and-scientists-views-on-science-and-society/#_Chapter_3:_Attitudes>. Os resultados de duas outras pesquisas também são notáveis. Em 2013, 54% disseram que sabiam pouco ou nada sobre organismos geneticamente modificados, enquanto 25% nunca tinham ouvido falar deles. Já em 2016, 79% disseram que os OGMs eram perigosos. HALLMAN, William K. *et al.* "Public Perceptions of Labeling Genetically Modified Foods". *Rutgers Working Paper*, November 1, 2013, disponível em <http://humeco.rutgers.edu/documents_PDF/news/GMlabelingperceptions.pdf>; BODNAR, Anastasia. "The Scary Truth behind Fear of GMOs". *Biology Fortified*, February 27, 2018, disponível em <https://biofortified.org/2018/02/scary-truth-gmo-fear/>.

[56] Citação de OTTO, Shawn. *The War on Science: Who's Waging It, Why It Matters, What We Can Do about It.* Minneapolis, Milkweed, 2016, p. 135.

[57] A diferença foi de 37%. "Public and Scientists' Views on Science and Society", Pew Research, disponível em <https://www.pewresearch.org/science/2015/01/29/public-and-scientists-views-on-science-and-society/>.

[58] Em alguns setores, a suposição parece ser de que qualquer coisa "natural" é boa, então qualquer coisa não natural deve ser ruim. No entanto, o formaldeído é encontrado naturalmente no leite, na carne e em produtos hortícolas, e é um conhecido carcinógeno que nossos corpos fabricam e metabolizam. Outras hipóteses incluem a ideia de que (1) "simplesmente faz sentido" pensar que organismos geneticamente modificados são ruins para nós, ou que (2) os OGMs de alguma forma ofendem nossas sensibilidades "morais" e causam uma sensação de "repulsa". Sarappo, "The Less People Understand Science the More Afraid of GMOs They Are"; FERDMAN, Roberto. "Why We're So Scared of GMOs". *Washington Post*, July 6, 2015, disponível em <https://www.washingtonpost.com/news/wonk/wp/2015/07/06/why-people-are-so-scared-of-gmos-according-to-someone-who-has-studied-the-fear-since-the-start/>; Shermer, "Are Paleo Diets More Natural Than GMOs?"; SINGAL, Jesse. "Why Many GMO Opponents Will Never Be Convinced Otherwise". *The Cut*, May 24, 2016, disponível em <https://www.thecut.com/2016/05/why-many-gmo-opponents-will-never-be-convinced-otherwise.html>; BLANCKE, Stefaan. "Why People Oppose GMOs Even Though Science Says They Are Safe". *Scientific American*, August 18, 2015, disponível em <https://www.scientificamerican.com/article/why-people-oppose-gmos-even-though-science-says-they-are-safe>.

[59] Sarappo, "The Less People Understand Science the More Afraid of GMOs They Are"; TIMMER, John. "On GMO Safety, the Fiercest Opponents Understand the Least". *Ars Technica*, January 15, 2019, disponível em <https://arstechnica.com/science/2019/01/on-gmo-safety-the-fiercest-opponents-understand-the-least/>.

[60] Em outro resultado do mesmo estudo, 33% dos participantes achavam que tomates não OGMs não contêm nenhum gene. SOMIN, Ilya. "New Study Confirms That 80 Percent of Americans Support Labeling of Foods Contain-

Notas

ing DNA". *Washington Post*, March 27, 2016, disponível em <https://www.washingtonpost.com/news/volokh-conspiracy/wp/2016/05/27/new-study-confirms-that-80-percent-of-americans-support-mandatory-labeling-of-foods-containing-dna/>.

[61] Sarappo, "The Less People Understand Science the More Afraid of GMOs They Are".

[62] SÉRALINI, Gilles-Éric *et al.* "RETRACTED: Long-Term Toxicity of a Roundup Herbicide and Roundup-Tolerant Modified Maize". *Food and Chemical Toxicology* 50, n. 11, November 2012, pp. 4.221-4.231.

[63] Weller, "What You Need To Know". Outro problema com o trabalho de Séralini é ele ter feito jornalistas assinarem contratos de confidencialidade para impedi-los de buscar opiniões de outros cientistas antes de reportarem os seus resultados. Isso não é costumeiro na divulgação da ciência. Kloor, "GMO Opponents Are the Climate Skeptics of the Left". É preciso observar, entretanto, que, assim como com o estudo desacreditado de Andrew Wakefield relacionando vacinação e autismo, o estudo de Séralini ainda está disponível (após ser publicado em outro lugar) e é com frequência citado em estudos que pretendem elencar evidências contra a segurança dos OGMs. Lynas, *Seeds of Science*, pp. 236-237.

[64] Lynas, "Time to Call Out the Anti-GMO Conspiracy".

[65] Lynas, *Seeds of Science*. É bom saber que Bill Nye (o "cara da ciência") também provocou uma reviravolta nos OGMs nos últimos anos. POMEROY, Ross. "Why Bill Nye Changed His Mind on GMOs". *Real Clear Science*, October 16, 2016, disponível em <https://www.realclearscience.com/blog/2016/10/why_bill_nye_changed_his_mind_on_gmos_109763.html>.

[66] Lynas, *Seeds of Science*, p. 44.

[67] "Mark Lynas on His Conversion to Supporting GMOs – Oxford Lecture on Farming", YouTube, January 22, 2013, disponível em <https://www.youtube.com/watch?v=vf86QYf4Suo>.

[68] Lynas, *Seeds of Science*, pp. 251-252.

[69] HAIDT, Jonathan. *The Righteous Mind: Why Good People Are Divided by Politics and Religion.* New York, Vintage, 2012, p. 59.

[70] Lynas, *Seeds of Science*, p. 248.

[71] "Foi uma ironia que, no momento em que a comunidade científica começava a perceber que os temores iniciais de muitos especialistas sobre o DNA recombinante provavelmente haviam sido exagerados, o movimento ambiental estivesse solidificando sua postura em uma oposição implacável." Lynas, *Seeds of Science*, p. 172.

[72] Citação de um ativista da EarthFirst!, conforme reproduzida por Lynas, *Seeds of Science*, p. 183.

[73] Lynas, *Seeds of Science*, p. 191.

[74] *Idem*, p. 188.

[75] Ouvem-se ecos aqui das campanhas negacionistas anteriores da indústria do tabaco e do petróleo, embora nesse caso a campanha anti-OGM tenha sido decididamente anticorporativa.

Como falar com um negacionista da ciência

[76] Lynas, *Seeds of Science*, p. 237.

[77] *Idem*, p. 211.

[78] *Idem*, p. 189.

[79] *Idem*, p. 257.

[80] *Idem*, pp. 266-269.

[81] Lynas, "Time to Call Out the Anti-GMO Conspiracy".

[82] *Idem*. Um paralelo inevitável aqui é a insistência do ex-presidente sul-africano Thabo Mbeki de que os tratamentos de aids faziam parte de uma conspiração ocidental, um negacionismo que levou a mais de 300 mil mortes. Ver minha discussão no capítulo 8 e SPECTER, Michael. *Denialism: How Irrational Thinking Hinders Scientific Progress, Harms the Planet, and Threatens Our Lives*. New York, Penguin, 2009, p. 184; CAUVIN, Henri E. "Zambian Leader Defends Ban on Genetically Altered Foods". *New York Times*, September 4, 2002, disponível em <https://www.nytimes.com/2002/09/04/world/zambian-leader-defends-ban-on-genetically-altered-foods.html>.

[83] Existem algumas áreas legítimas de preocupação com os OGMs, como a evolução de superervas daninhas em resposta a herbicidas, contaminação por pólen (que pode levar a uma menor biodiversidade), potencial de alérgenos de base genética serem introduzidos em novos alimentos, pesticidas persistentes no solo muito tempo após a colheita, maior potencial de resistência a antibióticos e assim por diante. Os cientistas estão trabalhando em todas essas frentes. Apesar desses problemas, nenhum estudo científico jamais mostrou que os alimentos com OGMs não são seguros para o consumo. Existe um risco potencial com qualquer nova tecnologia; como vimos com as vacinas, o risco é baixo, mas não é zero. O principal, então, é se estamos dispostos a equilibrar esses riscos com base em evidências científicas ou a recorrer a suspeitas negacionistas.

[84] Ver o trabalho de Stephan Lewandowsky sobre a ligação entre as teorias da conspiração e o negacionismo da ciência citado em: Lynas, "Time to Call Out the Anti-GMO Conspiracy"; disponível em <https://en.wikipedia.org/wiki/GMO_conspiracy_theories>; Pomeroy, "Why Bill Nye Changed His Mind".

[85] Greenpeace, "Twenty Years of Failure: Why GM Crops Have Failed to Deliver on Their Promises", November 2015, disponível em <https://storage.googleapis.com/planet4-international-stateless/2015/11/7cc5259f-twenty-years-of-failure.pdf>; Lynas, *Seeds of Science*, p. 264.

[86] USCINSKI, Joseph E.; DOUGLAS, Karen & LEWANDOWSKY, Stephan. "Climate Change Conspiracy Theories". *Oxford Research Encyclopedia of Climate Science*, disponível em <https://oxfordre.com/climatescience/view/10.1093/acrefore/9780190228620.001.0001/acrefore-9780190228620-e-328>.

[87] Lynas, "Time to Call Out the Anti-GMO Conspiracy".

[88] ORANSKY, Ivan. "Controversial Seralini GMO-Rats Paper to Be Retracted". *Retraction Watch*, November 28, 2013, disponível em <https://retractionwatch.com/2013/11/28/controversial-seralini-gmo-rats-paper-to-be-retracted/>.

Notas

89 NOVELLA, Steven. "Golden Rice Finally Released in Bangladesh". *Neurologica* (*blog*), March 8, 2019, disponível em <https://theness.com/neurologica-blog/index.php/golden-rice-finally-released-in-bangladesh/>.

90 KRIMSKY, Sheldon. *GMOs Decoded: A Skeptic's View of Genetically Modified Foods*. Cambridge (MA), MIT Press, 2019.

91 *Idem*, p. xviii.

92 Por exemplo, algumas batatas cultivadas naturalmente são tóxicas devido aos altos níveis de glicoalcaloides. *Idem*, pp. 73, 107.

93 *Idem*, pp. 74-75.

94 *Idem*, p. 75.

95 *Idem*, p. 79.

96 Observe, porém, que 12% da dissidência (quanto aos OGMs) não é o mesmo que o 1% (quanto às mudanças climáticas). A questão do consenso não é apenas uma falta de conhecimento. De fato, alguém pode se perguntar: se 12% dos cientistas duvidam da segurança dos OGMs, existe realmente um consenso? No entanto, mesmo aqui, o ceticismo é permitido devido às estreitas áreas remanescentes do debate, mas o negacionismo, não.

97 MAI, H. J. "U.N. Warns Number of People Starving to Death Could Double Amid Pandemic". *NPR*, May 5, 2020, disponível em <https://www.npr.org/sections/coronavirus-live-updates/2020/05/05/850470436/u-n-warns-number-of-people-starving-to-death-could-double-amid-pandemic>.

98 Krimsky, *GMOs Decoded*, pp. 124, 149.

99 *Idem*, p. 87.

100 Ver meu argumento em: *The Scientific Attitude*, pp. 29-34.

101 Note que, para que haja um consenso, não é preciso haver 100% de concordância. Lynas, *Seeds of Science*, p. 260.

102 Krimsky, *GMOs Decoded*, p. 104.

103 *Idem*, p. 115. Observe que tipos semelhantes de estudos comparativos examinando se o timerosal (em vacinas) teria causado autismo – dado que o timerosal foi banido na Europa antes de chegar aos Estados Unidos – são considerados evidências definitivas para desmentir a alegação de que as vacinas causam autismo.

Capítulo 7

1 BROWN, H. Claire & FASSLER, Joe. "Whole Foods Quietly Pauses Its GMO Labeling Requirements". *The Counter*, May 21, 2018, disponível em <https://thecounter.org/whole-foods-gmo-labeling-requirements/>.

2 "GMO Labeling", Whole Foods Market, disponível em <https://www.wholefoodsmarket.com/quality-standards/gmo-labeling>.

3 CAMPBELL-SCHMITT, Adam. "Whole Foods Pauses GMO Labeling Deadline for Suppliers". *Food and Wine*, May 22, 2018, disponível em <https://www.foodandwine.com/news/whole-foods-gmo-labeling-policy>.

Como falar com um negacionista da ciência

[4] SCHULSON, Michael. "Whole Foods: America's Temple of Pseudoscience". *Daily Beast*, May 20, 2019, disponível em <https://www.thedailybeast.com/whole-foods-americas-temple-of-pseudoscience>.

[5] SHERMER, Michael. "The Liberals' War on Science". *Scientific American*, February 1, 2013, disponível em <https://www.scientificamerican.com/article/the-liberals-war-on-science/>.

[6] Quando liguei de volta na semana seguinte com algumas outras perguntas, ela disse que era uma questão difícil, mas por que não tentar colocar os nutrientes nos alimentos de outra maneira, sem ter que se apoiar na indústria de OGMs?

[7] Devo admitir que fiquei intrigado, então fiz algumas pesquisas e descobri que cerca de 5% dos produtores de trigo usam o Roundup como dessecante para os talos de trigo pouco antes da colheita, o que os torna mais secos e mais fáceis de colher. Sobre a questão de saber se há um risco de segurança relacionado a essa prática, ver: MIKKELSON, David & KASPRAK, Alex. "The Real Reason Wheat Is Toxic". *Snopes*, December 25, 2014, disponível em <https://www.snopes.com/fact-check/wheat-toxic/>.

[8] Nessa segunda ligação, ela esclareceu que suas preocupações com a segurança alimentar e o meio ambiente estavam relacionadas. Se envenenarmos o solo, não estaremos também prejudicando o futuro suprimento de alimentos? Ela também disse que o consenso científico sobre a segurança de organismos geneticamente modificados não fez muito para medir esses tipos de efeito em longo prazo.

[9] Eu tinha lido que plantar árvores era uma das melhores formas de mitigar os efeitos da mudança climática e deixei que ele calculasse quantas. TUTTON, Mark. "The Most Effective Way to Tackle Climate Change? Plant 1 Trillion Trees". *CNN*, April 17, 2019, disponível em <https://www.cnn.com/2019/04/17/world/trillion-trees-climate-change-intl-scn/index.html>.

[10] Na verdade, esse é o enredo do filme *Eu sou a lenda*, que Ted não tinha visto.

[11] E, claro, confiar em evidências falsas ou inventadas como base para o ceticismo – ou não ter nenhuma evidência como base para suas preocupações – também constitui negacionismo.

[12] LEWANDOWSKY, Stephan; WOIKE, Jan K. & OBERAUER, Klaus. "Genesis or Evolution of Gender Differences?". *Journal of Cognition* 31, n. 1, 2020, pp. 1-25, disponível em <https://www.journalofcognition.org/articles/10.5334/joc.99/>.

[13] LEWANDOWSKY, Stephan & OBERAUER, Klaus. "Motivated Rejection of Science". *Current Directions in Psychological Science* 25, n. 4, 2016, pp. 217-222.

[14] HAMILTON, Lawrence. "Conservative and Liberal Views of Science". *Carsey Research Regional Issue Brief* 45, Summer 2015, disponível em <https://scholars.unh.edu/cgi/viewcontent.cgi?article=1251&context=carsey>.

[15] Hamilton descobriu que "as lacunas entre liberais e conservadores com relação a essas questões variavam de 55 pontos (mudança climática) a 24 pontos (energia nuclear), mas sempre na mesma direção". Ou seja, não havia área em que os liberais confiassem menos nos cientistas do que os conservadores.

Notas

[16] KENNEDY, Brian & FUNK, Cary. "Many Americans Are Skeptical about Scientific Research on Climate and GM Foods". Pew Research, December 5, 2016, disponível em <https://www.pewresearch.org/fact-tank/2016/12/05/many-americans-are-skeptical-about-scientific-research-on-climate-and-gm-foods/>.

[17] Mas é claro que a oposição aos OGMs também seria um caso de negacionismo científico conservador. Portanto, de fato depende de como alguém deseja enquadrar a questão. Tecnicamente, dados os resultados das pesquisas bipartidárias, nem o sentimento antivacina, nem aquele contra os OGMs parecem bons candidatos para exemplos de um negacionismo da ciência de esquerda. Mas isso não significa que não haja problemas com as visões de muitos liberais de esquerda sobre alguns tópicos científicos. Uma questão intrigante aqui, porém, é se esses dois tópicos começaram como de esquerda e depois se tornaram bipartidários. Ver Langer (2001) citado em: USCINSKI, Joseph E.; DOUGLAS, Karen & LEWANDOWSKY, Stephan. "Climate Change Conspiracy Theories". *Oxford Research Encyclopedia of Climate Science*, September 26, 2017, disponível em <https://oxfordre.com/climatescience/view/10.1093/acrefore/9780190228620.001.0001/acrefore-9780190228620-e-328>.

[18] LEWANDOWSKY, Stephan; GIGNAC, Gilles E. & OBERAUER, Klaus. "The Role of Conspiracist Ideation and Worldviews in Predicting Rejection of Science". *PLoS One* 10, n. 8, 2015, disponível em <https://journals.plos.org/plosone/article?id=10.1371/journal.pone.0075637>.

[19] *Idem.* Para ser claro, poderíamos medir a ideologia política de uma pessoa se ela concordasse ou discordasse de uma visão de mundo conservadora. O mesmo vale para a ideologia de livre-mercado. Para obter uma explicação sobre o poder preditivo do comportamento com relação à vacinação com base nas diferentes visões de mundo, consulte: Lewandowsky, Gignac & Oberauer, "The Role of Conspiracist Ideation and Worldviews". Mas a questão com os OGMs é que não foi descoberta nenhuma correlação com a visão de mundo dos participantes, de um lado e de outro.

[20] Esta é provavelmente uma maneira melhor de analisar a questão do que simplesmente olhar para o número de partidários dos dois lados que dizem concordar com ou discordar de qualquer consenso científico específico, como feito por Hamilton. Mesmo que houvesse mais liberais do que conservadores que negassem os OGMs, isso por si só mostraria que a oposição aos OGMs era um exemplo de negacionismo da ciência de esquerda? Provavelmente não, pois, como mostra o trabalho de Lewandowsky, é preciso também explicar a ideologia por trás do rótulo partidário.

[21] Lewandowsky, Gignac & Oberauer, "The Role of Conspiracist Ideation and Worldviews".

[22] MCCOY, Charles. "Anti-Vaccination Beliefs Don't Follow the Usual Political Polarization". *The Conversation*, August 23, 2017, disponível em <https://theconversation.com/anti-vaccination-beliefs-dont-follow-the-usual-political-polarization-81001>; CONROW, Joan. "Anti-Vaccine Movement Embraced at Extremes of Political Spectrum, Study Finds". Cornell Alli-

ance for Science, June 14, 2018, disponível em <https://allianceforscience. cornell.edu/blog/2018/06/anti-vaccine-movement-embraced-extremes-political-spectrumstudy-finds/>; SHEFFIELD, Matthew. "Polls Show Emerging Ideological Divide Over Childhood Vaccinations". *The Hill*, March 14, 2019, disponível em <https://thehill.com/hilltv/what-americas-thinking/434107-polls-show-emerging-ideological-divide-over-childhood>.

[23] Lembre-se de que há motivos para pensar que isso pode ser verdade, visto que, com integrantes do movimento antivacina, houve uma divisão partidária entre a ideologia antigovernamental e aquela contra as grandes farmacêuticas. Com os OGMs, a divisão parece ser antigovernamental *versus* anticorporativa, o que é similar. Ver: KAHAN, Dan. "We Aren't Polarized on GM Foods – No Matter What the Result in Washington State". *Cultural Cognition Project*, November 5, 2013, disponível em <http://www.culturalcognition.net/blog/2013/11/5/we-arent-polarized-on-gm-foods-no-matter-what-the-result-in.html>. E também: KAHAN, Dan. "Trust in Science & Perceptions of GM Food Risks – Does the GSS Have Something to Say on This?". *Cultural Cognition Project*, March 16, 2017, disponível em <http://www.culturalcognition.net/blog/2017/3/16/trust-in-science-perceptions-of-gm-food-risks-does-the-gss-h.html>.

[24] Lewandowsky & Oberauer, "Motivated Rejection of Science".

[25] Ver a discussão sobre a psicologia evolucionista em: MOONEY, Chris. "Liberals Deny Science, Too". *Washington Post*, October 28, 2014, disponível em <https://www.washingtonpost.com/news/wonk/wp/2014/10/28/liberals-deny-science-too/>. Ver também: SHERMER, Michael. "Science Denial *versus* Science Pleasure". *Scientific American*, January 1, 2018, disponível em <https://www.scientificamerican.com/article/science-denial-versus-science-pleasure/>; Sherman, "The Liberals' War on Science".

[26] Uscinski, Douglas & Lewandowsky, "Climate Change Conspiracy Theories".

[27] Mas isso significa, portanto, que todo negacionismo da ciência vem da direita? Não. Dizer que não encontramos evidências suficientes para concluir que o negacionismo relacionado aos OGMs vem da esquerda não significa automaticamente que venha da direita. Na verdade, a mesma evidência que Lewandowsky cita para mostrar que a oposição aos OGMs não vem da esquerda pode ser usada para mostrar que não vem da direita. "Sem correlação" oscila nos dois sentidos.

[28] Lewandowsky, Gignac & Oberauer, "The Role of Conspiracist Ideation".

[29] Um importante estudo de 2017 de Anthony Washburn e Linda Skitka examinou precisamente essa questão e confirmou que liberais e conservadores tinham a mesma probabilidade de usar o raciocínio motivado quando um resultado científico entrava em conflito com suas crenças preexistentes. WASHBURN, Anthony N. & SKITKA, Linda J. "Science Denial Across the Political Divide: Liberals and Conservatives and Similarly Motivated to Deny Attitude-Inconsistent Science". *Social Psychology and Personality Science* 9, n. 9, 2018, disponível em <https://lskitka.people.uic.edu/WashburnSkitka2017_SPPS.pdf>.

Notas

[30] HAELLE, Tara. "Democrats Have a Problem with Science, Too". *Politico*, June 1 2014, disponível em <https://www.politico.com/magazine/story/2014/06/democrats-have-a-problem-with-science-too-107270>. Ver também: ARMSTRONG, Eric. "Are Democrats the Party of Science? Not Really". *New Republic*, January 10, 2017, disponível em <https://newrepublic.com/article/139700/democrats-party-science-not-really>.

[31] ELLER, Donnelle. "Anti-GMO Articles Tied to Russian Sites, ISU Research Shows". *Des Moines Register*, February 25, 2018, disponível em <https://www.desmoinesregister.com/story/money/agriculture/2018/02/25/russia-seeks-influence-usa-opinion-gmos-iowa-state-research/308338002/>; CREMER, Justin. "Russia Uses 'Information Warfare' to Portray GMOs Negatively". Cornell Alliance for Science, February 28, 2018, disponível em <https://allianceforscience.cornell.edu/blog/2018/02/russia-uses-information-warfare-portray-gmos-negatively/>. De fato, de acordo com o *New York Times*, o governo russo tem espalhado propaganda de negacionismo da ciência desde a crise da aids na década de 1980, passando pelo ebola, e até hoje, com inúmeras conspirações sobre a causa do coronavírus. BROAD, William J. "Putin's Long War Against American Science". *New York Times*, April 13, 2020, disponível em <https://www.nytimes.com/2020/04/13/science/putin-russia-disinformation-health-coronavirus.html>; BARNES, Julian E. & SANGER, David E. "Russian Intelligence Agencies Push Disinformation on Pandemic". *New York Times*, July 28, 2020, disponível em <https://www.nytimes.com/2020/07/28/us/politics/russia-disinformation-coronavirus.html>. Para mais informações e citações sobre os esforços da propaganda russa, ver o capítulo 8.

Capítulo 8

[1] BOSELEY, Sarah. "Mbeki Aids Denial 'Caused 300,000 Deaths'". *Guardian*, November 26, 2008, disponível em <https://www.theguardian.com/world/2008/nov/26/aids-south-africa>.

[2] Epidemiologistas estimaram que aproximadamente 90% das mortes americanas por coronavírus foram por causa do atraso do governo Trump entre 2 e 16 de março. JARECKI, Eugene. "Trump's Covid-19 Inaction Killed Americans. Here's a Counter that Shows How Many". *Washington Post*, May 6, 2020, disponível em <https://www.washingtonpost.com/outlook/2020/05/06/trump-covid-death-counter/>.

[3] USCINSKI, Joseph *et al.* "Why Do People Believe Covid-19 Conspiracy Theories?". *Misinformation Review*, April 28, 2020, disponível em <https://misinforeview.hks.harvard.edu/article/why-do-people-believe-covid-19-conspiracy-theories/>.

[4] LEWANDOWSKY, Stephan & COOK, John. "Coronavirus Conspiracy Theories Are Dangerous – Here's How to Stop Them Spreading". *The Conversa-*

Como falar com um negacionista da ciência

tion, April 20, 2020, disponível em <https://theconversation.com/corona-virus-conspiracy-theories-are-dangerous-heres-how-to-stop-them-spreading-136564>; SATARIANO, Adam & ALBA, Davey. "Burning Cell Towers, Out of Baseless Fear They Spread the Virus". *New York Times*, April 10, 2020, disponível em <https://www.nytimes.com/2020/04/10/technology/corona-virus-5g-uk.html>; ANDREWS, Travis M. "Why Dangerous Conspiracy Theories about the Virus Spread So Fast – and How They Can Be Stopped". *Washington Post*, May 1, 2020, disponível em <https://www.washingtonpost.com/technology/2020/05/01/5g-conspiracy-theory-coronavirus-misinformation/>.

5   ROZSA, Matthew. "We Asked Experts to Respond to the Most Common Covid-19 Conspiracy Theories and Misinformation". *Salon*, July 18, 2020, disponível em <https://www.salon.com/2020/07/18/we-asked-experts-to-respond-to-the-most-common-covid-19-conspiracy-theories/>; CASSAM, Quassim. "Covid Conspiracies". *ABC Saturday Extra*, May 16, 2020, disponível em <https://www.abc.net.au/radionational/programs/saturdayextra/covid-conspiracies/12252406>.

6   BROAD, William J. & LEVIN, Dan. "Trump Muses about Light as Remedy, but Also Disinfectant, Which Is Dangerous". *New York Times*, April 24, 2020, disponível em <https://www.nytimes.com/2020/04/24/health/sunlight-coronavirus-trump.html>.

7   BORBA, Mayla Gabriela Silva *et al.* "Chloroquine Diphosphate in Two Different Dosages As Adjunctive Therapy of Hospitalized Patients with Severe Respiratory Syndrome in the Context of Coronavirus (SARS-CoV-2) Infection: Preliminary Safety Results of a Randomized, Double-Blinded, Phase IIb Clinical Trial (CloroCovid-19 Study)". *medRxiv* (pré-impressão), April 7, 2020, disponível em <https://www.medrxiv.org/content/10.1101/2020.04.07.2005642 4v2>; FUNCK-BRENTANO, Christian *et al.* "Retraction and Republication: Cardiac Toxicity of Hydroxychloroquine in Covid-19". *Lancet*, July 9, 2020, disponível em <https://www.ncbi.nlm.nih.gov/pmc/articles/PMC7347305/>; THOMAS, Katie & SHEIKH, Knvul. "Small Chloroquine Study Halted over Risk of Fatal Heart Complications". *New York Times*, April 12, 2020, disponível em <https://www.nytimes.com/2020/04/12/health/chloroquine-coronavirus-trump.html>; SAMUELS, Elyse & KELLY, Meg. "How False Hope Spread about Hydroxychloroquine to Treat Covid-19 – and the Consequences That Followed". *Washington Post*, April 13, 2020, disponível em <https://www.washingtonpost.com/politics/2020/04/13/how-false-hope-spread-about-hydroxychloroquine-its-consequences/>; FARHI, Paul & IZADI, Elahe. "*Fox News* Goes Mum on the Covid-19 Drug They Spent Weeks Promoting". *Washington Post*, April 23, 2020, disponível em <https://www.washingtonpost.com/lifestyle/media/fox-news-hosts-go-mum-on-hydroxychloroquine-the-covid-19-drug-they-spent-weeks-promoting/2020/04/22/eeaf90c2-84ac-11ea-ae26-989cfce1c7c7_story.html>.

Notas

[8] OLEWE, Dickens. "Stella Immanuel – The Doctor behind Unproven Coronavirus Cure Claim". *BBC News*, July 29, 2020, disponível em <https://www.bbc.com/news/world-africa-53579773>.

[9] SULLIVAN, Margaret. "This Was the Week America Lost the War on Misinformation". *Washington Post*, July 30, 2020, disponível em <https://www.washingtonpost.com/lifestyle/media/this-was-the-week-america-lost-the-war-on-misinformation/2020/07/30/d8359e2e-d257-11ea-9038-af089b63ac21_story.html>.

[10] COLLINSON, Stephen. "Trump Seeks a 'Miracle' as Virus Fears Mount". *CNN*, February 28, 2020, disponível em <https://www.cnn.com/2020/02/28/politics/donald-trump-coronavirus-miracle-stock-markets/index.html>.

[11] Pense na seguinte analogia: se estivéssemos pescando mais peixes apenas porque estávamos lançando o dobro de redes, o número de peixes em cada rede não aumentaria, mesmo que a captura total aumentasse. Mas não é isso que está acontecendo. Cada rede tem mais peixes, e estamos lançando mais redes.

[12] A mídia de direita tem desempenhado um papel fundamental na disseminação de desinformação sobre o coronavírus. De acordo com um estudo da Harvard Kennedy School of Government, os telespectadores da *Fox News* eram muito mais propensos a subestimar a ameaça do coronavírus, porque os apresentadores dos programas com maior audiência da *Fox News* estavam promovendo essa atitude. SULLIVAN, Margaret. "The Data Is In: *Fox News* May Have Kept Millions from Taking the Coronavirus Threat Seriously". *Washington Post*, June 28, 2020, disponível em <https://www.washingtonpost.com/lifestyle/media/the-data-is-in-fox-news-may-have-kept-millions-from-taking-the-coronavirus-threat-seriously/2020/06/26/60d88aa2-b7c3-11ea-a8da-693df3d7674a_story.html>. Uma análise ainda mais refinada revelou que havia uma correlação entre a programação específica da *Fox News* e a prevalência de casos e mortes por coronavírus: BEAUCHAMP, Zack. "A Disturbing New Study Suggests Sean Hannity's Show Helped Spread the Coronavirus". *Vox*, April 22, 2020, disponível em <https://www.vox.com/policy-and-politics/2020/4/22/21229360/coronavirus-covid-19-fox-news-sean-hannity-misinformation-death>.

[13] DIAMOND, Dan & TOOSI, Nahal. "Trump Team Failed to Follow NSC's Pandemic Playbook". *Politico*, March 25, 2020, disponível em <https://www.politico.com/news/2020/03/25/trump-coronavirus-national-security-council-149285>.

[14] LAFRANIERE, Sharon *et al.* "Scientists Worry About Political Influence over Coronavirus Vaccine Project". *New York Times*, August 2, 2020, disponível em <https://www.nytimes.com/2020/08/02/us/politics/coronavirus-vaccine.html>.

[15] BOGEL-BURROUGHS, Nicholas. "Antivaccination Activists Are Growing Force at Virus Protests". *New York Times*, May 2, 2020, disponível em <https://www.nytimes.com/2020/05/02/us/anti-vaxxers-coronavirus-protests.html>.

[16] SZABO, Liz. "The Anti-Vaccine and Anti-Lockdown Movements Are Converging, Refusing to Be 'Enslaved'". *Los Angeles Times*, April 24, 2020, dis-

ponível em <https://www.latimes.com/california/story/2020-04-24/anti-vaccine-activists-latch-onto-coronavirus-to-bolster-their-movement>.

[17] REYNOLDS, Emma. "Some Anti-Vaxxers Are Changing Their Minds because of the Coronavirus Pandemic". *CNN*, April 20, 2020, disponível em <https://www.cnn.com/2020/04/20/health/anti-vaxxers-coronavirus-intl/index.html>; HENLEY, Jon. "Coronavirus Causing Some Anti-Vaxxers to Waver, Experts Say". *Guardian*, April 21, 2020, disponível em <https://www.theguardian.com/world/2020/apr/21/anti-vaccination-community-divided-how-respond-to-coronavirus-pandemic>; WALDERSEE, Victoria. "Could the New Coronavirus Weaken 'Anti-Vaxxers'?". *Reuters*, April 11, 2020, disponível em <https://www.reuters.com/article/us-health-coronavirus-antivax/could-the-new-coronavirus-weaken-anti-vaxxers-idUSKCN21T089>.

[18] KRAMER, Andrew E. "Russia Sets Mass Vaccinations for October After Shortened Trial". *New York Times*, August 2, 2020, disponível em <https://www.nytimes.com/2020/08/02/world/europe/russia-trials-vaccine-October.html>.

[19] NEERGAARD, Lauren & FINGERHUT, Hannah. "AP-NORC Poll: Half of Americans Would Get a Covid-19 Vaccine". *AP News*, May 27, 2020, disponível em <https://apnews.com/dacd c8bc428dd4df6511bfa259cfec44>.

[20] SPARKS, Steven & LANGER, Gary. "27% Unlikely to Be Vaccinated against the Coronavirus; Republicans, Conservatives Especially: POLL". *ABC News*, June 2, 2020, disponível em <https://abcnews.go.com/Politics/27-vaccinated-coronavirus-republicans-conservatives-poll/story?id=70962377>.

[21] FALCONER, Rebecca. "Fauci: Coronavirus Vaccine May Not Be Enough to Achieve Herd Immunity in the U.S.". *Axios*, June 29, 2020, disponível em <https://www.axios.com/fauci-coronavirus-vaccine-herd-immunity-unlikely-023151cc-086d-400b-a416-2f561eb9a7fa.html>.

[22] FERNANDEZ, Manny. "Conservatives Fuel Protests Against Coronavirus Lockdowns". *New York Times*, April 18, 2020, disponível em <https://www.nytimes.com/2020/04/18/us/texas-protests-stay-at-home.html>; WILSON, Jason & EVANS, Robert. "Revealed: Major Anti-Lockdown Group's Links to America's Far Right". *Guardian*, May 8, 2020, disponível em <https://www.theguardian.com/world/2020/may/08/lockdown-groups-far-right-links-coronavirus-protests-american-revolution>.

[23] TODD, Chuck *et al.* "The Gender Gap between Trump and Biden Has Turned into a Gender Canyon". *NBC News*, June 8, 2020, disponível em <https://www.nbcnews.com/politics/meet-the-press/gender-gap-between-trump-biden-has-turned-gender-canyon-n1227261>.

[24] MACFARQUHAR, Neil. "Who's Enforcing Mask Rules? Often Retail Workers, and They're Getting Hurt". *New York Times*, May 15, 2020, disponível em <https://www.nytimes.com/2020/05/15/us/coronavirus-masks-violence.html>; HUTCHINSON, Bill. "'Incomprehensible': Confrontations over Masks Erupt amid Covid-19 Crisis". *ABC News*, May 7, 2020, disponível em <https://abcnews.go.com/US/incomprehensible-confrontations-masks-erupt-amid-covid 19-crisis/story?id=70494577>.

Notas

[25] YODER, Kate. "Russian Trolls Shared Some Truly Terrible Climate Change Memes". *Grist*, May 1, 2018, disponível em <https://grist.org/article/russian-trolls-shared-some-truly-terrible-climate-change-memes/>; TIMBERG, Craig & ROMM, Tony. "These Provocative Images Show Russian Trolls Sought to Inflame Debate over Climate Change, Fracking and Dakota Pipeline". *Washington Post*, March 1, 2018, disponível em <https://www.washingtonpost.com/news/the-switch/wp/2018/03/01/congress-russians-trolls-sought-to-inflame-u-s-debate-on-climate-change-fracking-and-dakota-pipeline/>; LEBER, Rebecca & VICENS, A. J. "7 Years Before Russia Hacked the Election, Someone Did the Same Thing to Climate Scientists". *Mother Jones*, January-February 2018, disponível em <https://www.motherjones.com/politics/2017/12/climategate-wikileaks-russia-trump-hacking/>.

[26] JOHNSON, Carolyn Y. "Russian Trolls and Twitter Bots Exploit Vaccine Controversy". *Washington Post*, August 23, 2018, disponível em <https://www.washingtonpost.com/science/2018/08/23/russian-trolls-twitter-bots-exploit-vaccine-controversy/>; GLENZA, Jessica. "Russian Trolls 'Spreading Discord' over Vaccine Safety Online". *Guardian*, August 23, 2018, disponível em <https://www.theguardian.com/society/2018/aug/23/russian-trolls-spread-vaccine-misinformation-on-twitter>.

[27] ELLER, Donnelle. "Anti-GMO Articles Tied to Russian Sites". *Des Moines Register*, Feburary 25, 2018, disponível em <https://www.desmoinesregister.com/story/money/agriculture/2018/02/25/russia-seeks-influence-usa-opinion-gmos-iowa-state-research/308338002/>; CREMER, Justin. "Russia Uses 'Information Warfare' to Portray GMOs Negatively". Cornell Alliance for Science, February 2018, disponível em <https://allianceforscience.cornell.edu/blog/2018/02/russia-uses-information-warfare-portray-gmos-negatively/>.

[28] EMMOTT, Robin. "Russia Deploying Coronavirus Disinformation to Sow Panic in West, EU Document Shows". *Reuters*, March 18, 2020, disponível em <https://www.reuters.com/article/us-health-coronavirus-disinformation/russia-deploying-coronavirus-disinformation-to-sow-panic-in-west-eu-document-says-idUSKBN21518F>.

[29] KIM, Allen. "Nearly Half of the Twitter Accounts Discussing 'Reopening America' May Be Bots, Researchers Say". *CNN*, May 22, 2020, disponível em <https://www.cnn.com/2020/05/22/tech/twitter-bots-trnd/index.html>.

[30] TUCKER, Eric. "US Officials: Russia behind Spread of Virus Disinformation". *AP News*, July 28, 2020, disponível em <https://apnews.com/3acb089e-6a333e051dbc4a465cb68ee1>.

[31] "The Coronavirus Gives Russia and China Another Opportunity to Spread Their Disinformation", *Washington Post*, March 29, 2020, disponível em <https://www.washingtonpost.com/opinions/the-coronavirus-gives-russia-and-china-another-opportunity-to-spread-their-disinformation/2020/03/29/8423a0f8-6d4c-11ea-a3ec-70d7479d83f0_story.html>; WONG, Edward *et al*. "Chinese Agents Spread Messages That Sowed Virus Panic in U.S., Officials Say". *New York Times*, April 22, 2020, disponível em <https://www.nytimes.com/2020/04/22/us/politics/coronavirus-china-disinformation.html>.

Como falar com um negacionista da ciência

[32] MILMAN, Oliver. "Revealed: Quarter of All Tweets about Climate Crisis Produced by Bots". *Guardian*, February 21, 2020, disponível em <https://www.theguardian.com/technology/2020/feb/21/climate-tweets-twitter-bots-analysis>; BORT, Ryan. "Study: Bots Are Fueling Online Climate Denialism". *Rolling Stone*, February 21, 2020, disponível em <https://www.rollingstone.com/politics/politics-news/bots-fueling-climate-science-denialism-twitter-956335/>.

[33] Queira Zuckerberg ou não que o Facebook seja o "árbitro da verdade", tantas pessoas recebem notícias de seu *site* que talvez ele já desempenhe esse papel. LEVY, Steven. "Mark Zuckerberg Is an Arbiter of Truth – Whether He Likes It or Not". *Wired*, June 5, 2020, disponível em <https://www.wired.com/story/mark-zuckerberg-is-an-arbiter-of-truth-whether-he-likes-it-or-not/>.

[34] ROMM, Tony. "Facebook CEO Mark Zuckerberg Says in Interview He Fears 'Erosion of Truth' but Defends Allowing Politicians to Lie in Ads". *Washington Post*, October 17, 2019, disponível em <https://www.washingtonpost.com/technology/2019/10/17/facebook-ceo-mark-zuckerberg-says-interview-he-fears-erosion-truth-defends-allowing-politicians-lie-ads/>.

[35] TIMBERG, Craig & BA TRAN, Andrew. "Facebook's Fact-Checkers Have Ruled Claims in Trump's Ads Are False – but No One Is Telling Facebook's Users". *Washington Post*, August 5, 2020, disponível em <https://www.washingtonpost.com/technology/2020/08/05/trump-facebook-ads-false/>.

[36] MURDOCK, Jason. "Most Covid-19 Misinformation Originates on Facebook, Research Suggests". *Newsweek*, July 6, 2020, disponível em <https://www.newsweek.com/facebook-covid19-coronavirus-misinformation-twitter-youtube-whatsapp-1515642>.

[37] KELLY, Heather. "Facebook, Twitter Penalize Trump for Posts Containing Coronavirus Misinformation". *Washington Post*, August 7, 2020, disponível em <https://www.washingtonpost.com/technology/2020/08/05/trump-post-removed-facebook/>.

[38] KANTROWITZ, Alex. "Facebook Is Taking Down Posts That Cause Imminent Harm – but Not Posts That Cause Inevitable Harm". *BuzzFeed News*, May 3, 2020, disponível em <https://www.buzzfeednews.com/article/alexkantrowitz/facebook-coronavirus-misinformation-takedowns>.

[39] "Twitter to Label Misinformation about Coronavirus amid Flood of False Claims and Conspiracy Theories", *CBS News*, May 13, 2020, disponível em <https://www.cbsnews.com/news/twitter-misinformation-disputed-tweets-claims-coronavirus/>.

[40] TIMBERG, Craig *et al.* "Tech Firms Take a Hard Line against Coronavirus Myths. But What about Other Types of Misinformation?". *Washington Post*, February 28, 2020, disponível em <https://www.washingtonpost.com/technology/2020/02/28/facebook-twitter-amazon-misinformation-coronavirus/>.

[41] SEGALOV, Michael. "The Parallels between Corornavirus and Climate Crisis Are Obvious". *Guardian*, May 4, 2020, disponível em <https://www.theguardian.com/environment/2020/may/04/parallels-climate-coronavirus-obvious-emily-atkin-pandemic>; GARDNER, Beth. "Coronavirus Holds Key Lessons on How to Fight Climate Change". *Yale Environment 360*, March 23,

2020, disponível em <https://e360.yale.edu/features/coronavirus-holds-key-lessons-on-how-to-fight-climate-change>.

[42] LEVIN, Bess. "Texas Lt. Governor: Old People Should Volunteer to Die to Save the Economy". *Washington Post*, March 24, 2020, disponível em <https://www.washingtonpost.com/sports/2020/04/18/sally-jenkins-trump-coronavirus-testing-economy/>; <https://www.vanityfair.com/news/2020/03/dan-patrick-coronavirus-grandparents>.

[43] John Kerry propõe um argumento diferente: lutar contra a mudança climática não exige que fechemos a economia, mas sim que criemos empregos e infraestrutura para desenvolver uma economia renovada em torno das questões da energia limpa. BEALS, Rachel Koning. "Covid-19 and Climate Change: 'The Parallels Are Screaming at Us,' Says John Kerry". *Market Watch*, April 22, 2020, disponível em <https://www.marketwatch.com/story/covid-19-and-climate-change-the-parallels-are-screaming-at-us-says-john-kerry-2020-04-22>.

[44] KRUGMAN, Paul. "Covid-19 Brings Out All the Usual Zombies". *New York Times*, March 28, 2020, disponível em <https://www.nytimes.com/2020/03/28/opinion/coronavirus-trump-response.html>.

[45] Para uma visão mais detalhada de como os paralelos desenrolam-se em torno desses cinco passos, ver o uso de Lewandowsky e Cook de uma imagem da Yale Climate Connections: "Coronavirus Conspiracy Theories Are Dangerous", *The Conversation*, April 20, 2020, disponível em <https://theconversation.com/coronavirus-conspiracy-theories-are-dangerous-heres-how-to--stop-them-spreading-136564>.

[46] GARDINER, Beth. "Coronavirus Holds Key Lessons". *Yale Environment 360*, March 23, 2020, disponível em <https://e360.yale.edu/features/coronavirus-holds-key-lessons-on-how-to-fight-climate-change>.

[47] SYKES, Charlie. "Did Trump and Kushner Ignore Blue State Covid-19 Testing as Deaths Spiked?". *NBC News*, August 4, 2020, disponível em <https://www.nbcnews.com/think/opinion/did-trump-kushner-ignore-blue-state-covid-19-testing-deaths-ncna1235707>.

[48] BARROW, Bill *et al.* "Coronavirus' Spread in GOP Territory, Explained in Six Charts". *AP News*, June 30, 2020, disponível em <https://apnews.com/7aa2fc-f7955333834e01a7f9217c77d2>.

[49] Lewandowsky & Oberauer, "Motivated Rejection of Science"; VAN DER LINDEN, Sander; LEISEROWITZ, Anthony & MAIBACH, Edward. "Gateway Illusion or Cultural Cognition Confusion?". *Journal of Science Communication* 16, n. 5, 2017, disponível em <https://jcom.sissa.it/archive/16/05/JCOM_1605_2017_A04>.

[50] NUCCITELLI, Dana. "Research Shows That Certain Facts Can Still Change Conservatives' Minds". *Guardian*, December 14, 2017, disponível em <https://www.theguardian.com/environment/climate-consensus-97-per-cent/2017/dec/14/research-shows-that-certain-facts-can-still-change-conservatives-minds>.

Como falar com um negacionista da ciência

51 CARLISLE, Madeleine. "Three Weeks After Trump's Tulsa Rally, Oklahoma Reports Record High Covid-19 Numbers". *Time*, July 11, 2020, disponível em <https://time.com/5865890/oklahoma-covid-19-trump-tulsa-rally/>.

52 "Coronavirus: Donald Trump Wears Face Mask for the First Time", *BBC*, July 12, 2020, disponível em <https://www.bbc.com/news/world-us-canada-53378439>.

53 WAGNER, John *et al.* "Herman Cain, Former Republican Presidential Hopeful, Has Died of Coronavirus, His Website Says". *Washington Post*, July 30, 2020, disponível em <https://www.washingtonpost.com/politics/herman-cain-former-republican-presidential-hopeful-has-died-of-the-coronavirus-statement-on-his-website-says/2020/07/30/4ac62a10-d273-11ea-9038-af089b63ac21_story.html>.

54 COLLMAN, Ashley. "A Man Who Thought the Coronavirus Was a 'Scamdemic' Wrote a Powerful Essay Warning against Virus Deniers after He Hosted a Party and Got His Entire Family Sick". *Business Insider*, July 28, 2020, disponível em <https://www.businessinsider.com/coronavirus-texas-conservative-thought-hoax-before-infection-2020-7>.

55 GRIFFITH, Janelle. "He Thought the Coronavirus Was 'a Fake Crisis.' Then He Contracted It and Changed His Mind". *NBC News*, May 18, 2020, disponível em <https://www.nbcnews.com/news/us-news/he-thought-coronavirus-was-fake-crisis-then-he-contracted-it-n1209246>.

56 LACAPRIA, Kim. "Richard Rose Dies of Covid-19, After Repeated 'Covid Denier' Posts". *Truth or Fiction*, July 10, 2020, disponível em <https://www.truthorfiction.com/richard-rose-dies-of-covid-19-after-repeated-covid-denier-posts/>.

57 URQUIZA, Kristin. "Governor, My Father's Death Is on Your Hands". *Washington Post*, July 27, 2020, disponível em <https://www.washingtonpost.com/outlook/governor-my-fathers-death-is-on-your-hands/2020/07/26/55a-43bec-cd15-11ea-bc6a-6841b28d9093_story.html>.

58 WARZEL, Charlie. "How to Actually Talk to Anti-Maskers". *New York Times*, July 22, 2020, disponível em <https://www.nytimes.com/2020/07/22/opinion/coronavirus-health-experts.html>.

59 *Idem.*

60 Ele cita uma pesquisa do *New York Times* em parceria com o Siena College de junho de 2020, que mostrou que 90% dos democratas e 75% dos republicanos disseram ter confiança em cientistas da área médica como fonte de informações seguras quanto à covid-19.

61 Warzel, "How to Actually Talk to Anti-Maskers".

62 Ver meu livro *The Scientific Attitude.*

63 Aqui, também, admitir a incerteza e mostrar um pouco de humildade pode ser eficaz. HONIGSBAUM, Mark. "Anti-Vaxxers: Admitting That Vaccinology Is an Imperfect Science May Be a Better Way to Defeat Sceptics". *The Conversation*, February 15, 2019, disponível em <https://theconversation.com/anti-vaxxers-admitting-that-vaccinology-is-an-imperfect-science-may-

Notas

be-a-better-way-to-defeat-sceptics-111794?utm_medium=Social&utm_source=Twitter#Echobox=1550235443>.

[64] Warzel, "How to Actually Talk to Anti-Maskers".

[65] Para um excelente artigo curto com dicas práticas sobre como ter conversas eficazes com aqueles que acreditam em teorias da conspiração sobre tópicos científicos, consulte: BASU, Tanya. "How to Talk to Conspiracy Theorists – and Still Be Kind". *MIT Technology Review*, July 15, 2020, disponível em <https://www.technologyreview.com/2020/07/15/1004950/how-to-talk-to-conspiracy-theorists-and-still-be-kind/>.

[66] Ver a nota 35 do capítulo 3 deste livro para citações de alguns outros que discutiram a ideia.

Referências bibliográficas

APPIAH, Kwame Anthony. "People Don't Vote for What They Want: They Vote for Who They Are". *Washington Post*, August 30, 2018. Disponível em <https://www.washingtonpost.com/outlook/people-dont-vote-for-want-they-want-they-vote-for-who-they-are/2018/08/30/fb5b7e44-abd7-11e8-8a0c-70b618c98d3c_story.html>.

ASCH, Solomon. "Opinions and Social Pressure". *Scientific American* 193, November 1955, pp. 31-35.

BARDON, Adrian. *The Truth about Denial: Bias and Self-Deception in Science, Politics, and Religion*. Oxford, Oxford University Press, 2020.

BECK, Julie. "This Article Won't Change Your Mind". *Atlantic*, March 13, 2017.

BERMAN, Jonathan. *Anti-Vaxxers: How to Challenge a Misinformed Movement*. Cambridge (MA), MIT Press, 2020.

BERMAN, Mark. "More Than 100 Confirmed Cases of Measles in the U.S". *Washington Post*, February 2, 2015. Disponível em <https://www.washingtonpost.com/news/to-your-health/wp/2015/02/02/more-than-100-confirmed-cases-of-measles-in-the-u-s-cdc-says>.

BOGHOSSIAN, Peter & LINDSAY, James. *How to Have Impossible Conversations: A Very Practical Guide*. New York, Lifelong Books, 2019.

BOSELEY, Sarah. "Mbeki Aids Denial 'Caused 300,000 Deaths'". *Guardian*, November 26, 2008.

Referências bibliográficas

BRANIGIN, Rose. "I Used to Be Opposed to Vaccines. This Is How I Changed My Mind". *Washington Post*, February 11, 2019. Disponível em <https://www.washingtonpost.com/opinions/i-used-to-be-opposed-to-vaccines-this-is-how-i-changed-my-mind/2019/02/11/20fca654-2e24-11e9-86ab-5d02109aeb01_story.html>.

CASSAM, Quassim. *Conspiracy Theories*. Cambridge, Polity, 2019.

CLARK, Daniel (dir.). *Behind the Curve*. Delta-V Productions, 2018. Disponível em <https://www.behind thecurvefilm.com/>.

COLL, Steve. *Private Empire: ExxonMobil and American Power*. New York, Penguin, 2012.

COOK, John. "A History of FLICC: The 5 Techniques of Science Denial". *Skeptical Science*, March 31, 2020. Disponível em <https://skepticalscience.com/history-FLICC-5-techniques-science-denial.html>.

CREASE, Robert P. *The Workshop and the World: What Ten Thinkers Can Teach Us about the Authority of Science*. New York, Norton, 2019.

DEAN, Cornelia. *Making Sense of Science: Separating Substance from Spin*. Cambridge (MA), Harvard University Press, 2017.

DEER, Brian. "British Doctor Who Kicked-Off Vaccines-Autism Scare May Have Lied, Newspaper Says". *Los Angeles Times*, February 9, 2009.

_____ . "How the Case against the MMR Vaccine Was Fixed". *British Medical Journal* 342, 2011, case 5.347.

DIETHELM, Pascal & MCKEE, Martin. "Denialism: What Is It and How Should Scientists Respond?". *European Journal of Public Health* 19, n. 1, January 2009, pp. 2-4. Disponível em <https://academic.oup.com/eurpub/article/19/1/2/463780>.

DOYLE, Alister. "Evidence for Man-Made Global Warming Hits 'Gold Standard': Scientists". *Reuters*, February 25, 2019. Disponível em <https://www.reuters.com/article/us-climatechange-temperatures/evidence-for-man-made-global-warming-hits-gold-standard-scientists-idUSKCN1QE1ZU>.

FESTINGER, Leon; RICKEN, Henry & SCHACHTER, Stanley. *When Prophecy Fails*. New York, Harper and Row, 1964.

FOLLEY, Aris. "Nasa Chief Says He Changed Mind about Climate Change because He 'Read a Lot'". *The Hill*, June 6, 2018. Disponível em <https://thehill.com/blogs/blog-briefing-room/news/391050-nasa-chief-on-changing-view-of-climate-change-i-heard-a-lot-of>.

FORAN, Clare. "Ted Cruz Turns Up the Heat on Climate Change". *Atlantic*, December 9, 2015.

Como falar com um negacionista da ciência

GEE, David. "Almost All Flat Earthers Say YouTube Videos Convinced Them, Study Says". *Friendly Atheist*, February 20, 2019. Disponível em <https://friendlyatheist.patheos.com/2019/02/20/almost-all-flat-earthers-say-youtube-videos-convinced-them-study-says/>.

GILLIS, Justin. "Scientists Warn of Perilous Climate Shift within Decades, Not Centuries". *New York Times*, March 22, 2016.

GODLEE, Fiona. "Wakefield Article Linking MMR Vaccine and Autism Was Fraudulent". *British Medical Journal* 342, 2011, case 7.452.

GORMAN, Sara & GORMAN, Jack. *Denying to the Grave: Why We Ignore the Facts That Will Save Us*. Oxford, Oxford University Press, 2017.

GRISWOLD, Eliza. "People in Coal Country Worry about the Climate, Too". *New York Times*, July 13, 2019. Disponível em <https://www.nytimes.com/2019/07/13/opinion/sunday/jobs-climate-green-new-deal.html>.

HAIDT, Jonathan. *The Righteous Mind: Why Good People Are Divided by Politics and Religion*. New York, Vintage, 2012.

HALL, Shannon. "Exxon Knew about Climate Change Almost 40 Years Ago". *Scientific American*, October 26, 2015.

HAMILTON, Lawrence. "Conservative and Liberal Views of Science: Does Trust Depend on Topic?". *Carsey Research, Regional Issue Brief* 45, Summer 2015. Disponível em <https://scholars.unh.edu/cgi/viewcontent.cgi?article=1251&context=carsey>.

HANSEN, James. *Storms of My Grandchildren*. New York, Bloomsbury, 2010.

HARRIS, Paul. "Four US States Considering Laws That Challenge Teaching of Evolution". *Guardian*, January 31, 2013.

HOGGAN, James & LITTLEMORE, Richard. *Climate Cover-Up: The Crusade to Deny Global Warming*. Vancouver, Greystone, 2009.

HOOFNAGLE, Mark. "About". *ScienceBlogs*, April 30, 2007. Disponível em <https://scienceblogs.com/denialism/about>.

HUBER, Rose. "Scientists Seen as Competent but Not Trusted by Americans". Woodrow Wilson School, September 22, 2014. Disponível em <https://publicaffairs.princeton.edu/news/scientists-seen-competent-not-trusted-americans>.

JOYCE, Christopher. "Rising Sea Levels Made This Republican Mayor a Climate Change Believer". *NPR*, May 17, 2016. Disponível em <https://www.npr.org/2016/05/17/477014145/rising-seas-made-this-republican-mayor-a-climate-change-believer>.

KAHAN, Dan *et al.* "Motivated Numeracy and Enlightened Self-Government". *Behavioural Public Policy* (pré-impressão), 2013. Disponível em <https://pdfs.semanticscholar.org/2125/a9ade77f4d1143c4f-5b15a534386e72e3aea.pdf>.

KAHN, Brian. "No Pause in Global Warming". *Scientific American*, June 4, 2015.

KAHNEMAN, Daniel. *Thinking Fast and Slow*. New York, Farrar, Straus and Giroux, 2011.

KAHN-HARRIS, Keith. *Denial: The Unspeakable Truth*. London, Notting Hill Editions, 2018.

KEELEY, Brian. "Of Conspiracy Theories". *Journal of Philosophy* 96, n. 3, March 1999, pp. 109-126.

KOLBERT, Elizabeth. "Why Facts Don't Change Our Minds". *New Yorker*, February 27, 2017. Disponível em <https://www.newyorker.com/magazine/2017/02/27/why-facts-dont-change-our-minds>.

KRIMSKY, Sheldon. *GMOs Decoded: A Skeptic's View of Genetically Modified Foods*. Cambridge (MA), MIT Press, 2019.

KRUGER, Justin & DUNNING, David. "Unskilled and Unaware of It: How Difficulties in Recognizing One's Own Incompetence Lead to Inflated Self-Assessments". *Journal of Personality and Social Psychology* 77, n. 6, 1999, pp. 1.121-1.134.

KUKLINSKI, James H. *et al.* "Misinformation and the Currency of Democratic Citizenship". *Journal of Politics* 62, n. 3, August 2000, pp. 790-816.

LANDRUM, Asheley; OLSHANSKY, Alex & RICHARDS, Othello. "Differential Susceptibility to Misleading Flat Earth Arguments on YouTube". *Media Psychology*, September 29, 2019. Disponível em <https://www.tandfonline.com/doi/full/10.1080/15213269.2019.1669461>.

LEONARD, Christopher. *Kochland: The Secret History of Koch Industries and Corporate Power in America*. New York, Simon and Schuster, 2019.

LEWANDOWSKY, Stephan & COOK, John. *The Conspiracy Theory Handbook*, 2020. Disponível em <https://www.climatechangecommunication.org/conspiracy-theory-handbook/>.

LEWANDOWSKY, Stephan; GIGNAC, Gilles E. & OBERAUER, Klaus. "The Role of Conspiracist Ideation and Worldviews in Predicting Rejection of Science". *PLoS One* 10, n. 8, 2015. Disponível em <https://journals.plos.org/plosone/article?id=10.1371/journal.pone.0075637>.

LEWANDOWSKY, Stephan & OBERAUER, Klaus. "Motivated Rejection of Science". *Current Directions in Psychological Science* 25, n. 4, 2016, pp. 217-222.

LEWANDOWSKY, Stephan; WOIKE, Jan K. & OBERAUER, Klaus. "Genesis or Evolution of Gender Differences? Worldview-Based Dilemmas in the Processing of Scientific Information". *Journal of Cognition* 3, n. 1, 2020, p. 9.

LONGINO, Helen. *Science as Social Knowledge: Values and Objectivity in Scientific Inquiry*. Princeton, Princeton University Press, 1990.

LYNAS, Mark. *Seeds of Science: Why We Got It So Wrong on GMOs*. London, Bloomsbury, 2018.

LYNCH, Michael Patrick. *Know-It-All Society: Truth and Arrogance in Political Culture*. New York, Liveright, 2019.

MASON, Lilliana. "Ideologues without Issues: The Polarizing Consequences of Ideological Identities". *Public Opinion Quarterly* 82, n. S1, March 21, 2018, pp. 866-887.

MAYER, Jane. *Dark Money: The Hidden History of the Billionaires Behind the Rise of the Radical Right*. New York, Anchor, 2017.

MCINTYRE, Lee. *Respecting Truth: Willful Ignorance in the Internet Age*. New York, Routledge, 2015.

_____ . "The Price of Denialism". *New York Times*, November 7, 2015.

_____ . *Post-Truth*. Cambridge (MA), MIT Press, 2018.

_____ . "Flat Earthers, and the Rise of Science Denial in America". *Newsweek*, May 14, 2019. Disponível em <https://www.newsweek.com/flat-earth-science-denial-america-1421936>.

_____ . *The Scientific Attitude: Defending Science from Denial, Fraud, and Pseudoscience*. Cambridge (MA), MIT Press, 2019.

_____ . "How to Talk to Covid-19 Deniers". *Newsweek*, August 18, 2020. Disponível em <https://www.newsweek.com/how-talk-covid-deniers-1525496>.

MEIKLE, James & BOSELEY, Sarah. "MMR Row Doctor Andrew Wakefield Struck Off Register". *Guardian*, May 24, 2010.

MELLOR, David Hugh. "The Warrant of Induction". *Matters of Metaphysics*. Cambridge, Cambridge University Press, 1991.

MNOOKIN, Seth. *The Panic Virus: The True Story Behind the Vaccine-Autism Controversy*. New York, Simon and Schuster, 2011.

MOONEY, Chris. *The Republican War on Science*. New York, Basic Books, 2005.

_____ . *The Republican Brain: The Science of Why They Deny Science – and Reality*. Hoboken (NJ), Wiley, 2012.

Referências bibliográficas

MOSER, Laura. "Another Year, Another Anti-Evolution Bill in Oklahoma". *Slate*, January 25, 2016. Disponível em <http://www.slate.com/blogs/schooled/2016/01/25/oklahoma_evolution_controversy_two_new_bills_present_alternatives_to_evolution.html>.

NAHIGYAN, Pierce. "Global Warming Never Stopped". *Huffington Post*, December 3, 2015. Disponível em <https://www.huffpost.com/entry/global-warming-never-stopped_b_8704128>.

NICHOLS, Tom. *The Death of Expertise: The Campaign against Established Knowledge and Why It Matters*. Oxford, Oxford University Press, 2017.

NPR NEWS. "Scientific Evidence Doesn't Support Global Warming, Sen. Ted Cruz Says". *NPR*, December 9, 2015. Disponível em <http://www.npr.org/2015/12/09/459026242/scientific-evidence-doesn-t-support-global-warming-sen-ted-cruz-says>.

NUCCITELLI, Dana. "Here's What Happens When You Try to Replicate Climate Contrarian Papers". *Guardian*, August 25, 2015.

NYHAN, Brendan & REIFLER, Jason. "When Corrections Fail: The Persistence of Political Misperceptions". *Political Behavior* 32, 2010, pp. 303-330.

_____ . "The Roles of Information Deficits and Identity Threat in the Prevalence of Misperceptions". *Journal of Elections, Public Opinion and Parties* 29, n. 2, 2019, pp. 222-244.

O'CONNOR, Cailin & WEATHERALL, James. *The Misinformation Age: How False Beliefs Spread*. New Haven, Yale University Press, 2017.

OFFIT, Paul. *Deadly Choices: How the Anti-Vaccine Movement Threatens Us All*. New York, Basic Books, 2015.

ORESKES, Naomi & CONWAY, Erik. *Merchants of Doubt: How a Handful of Scientists Obscured the Truth on Issues from Tobacco Smoke to Global Warming*. New York, Bloomsbury, 2011.

OTTO, Shawn. *The War on Science: Who's Waging It, Why It Matters, What We Can Do about It*. Minneapolis, Milkweed, 2016.

PAPPAS, Stephanie. "Climate Change Disbelief Rises in America". *LiveScience*, January 16, 2014. Disponível em <http://www.livescience.com/42633-climate-change-disbelief-rises.html>.

PIGLIUCCI, Massimo. *Denying Evolution: Creationism, Scientism and the Nature of Science*. Oxford, Sinauer Associates, 2002.

PINKER, Steven. *Enlightenment Now: The Case for Reason, Science, Humanism, and Progress*. New York, Penguin, 2019.

PLAIT, Phil. "Scientists Explain Why Ted Cruz Is Wrong about the Climate". *Mother Jones*, January 19, 2016.

PROTHERO, Donald. *Reality Check: How Science Deniers Threaten Our Future*. Bloomington, Indiana University Press, 2013.

REDLAWSK, David *et al.* "The Affective Tipping Point: Do Motivated Reasoners Ever 'Get It'?". *Political Psychology* 31, n. 4, 2010, pp. 563--593.

SASLOW, Eli. *Rising Out of Hatred: The Awakening of a Former White Nationalist*. New York, Anchor, 2018.

SCHMID, Philipp & BETSCH, Cornelia. "Effective Strategies for Rebutting Science Denialism in Public Discussions". *Nature Human Behaviour* 3, 2019, pp. 931-939.

SHEPPARD, Kate. "Ted Cruz: 'Global Warming Alarmists Are the Equivalent of the Flat-Earthers'". *Huffington Post*, March 25, 2015. Disponível em <https://www.huffpost.com/entry/ted-cruz-global-warming_n_6940188>.

SHERMER, Michael. *The Believing Brain*. New York, Times Books, 2011.

_____ . "How to Convince Someone When Facts Fail: Why Worldview Threats Undermine Evidence". *Scientific American*, January 1, 2017. Disponível em <https://www.scientificamerican.com/article/how-to-convince-someone-when-facts-fail/>.

SPECTER, Michael. *Denialism: How Irrational Thinking Hinders Scientific Progress, Harms the Planet, and Threatens Our Lives*. New York, Penguin, 2009.

STEINHAUSER, Jennifer. "Rising Public Health Risk Seen as More Parents Reject Vaccines". *New York Times*, March 21, 2008.

STORR, Will. *The Heretics: Adventures with the Enemies of Science*. New York, Picador, 2013.

SUN, Lena & O'HAGAN, Maureen. "'It Will Take Off Like Wildfire': The Unique Dangers of the Washington State Measles Outbreak". *Washington Post*, February 6, 2019. Disponível em <https://www.washingtonpost.com/national/health-science/it-will-take-off-like-a-wildfire-the-unique-dangers-of-the-washington-state-measles-outbreak/2019/02/06/cfd5088a-28fa-11e9-b011-d8500644dc98_story.html>.

TRIVERS, Robert. *The Folly of Fools – The Logic of Deceit and Self-Deception in Human Life*. New York, Basic Books, 2011.

VAN DER LINDEN, Sander. "Countering Science Denial". *Nature Human Behaviour* 3, 2019, pp. 889-890. Disponível em <https://www.nature.com/articles/s41562-019-0631-5>.

Referências bibliográficas

WARZEL, Charlie. "How to Actually Talk to Anti-Maskers". *New York Times*, July 22, 2020. Disponível em <https://www.nytimes.com/2020/07/22/opinion/coronavirus-health-experts.html>.

WEST, Mick. *Escaping the Rabbit Hole: How to Debunk Conspiracy Theories Using Facts, Logic, and Respect*. New York, Skyhorse, 2018.

WOOD, Thomas & PORTER, Ethan. "The Elusive Backfire Effect: Mass Attitudes' Steadfast Factual Adherence". *Political Behavior*, January 6, 2018. Disponível em <http://dx.doi.org/10.2139/ssrn.2819073>.

ZIMRING, James. *What Science Is and How It Really Works*. Cambridge, Cambridge University Press, 2019.

ÍNDICE REMISSIVO

A

Acordo de Paris, 152, 154, 157-158, 209, 313, 341 (n. 3)

"Affective Tipping Point, The" (Redlawsk *et al.*), 118-119, 121, 129, 134

Antivacina

autismo e, 99, 139-140, 234, 242, 362 (n. 63), 364 (n. 103)

desinformação e, 144-145

medo e, 99

mídias sociais e, 290-291

mudança de crenças e, 140-141, 144-145

negacionismo da ciência de esquerda e, 216-220, 356 (n. 22, 25, 26), 357 (n. 28)

vacinação de covid-19 e, 287-288

YouTube e, 290

Appiah, Kwame Anthony, 108

Aquecimento global. *Ver também* Negacionismo da mudança climática; Maldivas.

atividade humana e, 90, 93-94

consenso científico e, 157-159, 209-212

dependência do carvão e, 185-189

emissões de dióxido de carbono e, 90, 152-153, 207-208, 210-211, 350 (n. 6)

enquadramento moral e, 210

farsa e, 84

governo e, 16-17, 160-161, 205-206

morte de corais e, 176-182

mudança de crenças e, 141-142

preocupação com, 156-158, 160-164

Armas de destruição em massa, 121

Arroz dourado, 222-223, 231, 234, 239, 251, 259-261

Assistencialismo, 115-118, 334 (n. 4)

Atitude científica, 22-23, 38, 50, 77, 327 (n. 4, 7), 337 (n. 33)

Índice remissivo

Autismo, controvérsia do, 99, 139-140, 217-220, 234, 242, 362 (n. 63), 364 (n. 103)

B

Backfire, efeito, 17, 121-123, 128-130

Bardon, Adrian, 337 (n. 35)

Benestad, Rasmus, 158-159

Betsch, Cornelia, 17-19, 22, 129-134, 299, 310-311, 336 (n. 30), 337 (n. 31). *Ver também* Técnicas de refutação.

Black, Derek, 141-142

Boghossian, Peter, 111, 136-137, 149, 245, 257

Bridenstine, Jim, 21, 141, 209-210

Bush, George H. W., 160-161

Bush, George W., 80, 121-122

C

Cain, Herman, 297-298

Câncer de pulmão, 80, 87, 91, 96-97, 165, 308, 362 (n. 75)

Cason, James, 147, 209-210

Cassam, Quassim, 327-328 (n. 9), 329 (n. 21)

Células-tronco (pesquisa), 121-122

Center for Coalfield Justice (CFJ), 197-198

Ceticismo

    ceticismo de botequim e, 83, 93, 102-103

    ceticismo *versus* negacionismo, 23-24, 157, 164-165, 221, 311

    movimento antivacina e, 139-140, 218-220, 241-242

    negacionismo da mudança climática e, 102-103, 169, 227

    OGMs e, 237-242, 266-267

    partidarismo e, 215

    teorias da conspiração e, 83, 93, 102-103

    terraplanistas e, 30, 52-53

China, 159, 162-164, 169, 205-206

Círculo de preocupação, 209-212, 310, 317

"Climate Change Conspiracy Theories" (Uscinski, Douglas e Lewandowsky), 358 (n. 34)

Cognição protetora da identidade, 102-106, 274-275, 277-279

Combate ao negacionismo da ciência. *Ver também* Estratégias para fazer alguém mudar de ideia.

    círculo de preocupação e, 209-212, 310, 317

    cognição protetora da identidade e, 102-106, 274-275, 277-279

    contato cara a cara, 22, 120-121, 129, 133-134, 136-137, 148-149, 211-212, 294-295, 298-299

    correção de informação e, 121-129

    desbanque e, 18-19, 37, 80-81, 83-84, 167, 337 (n. 31)

    dissonância cognitiva e, 50, 98, 119, 128, 226, 324 (n. 34), 334 (n. 4)

    efeito *backfire* e, 17, 121-123, 128-130

    engajamento nas mídias sociais e, 145-146

    enquadramento moral e, 210

    espectro de persuasão e, 144

    evidências e, 110-113, 136, 149, 245, 257-258

formação de crenças e, 101-102, 126-128, 134-135, 212, 335 (n. 9)

identidade e, 102-113

influência sobre o público e, 138-143

modelo do déficit de informação e, 103, 113, 124, 135, 139, 147-148, 308

partidarismo, 120-124

persistência, 146-149

pesquisa de desinformação e, 115-122

pré-desbanque e desbanque e, 18-19, 134-135, 336 (n. 30), 337 (n. 31)

Conferência Internacional da Terra Plana (Feic, 2018), 15, 23-24, 25-74

Confiança

confiança e formação de crenças e, 135

confiança em falsos especialistas e, 86-89

Confiança em falsos especialistas

confiança e, 87-88

covid-19 e, 284

evidências seletivas e, 88-89

negacionismo da mudança climática e, 168

partidarismo e, 87

teorias da conspiração e, 87-88

uso do termo, 75, 86-89

viés e, 86-89

"Conservative and Liberal Views of Science" (Hamilton), 268-270, 365 (n. 15), 366 (n. 20)

Conspiracionistas do 11 de Setembro, 31, 43, 47-48, 52, 62-65, 81

Conspiracy Theory Handbook, The (Lewandowsky e Cook), 145, 329 (n. 23), 338 (n. 39)

Contato cara a cara

com Linda Fox, 245-253

com mineradores de carvão, 189-204

combate ao negacionismo da ciência e, 22, 120-121, 129, 133-134, 136-137, 148-149, 211-212, 294-295, 298-299

covid-19 e, 295

formação de crenças e, 212

visita a Maldivas e, 169-184, 202-203

Controle de armas, 59-60, 104-107, 234

Conversas com mineradores e carvão e, 189-204

Conway, Erik, 96-97, 165-166, 346 (n. 42)

Cook, John, 75, 145, 158, 296-297, 338 (n. 39)

Correção de informação e, 121-129

Criacionismo, 93, 109-110, 213, 215, 354 (n. 14)

Cristianismo, 322 (n. 9)

D

Dark Money (Mayer), 161-162

Darwin, Charles, 93, 109-110, 209, 213-214, 345 (n. 34)

Davidson, Robbie, 27-28, 62, 326 (n. 52)

Death of Expertise, The (Nichols), 87, 100

Debi & Loide (filme), 94

"Democrats Have a Problem with Science, Too" (Haelle), 278, 355 (n. 15)

Índice remissivo

Design inteligente, 92-93, 109-110, 209, 213-214

Desinformação

ampliação das redes sociais e, 145-146

antivacina e, 145

campanhas de desinformação da China e, 205-206

campanhas de desinformação e, 130-138, 156, 159, 189, 299--300, 310-311, 335 (n. 20)

campanhas de mudança climática e, 159, 162-164, 169, 205--206

campanhas de negacionismo da covid-19 e, 205, 285-291, 299--300

campanhas de propaganda russa e, 280, 285-291

cognição protetora da identidade e, 102-106, 274-275, 277-279

Facebook, 290-291, 298, 373 (n. 33)

identidade e, 109-110, 135-136

indústria do tabaco e, 96-97, 109

mídia social e, 145-146, 290-291

"Misinformation and the Currency of Democratic Citizenship" (Kuklinski *et al.*), 115-117, 120-121, 128-129, 133, 144, 334 (n. 3, 4)

negacionismo da ciência da esquerda e, 253

negacionismo da mudança climática e, 165-167, 205-206

partidarismo e, 285-290, 313-317

pesquisa de desinformação, 115--122

respondendo à, 109-110, 135--136, 145-146

teorias da conspiração e, 145

uso do termo e, 95-96

Dhillon, Ranu, 303-304

Dia seguinte, O (filme), 201

Diethelm, Pascal, 75

Dissonância cognitiva, 50, 98, 119, 128, 226, 324 (n. 34), 334 (n. 4)

Dobzhansky, Theodosius, 93

Doran, Peter, 158

Douglas, Heather, 337 (n. 35)

Dúvida, 96, 165, 346 (n. 42)

E

"Earth Is Round, The" (McIntyre), 72

Efeito *backfire*, 17, 121-123, 128-130

Efeito de miragem superior, 35-36, 55, 325 (n. 38)

Efeito silo, 143-144

"Effective Strategies for Rebutting Science Denialism in Public Discussions" (Schmid e Betsch), 17-19, 22, 129-134, 299, 310-311, 336 (n. 30), 337 (n. 31)

Erros de raciocínio. *Ver também* Evidências seletivas; Teorias da conspiração; Raciocínio ilógico; Insistência de que a ciência deve ser perfeita; Confiança em falsos especialistas.

uso do termo, 17-18, 75-77

Espectro de persuasão, 133, 144

Estação Espacial Internacional, 325 (n. 37)

Estratégias para fazer alguém mudar de ideia. *Ver também* Mudança de crenças; Contato cara a cara.

círculo de preocupação e, 209--212, 310, 317

Como falar com um negacionista da ciência

enquadramento moral e, 210

nenhuma resposta, 130

pré-desbanque *versus* desbanque, 18-19, 134-135, 336 (n. 30), 337 (n. 31)

refutação de conteúdo e, 18, 22, 72-74, 130-131, 136, 138, 299--300, 310-311

refutação técnica, 18, 22, 130--138, 189, 299-300, 310-311, 336 (n. 30)

relacionamento pessoal e, 22, 120-121, 129, 133-134, 136--137, 148-149, 211-212, 294--295, 298-299

valores e, 202-203

Evidências. *Ver também* Evidências seletivas.

combate ao negacionismo da ciência e, 110-113, 136, 149, 245, 257-258

informações negativas e, 118-121

Evidências seletivas

confiança em falsos especialistas e, 88-89

covid-19 e, 282

negacionismo da ciência e, 75, 78-80, 330 (n. 28, 37)

negacionistas da mudança climática e, 79, 167

resistência aos OGMs e, 232-233

terraplanistas e, 78-80, 330 (n. 28)

uso do termo e, 78-80

viés de confirmação e, 78-80

Experimento do creme (Kahan), 104-105

ExxonMobil (empresa), 160-162, 185-186

F

Facebook, 290-291, 298, 373 (n. 33)

Fatores sociais

formação de crenças e, 101-102, 126-128, 134-135, 212, 335 (n. 9)

mudança de crenças e, 126-129, 136-137, 212, 335 (n. 9)

Fauci, Anthony, 283, 297

Festinger, Leon, 11, 128, 324 (n. 34), 335 (n. 20)

Folly of Fools, The (Trivers), 331 (n. 47)

Formação de crenças, 101-102, 126--128, 134-135, 212, 335 (n. 9)

Fox, Linda, 245-253

Frieden, Tom, 306-307

G

Gagneur, Arnaud, 140-141

Garantia, conceito de

raciocínio científico e, 103, 164, 240, 267, 327 (n. 4)

teorias da conspiração e, 44

uso do termo e, 42-44, 77, 92-93

Gignac, Giles, 272-278

Guterres, António, 153

H

Haelle, Tara, 278, 355 (n. 15)

Haidt, Jonathan, 228

Hamilton, Lawrence, 268-271, 365 (n. 15), 366 (n. 20)

Hear Yourself Think (ONG), 189--190

Hierarquia de necessidades, 201, 203

HIV/negacionismo da aids, 281, 363 (n. 82)

389

Índice remissivo

Hoofnagle, Mark e Chris, 75-76, 89, 327 (n. 2)

"How to Actually Talk to Anti-Maskers" (Warzel), 301-306

"How to Convince Someone When Facts Fail" (Shermer), 19, 128, 336 (n. 21)

Hughes, Mike, 38-39, 56

Huxley, Thomas Henry, 59

I

Identidade

ameaça à, 122-127

cognição protetora da identidade e, 102-106, 274-275, 277-279

fatores sociais e, 335 (n. 9)

formação de crenças e, 101-102, 126-128, 134-135, 212, 335 (n. 9)

identidade *versus* ideologia e, 104-108, 127, 213-214

modelo do déficit de informação e, 103, 113, 124, 135, 139, 147--148, 308

Ideologia *versus* identidade, 104--108, 127, 213-214. *Ver também* Lynas, Mark; Partidarismo.

"Ideologues without Issues" (Mason), 107

Immanuel, Stella, 284

Indústria do tabaco, 80, 87, 91, 96--97, 165, 308, 362 (n. 75)

Influência corporativa

indústria do tabaco e, 80, 87, 91, 96-97, 109, 159-160, 165, 308, 362 (n. 75)

negacionismo da mudança climática e, 109-110, 159-163, 208-209

OGMs e, 220-222, 224-225, 231--235, 249-251, 275-277, 358 (n. 34)

terraplanistas e, 228-229

Insistência de que a ciência deve ser perfeita

ceticismo de botequim e, 83, 93, 102-103

covid-19 e, 285

incerteza da ciência, 92

negacionismo da ciência e, 75, 91-94

negacionismo da mudança climática e, 93-94, 168-169

oposição aos OGMs e, 234-235

teoria da evolução e, 93

terraplanistas e, 41-42, 93

uso do termo, 75, 91-94

Interesse econômico. *Ver também* Influência corporativa.

covid-19 e, 293

indústria do tabaco e, 80, 87, 91, 96-97, 165, 308, 362 (n. 75)

negacionismo da mudança climática e, 159-163, 185-189

K

Kahan, Dan, 102-106, 119, 127, 134, 215

Kaplan, Jonas, 332 (n. 50)

Klein, Ezra, 105-106

Know-It-All Society (Lynch), 102, 333 (n. 75)

Koch, Charles e David, 161, 163, 166

Kochland (Leonard), 161, 163, 165--166

Krimsky, Sheldon, 235-238, 240-242

Kuklinski, James, 115-117, 120-121, 128-129, 133, 144, 334 (n. 3, 4)

L

Landrum, Asheley, 30, 215, 324 (n. 31)

Leonard, Christopher, 163, 165-166

Lewandowsky, Stephan
  cinco erros de raciocínio do negacionismo da ciência, 75, 329 (n. 20)
  consenso científico e, 296-297
  partidarismo em, 101, 215-216, 268, 271-277
  teorias da conspiração e, 145-146, 233, 272

Lindsay, James, 111, 136-137, 149, 245, 257

Lynas, Mark, 226-229

Lynch, Michael Patrick, 102, 113, 333 (n. 75)

M

Macron, Emmanuel, 153-154

Maldivas, 169-184, 348 (n. 69), 349 (n. 72)

Mason, Lilliana, 107-108, 127, 214

Massacres escolares, conspirações de, 43, 52, 59-60, 81-82

Matrix (filme), 31, 63, 70

Mayer, Jane, 161-162, 165, 197, 209

Mbeki, Thabo, 281, 363 (n. 82)

McKee, Martin, 75

Mead, Alex, 176-183

Merchants of Doubt (Oreskes e Conway), 96, 346 (n. 42)

Mídias sociais
  ampliação da desinformação e, 145-146
  covid-19 e, 290-291
  desinformação e, 145-146, 290-291

  Facebook e, 290-291, 298, 373 (n. 33)
  movimento antivacina e, 290-291
  propaganda russa e, 280, 299-300, 316
  terraplanistas e, 290-291
  Twitter, 289-291
  YouTube, 30, 67, 290-291

Modelo do déficit de informação, 103, 113, 124, 135, 139, 147-148, 308. Ver também Tese de compreensão científica.

Momento de virada afetiva, 118

Monbiot, George, 230

Monsanto, 223-225, 232-234, 249-252, 260, 358 (n. 34)

Mooney, Chris, 165-166, 188, 216-218, 355 (n. 16)

Morano, Marc, 347 (n. 55)

Motivações psicológicas
  autoafirmação e, 125-126
  cognição protetora da identidade, 102-106, 274-275, 277-279
  exclusão e privação de direitos e, 99-100
  interesse pessoal e, 97-98
  medo e, 99
  terraplanistas, 108-109

Movimentos de supremacia branca, 141-143, 339 (n. 50)

Mudança de crenças. Ver também Estratégias para fazer alguém mudar de ideia.
  antivacina e, 140-141, 144-145
  aquecimento global e, 141-142
  covid-19 e, 292-299
  movimento supremacista branco e, 142-143, 339 (n. 50)

Índice remissivo

negacionismo da mudança climática e, 141-142, 146-148, 189-204, 208-211

OGMs e, 226-230

partidarismo e, 142-143, 339 (n. 50)

teorias da conspiração e, 338 (n. 39)

terraplanistas e, 28-31, 49-52, 63--69, 332 (n. 54)

N

Nasa

Estação Espacial Internacional, 325 (n. 37)

negacionismo da mudança climática e, 21-22, 141, 155, 159

terraplanistas e, 28-29, 32-33, 52, 63

Negacionismo da ciência

campanhas de desinformação e, 130-138, 189, 299-300, 310--311, 335 (n. 20)

ceticismo de botequim e, 83, 93, 102-103

ceticismo *versus* negacionismo, 23-24, 157, 164-165, 221, 311

confiança em falsos especialistas, 75, 86-89

erros de raciocínio e, 17-18, 75--77

evidências seletivas e, 75, 78-80, 330 (n. 28, 37)

formação de crenças e, 101-102, 126-128, 134-135, 212, 335 (n. 9)

impacto do, 146-147

insistência de que a ciência deve ser perfeita e, 75, 91-94

negacionismo da ciência de esquerda, 355 (n. 15, 18, 19), 356 (n. 22, 25, 26)

partidarismo e, 213-220

pós-verdade e, 16, 100-101, 279

raciocínio ilógico e, 75-76, 89-91

raízes motivacionais e, 95-98

raízes psicológicas e, 84-85, 97--111

rejeição de evidências e, 334 (n. 77)

roteiro dos cinco erros e, 77-78, 89, 95, 111-112, 166-167, 277, 282, 315

teorias da conspiração e, 75-76, 80-86, 329 (n. 20)

uso do termo, 75-77, 332 (n. 53)

Negacionismo da ciência de esquerda, 216-220, 356 (n. 22, 25, 26), 357 (n. 28)

Negacionismo da covid-19

campanhas de desinformação e, 205, 285-291, 299-300

confiança em falsos especialistas e, 284

contato cara a cara, 294-295

evidências seletivas e, 282

influência externa e, 289-290

insistência de que a ciência deve ser perfeita e, 285

interesse econômico e, 293

mídia social e, 290-291

movimento antivacina e, 287-288

mudança de crenças e, 292-299

negacionismo da mudança climática e, 206-208, 291-294

oposição ao uso de máscara e, 289, 301-303

partidarismo e, 284-291, 295-301, 305

raciocínio ilógico e, 284

teorias da conspiração e, 282-283

Trump e, 283-287

vacinação e, 287-288

Negacionismo da mudança climática. *Ver também* Aquecimento global.

Acordo de Paris e, 152, 154, 157-158, 209, 313, 341 (n. 3)

campanha na mídia e, 346 (n. 42)

campanhas de desinformação e, 159, 162-164, 169, 205-206

ceticismo e, 102-103, 169, 227

China e, 187-189, 204

confiança em falsos especialistas e, 168

corporações e, 159-163

covid-19 e, 206-208, 291-294

desinformação, 165-167, 205-206

estratégia da refutação técnica e, 189-204

evidências seletivas e, 79, 167

insistência de que a ciência deve ser perfeita e, 93-94, 168-169

interesse econômico e, 159-163, 185-189

mineradores de carvão e, 189-204

mudança de crenças e, 141-142, 146-148, 189-204, 208-211

Nasa e, 21-22, 141, 155, 159

panorama do, 157-164

partidarismo e, 101, 160-161, 208-210, 216-217, 272-273

raciocínio ilógico e, 168

teorias da conspiração e, 83-85, 167

Trump e, 21, 84, 154-156

Nero (imperador), 82

Nichols, Tom, 87-88, 100

Ninehouser, David e Erin, 189-199

Nuccitelli, Dana, 159, 210

Nyhan, Brendan, 121-128

O

Oberauer, Klaus, 272-277

Oliver, Eric, 81

Oreskes, Naomi, 96-97, 157, 165

Organismos geneticamente modificados (OGMs)

arroz dourado e, 222-223, 231, 234, 239, 251, 259-261

ceticismo e, 238-242, 266-267

confiança em falsos especialistas e, 223-225, 228-230, 233-234, 235-238, 240-242

evidências seletivas e, 232-233

insistência de que a ciência deve ser perfeita e, 234-235

mudança de crenças e, 226-230

negacionismo da ciência de esquerda e, 267-280

negacionismo dos OGMs, 266-267

panorama dos, 220-232, 358 (n. 36), 359 (n. 38, 46), 360 (n. 50, 52), 360-361 (n. 55)

raciocínio ilógico e, 234, 236-238

Roundup e, 223, 225, 232, 249, 251-252, 254-255, 258, 365 (n. 7)

teorias da conspiração e, 224-230, 233, 358 (n. 34)

Whole Foods (mercado) e, 217, 243-244, 250-251, 256

P

Pacala, Stephen, 153

Painel Intergovernamental sobre as Mudanças Climáticas (IPCC), 16, 151, 153, 159, 161, 205, 208, 211

Panic Virus, The (Mnookin), 217, 219

Parkland, massacre de, 43, 59, 81

Partícula subatômica do bóson de Higgs, 94

Partidarismo

armas de destruição em massa e, 121

ceticismo e, 214-215

combate ao negacionismo da ciência e, 120-124

confiança em falsos especialistas e, 86-89

desinformação e, 285-290, 313--317

discurso de conversão, 142-143, 339 (n. 50)

efeito *backfire* e, 17, 121-123, 128-130

enquadramento moral e, 210

gasto com assistencialismo e, 115-118, 334 (n. 4)

identidade política e, 213-219, 334 (n. 4)

identidade *versus* ideologia e, 104-108, 127, 213-214

motivações psicológicas e, 332 (n. 50)

movimento antivacina e, 356 (n. 22, 25, 26), 357 (n. 28)

mudança de ideia e, 115-117, 120-121, 128-129, 133, 144, 334 (n. 3, 4)

negacionismo da ciência de esquerda e, 216-220, 353-354 (n. 5), 356 (n. 22, 25, 26), 357 (n. 28)

negacionismo da ciência e, 213--220

negacionismo da covid-19 e, 284-291, 295-301, 305

negacionismo da mudança climática e, 101, 208-210, 216--217, 272-273

teorias da conspiração e, 101

"People Don't Vote for What They Want" (Appiah), 108

Popper, Karl, 50, 111, 327 (n. 7)

Porter, Ethan, 123, 180

Pós-verdade, 16, 100-101, 279, 307--312

Powell, James L., 157-158

Pré-desbanque *versus* desbanque, 18-19, 134-135, 336 (n. 30), 337 (n. 31)

Propaganda russa, 280, 285-291, 299-300, 316

Prothero, Donald, 327 (n. 1)

R

Raciocínio científico

garantia, conceito de, e, 103, 164, 240, 267, 327 (n. 4)

teorias da conspiração e, 81-84, 328 (n. 14)

Raciocínio ilógico

covid-19 e, 284

negacionismo da ciência e, 75--76, 89-91

negacionismo da mudança climática e, 168

oposição aos OGMs, 234, 236--238

terraplanistas e, 89-91

uso do termo, 75-76, 89-91

Reality Check (Prothero), 327 (n. 1)

"Red, White, and Blue Enough to Be Green" (Wolsko *et al.*), 210

Redlawsk, David, 118-119, 121, 129, 134

Refutação de conteúdo, 18, 22, 72--74, 130-131, 136, 138, 299-300, 310-311

Refutação técnica, 130-138, 189, 299-300, 310-311, 336 (n. 30)

Regalado, Tomas, 147-148, 209-210

Reifler, Jason, 121-128

Relacionamento pessoal, 22, 120--121, 129, 133-134, 136-137, 148--149, 211-212, 294-295, 298-299. *Ver também* Contato cara a cara.

Religião

criacionismo/*design* inteligente, 109-110

evolução e, 93, 109-110, 209, 213-214, 345 (n. 34)

terraplanistas e, 27-31, 45-48, 61, 65-66, 322 (n. 8-9)

Republican Brain, The (Mooney), 217

Republican War on Science, The (Mooney), 217

Roff, Drek, 73

"Role of Conspiracist Ideation and Worldviews in Predicting Rejection of Science, The" (Lewandowsky, Gignac e Oberauer), 272--278

"Roles of Information Deficits and Identity Threat in the Prevalence of Misperceptions, The" (Nyhan e Reifler), 123-128

Rose, Richard, 298

Roteiro dos cinco erros, 77-78, 89, 95, 111-112, 166-167, 277, 282, 315, 337 (n. 31)

Roundup, 223, 225, 232, 249, 251--252, 254, 258, 365 (n. 7)

S

Sandy Hook, massacre, 43, 59, 81

Saslow, Eli, 142

Schellnhuber, Jans Joachim, 211

Schmid, Philipp, 18-19, 22, 129-136, 299, 336 (n. 30), 337 (n. 31). *Ver também* Técnicas de refutação.

"Science of Why We Don't Believe in Science, The" (Mooney), 217--218

Scientific attitude, The (McIntyre), 22-23, 38, 50, 77, 327 (n. 4, 7), 337 (n. 33)

Seeds of Science (Lynas), 226-228

Séralini, Gilles-Éric, 233-234

Shermer, Michael, 19, 128-129, 214--216, 244, 336 (n. 21), 353-354 (n. 5), 354 (n. 14)

Skiba, Robert, 33-36, 52-53, 69, 88, 323 (n. 15)

Sociedade da Terra Plana, 28, 321 (n. 5)

Socolow, Robert, 153

T

Técnicas de refutação

desbanque, 18-19, 37, 80-81, 83--84, 167, 337 (n. 31)

pré-desbanque *versus* desbanque, 18-19, 134-135, 336 (n. 30), 337 (n. 31)

refutação de conteúdo, 18, 22, 72-74, 130-131, 136, 138, 299--300, 310-311 refutação técnica, 130-138, 189, 299-300, 310-311, 336 (n. 30)

Teorias da conspiração

ceticismo de botequim e, 83, 93, 102-103

ceticismo e, 83, 93, 102-103

confiança em falsos especialistas e, 87-88

conhecimento secreto e, 85-86

conspirações reais *versus* conspirações falsas e, 328 (n. 10-11)

covid-19 e, 281-283

desinformação e, 145

garantia, conceito de, e, 44

incêndio de Roma e, 82

mudança de crenças e, 338 (n. 39)

negacionismo da ciência e, 75--76, 80-86, 329 (n. 20)

negacionismo da mudança climática e, 83-85, 167

oposição aos OGMs e, 224-230, 233, 358 (n. 34)

partidarismo e, 101

raciocínio científico e, 81-84, 328 (n. 14)

terraplanistas e, 83, 324 (n. 31)

uso do termo e, 78-86

Terra é plana, A (filme), 40, 45

Terraplanistas

11 de Setembro e, 31, 43, 47-48, 52, 62-65, 81

Antártida e, 325 (n. 40), 325-326 (n. 42), 326 (n. 48)

ceticismo e, 30, 52-53

conhecimento científico e, 324 (n. 31)

conspirações de massacres em escolas e, 43, 52, 59-60, 81-82

Davidson e, 27-28, 62, 326 (n. 52)

efeito de miragem superior e, 35--36, 55, 325 (n. 38)

evidências e, 33-37, 41-43, 49-50, 64-65

evidências seletivas e, 78-80, 330 (n. 28)

identidade e, 49-50

ilusão e, 47-48, 331 (n. 47)

influência corporativa e, 228-229

insistência de que a ciência deve ser perfeita e, 41-42, 93

mídia social e, 290-291

motivação psicológica e, 108-109

mudança de crenças e, 28-31, 49--52, 63-69, 332 (n. 54)

Nasa e, 28-29, 32-33, 52, 63

Newsweek (reportagem de capa), 72

raciocínio ilógico e, 52-61, 89-90

religião e, 27-31, 45-48, 61, 65--66, 322 (n. 8-9)

Skiba e, 33-36, 52-53, 69, 88, 323 (n. 15)

teorias da conspiração e, 43-44, 83, 324 (n. 31)

teorias globalistas e, 27, 29-30, 47, 52, 64-65, 322 (n. 7)

YouTube e, 30, 67, 290

Tese de compreensão científica, 103-104

Trivers, Robert, 331 (n. 47)

Trump, Donald, 21, 44, 154-156

Truth about Denial, The (Bardon), 337 (n. 35)

"Twenty Years of Failure" (Greenpeace), 232-233

Twitter, 289-291

U

Urquiza, Kristin, 299

V

Van der Linden, Sander, 18-19, 135, 296-297, 336 (n. 30), 337 (n. 31)

Verdade inconveniente, Uma (filme), 161-162

Viés de confirmação, 44, 79, 101, 215, 334 (n. 7), 336 (n. 27)

W

Wakefield, Andrew, 139-140, 234, 242, 338 (n. 43), 362 (n. 63)

Wallace, Alfred Russel, 40-41, 323 (n. 24)

Warzel, Charlie, 301-306

West, Mick, 135, 328 (n. 11)

"When Corrections Fail" (Nyhan e Reifler), 121, 123-127, 128-129

When Prophecy Fails (Festinger), 11, 128, 324 (n. 34), 335 (n. 20)

Whole Foods Market (mercado), 217, 243-244, 250-251, 256

Wood, Thomas, 81, 123-124, 130

Z

Zimmerman, Maggie Kendall, 158

Título	Como falar com um negacionista da ciência: conversas com terraplanistas e outros que desafiam a razão
Autor	Lee McIntyre
Tradução	Cynthia Costa
Coordenador editorial	Ricardo Lima
Secretário gráfico	Ednilson Tristão
Preparação dos originais	Vilma Aparecida Albino
Revisão	Laís Souza Toledo Pereira
Índice remissivo	Vinícius Russi
Editoração eletrônica	Ednilson Tristão
Assessoria de projeto gráfico	Ana Basaglia
Design de capa	Editora da Unicamp
Formato	14 x 21 cm
Papel	Avena 80 g/m² – miolo Cartão supremo 250 g/m² – capa
Tipologia	Minion Pro
Número de páginas	400

ESTA OBRA FOI IMPRESSA NA GRÁFICA MUNDIAL
PARA A EDITORA DA UNICAMP EM MAIO DE 2024.